动态系统的故障估计与先进控制

陈复扬　姜　斌　著

Fault Estimation and Advanced Control for

Dynamical Systems

化学工业出版社
·北京·

内容简介

本书整理了动态系统的故障估计与先进控制新方法，以飞控系统为研究对象，分析故障、干扰以及系统不确定性对动态系统的影响，给出了故障估计与先进控制算法，提高了动态系统对故障，尤其是复合故障的自愈合能力，主要内容包括：智能控制、量子控制等先进控制在故障诊断与容错控制领域的应用；基于二型模糊建模的自适应故障估计、具有外部扰动的二型模糊模型多步骤自适应迭代故障估计、基于滑模控制与动态面技术的襟翼故障估计等技术；带有参数不确定和执行器故障的巡航系统、带有间歇故障的再入姿态系统和带有并发故障的过驱动系统的故障诊断与容错控制分配设计；针对多传感器故障、传感器联锁故障的先进控制方法。

本书内容先进，观点新颖，创新性强，可供从事故障诊断与容错控制等相关领域研究、应用的教师、研究生及专业技术人员阅读参考。

图书在版编目（CIP）数据

动态系统的故障估计与先进控制/陈复扬，姜斌著. —北京：化学工业出版社，2021.2

ISBN 978-7-122-38165-1

Ⅰ.①动…　Ⅱ.①陈…②姜…　Ⅲ.①自动飞行控制-飞行控制系统-研究　Ⅳ.①V249.122

中国版本图书馆 CIP 数据核字（2020）第 243272 号

责任编辑：曾　越　张兴辉　　　　文字编辑：林　丹　蔡晓雅

责任校对：宋　夏　　　　装帧设计：刘丽华

出版发行：化学工业出版社（北京市东城区青年湖南街 13 号　邮政编码 100011）

印　　装：天津盛通数码科技有限公司

787mm×1092mm　1/16　印张 12¼　字数 268 千字　2022 年 2 月北京第 1 版第 1 次印刷

购书咨询：010-64518888　　　　售后服务：010-64518899

网　　址：http://www.cip.com.cn

凡购买本书，如有缺损质量问题，本社销售中心负责调换。

定　　价：98.00 元

前言

随着动态系统的电气化、规模化、智能化，系统受到未知干扰及发生故障的概率不断增大。故障在动态系统的闭环控制传播下具有模糊性、相关性和不确定性的特点，给故障估计与容错控制带来了极大的困难。

近年来，故障诊断与容错控制技术在飞行控制系统中的成熟运用，特别是先进的自适应控制、鲁棒控制和智能控制技术在飞控领域的迅速推进，在飞行控制领域形成了许多研究热点，取得了一系列的研究成果，使飞控系统在故障下具备自主决策与控制能力、自适应容错能力，满足了飞机高安全性能的要求。

在此背景下，本书整理了飞控系统的故障估计与先进控制新方法。以飞行控制系统为研究对象，分析故障及干扰以及系统不确定性对动态系统的影响，给出了故障估计与先进控制算法，提高了动态系统对故障，尤其是复合故障的自愈合能力。

本书由南京航空航天大学陈复扬教授与姜斌教授共同完成，陈复扬负责内容设计，组织安排编写第 1～7 章；第 8～11 章由姜斌编写；全书由陈复扬统稿。研究生胡龙泽、牛娟、蒋耿乾、唐子惠、王克杰等也为本书的出版贡献了聪明才智，在此一并表示诚挚的谢意。

由于水平有限，书中难免存在疏漏和不妥之处，恳请广大读者不吝指正。

编者 Email：chenfuyang@nuaa.edu.cn。

著者

中国南京

前言

目录

第1章 绪论

1.1 故障估计与先进控制的研究背景

随着动态系统的电气化、规模化、智能化，系统受到未知干扰及发生故障的概率不断增大。故障在动态系统的闭环控制传播下具有模糊性、相关性和不确定性的特点，给故障估计与容错控制带来了极大的困难。

故障是影响飞机操纵安全性的重要因素，随着现代航空业的快速发展，飞机操纵的安全性对飞行控制技术的要求也进一步提高。飞行控制系统是现代飞机最重要的组成部分，它对飞机的性能和安全起着决定性的作用。近年来，故障诊断与容错控制技术在飞行控制系统中的成熟运用，特别是先进的自适应控制、鲁棒控制和智能控制技术在飞控领域的迅速推进，在飞行控制领域形成了许多研究热点，取得了一系列的研究成果，使飞控系统在故障下具备自主决策与控制能力、自适应容错能力，满足了飞机高安全性能的要求。含有故障诊断与容错控制模块的飞控系统为研究高性能飞机和保证航空系统的安全性奠定了基础，具有巨大的工程应用价值和广阔的发展前景。

现代飞机由于飞行包线逐渐扩大、系统结构日趋复杂和庞大、飞行环境相对恶劣、飞机操控性能要求严格，其安全性已成为飞行控制系统设计中日益重视的问题。2009 年 6 月 1 日法国航空公司 447 号航班，因飞机皮托静压系统故障、大气资料惯性基准系统故障等导致自动驾驶系统以及自动节流阀关闭，飞行员随之判断失误，造成 228 人遇难。2013 年 7 月 6 日韩亚航空公司一架波音 777 客机在飞行过程中自动油门系统自行断开且未发出警告，使其在着陆过程中飞行高度突然下降，主轮和尾翼撞到防波堤，飞机滑行偏离跑道后起火燃烧，造成 2 人死亡，181 人受伤。事故现场图片如图 1.1 和图 1.2 所示。

图 1.1　大西洋中漂浮的法航 477 残骸

（2009 年，法国）

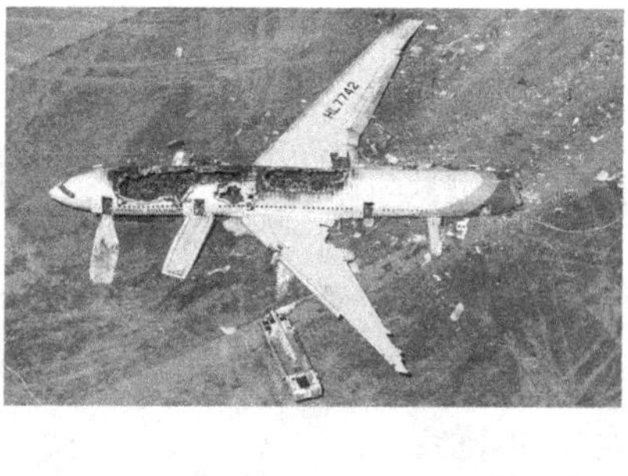

图 1.2　韩亚航空事故现场

（2013 年，韩国）

以上两个故障事例表明，飞机由于系统元部件故障或执行器/传感器故障导致发生飞行事故的情况时有发生，准确及时地诊断飞机的故障对于保障飞行安全有着十分重要的意义。近年来，气动性能高、战斗特性优良的高空高速飞机正成为国防侦察飞行平台的重点发展方向，然而高空高速的无尾布局飞机在宽包线内的气动特性复杂，其纵向和横向自然稳定性随马赫数、迎角、侧滑角变化呈现由弱稳定到不稳定的变化特性，翼身融合体产生了多通道力矩（尤其是控制力矩）耦合明显等特性，系统存在复杂气动特性的未建模不确定性和试验测量误差引起的参数不确定性，导致飞控系统故障发生的概率增大。在飞行过程中不可避免地会遇到气动干扰、发动机振荡等多种不确定因素的影响，机翼（悬翼）折断、操纵舵面故障等多种故障情况时有发生[1]，如何快速诊断出飞控系统故障中诸如传感器/执行器/舵面故障的故障类型并采取有效的容错控制方案是保证飞控系统安全运行的关键。

在飞控系统设计中，横侧向动力学系统与纵向动力学系统之间存在的强耦合使控制系统的信号传递具有较强的复杂性。飞机在机动过程中的高烈度，造成飞控系统受外部干扰影响日益增大。随着飞行任务剖面日趋复杂，飞机跨域飞行和多维控制造成的飞控系统故障发生概率不断上升，故障类型日趋复杂，飞机飞行的快速时变特性使其动态行为难以预测。此时，当飞控系统发生复合故障时，不同故障特征信号相互混杂将呈现出多耦合、模糊、故障传导等复杂征兆，为其诊断带来了困难。尤其对于多操纵面飞机而言，如何协调操纵舵面的控制冗余和功能重叠，成为现代飞机控制方法研究中首要解决的问题。飞机舵面冗余和强非线性的气动特征导致了复合故障的存在，控制系统的信号传递具有更强的模糊性、多源性和不确定性，每个部件的故障在不同程度上影响整个飞控系统的控制精度和可靠性水平。即使一个部件的故障发生率极为微小，也会因为复杂系统的规模效应，使系统的整体正常概率下降和复合故障并发概率上升。

为了提高飞机的飞行安全性，针对飞控系统的复合故障诊断研究势在必行，如何在飞控系统中设计复合故障诊断与容错控制模块，成为飞行安全领域的前沿研究课题。

1.2 国内外研究现状

近年来，国内外众多学者关注飞控系统的故障诊断与容错控制研究，使飞机在故障情况下仍能拥有较好的飞行性能。常见的飞控系统故障诊断与容错控制方法包括：自适应控制[2]、鲁棒控制[3]、滑模控制[4]、反步法[5]、多模态切换控制[6]以及控制分配方法等。陶钢等人将模型参考自适应方法用于解决外界干扰及系统执行器故障问题，使系统在不确定性情况下仍能实现对信号的稳定跟踪，该方法实现了对故障的容错控制[7]；Li X J 等人将鲁棒控制与滑模控制的融合应用于诊断线性不确定连续系统和非线性系统中的执行器故障[8,9]；钱承山采用多模型切换控制，按照对象结构、参数不确定性，分别设计子系统控制器，使系统自适应选取适合区域作为全局控制器，实现对不确定系统的逼近，完成系统参数变化较大情况下的故障诊断与容错控制[10]；刘春生等人基于多操纵面飞机的冗余特性，采用控制分配的方法，解决系统冗余通道的耦合，实现了未知故障情况下的容错控制[11]。

以上控制方法能够有效解决飞控系统的单故障问题，使其具有较好的飞行跟踪精度和抗干扰能力，但系统各通道之间存在强耦合性，使多故障发生的情况不可避免，多个故障的存在使系统受到的干扰影响更加剧烈。目前针对飞控系统复合故障诊断与容错控制技术的研究相对较少。

随着飞控系统的电气化、规模化、智能化，复合故障发生的概率不断增大。在多重故障并发时，并非多个单故障的简单线性叠加，很难用准确的数学模型加以描述，也难以完全依靠确定性判据进行故障诊断，复合故障具有模糊性、相关性和不确定性的特点，给诊断带来了极大的困难。

20 世纪 90 年代开始，国内外不少专业领域的专家开始对复合故障展开研究，针对不同的行业或对象，采取不同的思路，成果各具特色。宋华等人动态提取多类故障的特征信息，简化了故障特征的复杂程度，改善故障传递过程中的系统适应性，实现了对多故障的解耦，基于故障参数和联合状态估计完成了对多故障的诊断并提高了诊断的快速性[12]；X. Tang 等人建立了基于粒子群优化算法的模型，采用支持向量机处理多故障分类并在解耦故障的基础上提高了故障诊断的精度和可靠性[13]；蔡兴国等人对并发故障使用信息融合技术推理分析，将诊断建立在故障已知的基础上，该方法使系统具有较强处理不确定性、不一致性证据体的能力[14]；S. Abbasiona 等人把小波分析理论与支持向量机结合，解决了故障传播特征模糊的问题，实现了对多故障信号的解耦和隔离[15]；杨鹏等人设计了基于模糊奇偶方程的复合故障诊断法，解决了非线性系统中同一时刻产生多故障的检测问题[16]；M. Shakeri 等人提出了基于信息流模型、忽略故障概率、故障测试费用的隔离算法，大大降低了整体故障诊断方法的存储复杂性[17]。

这些研究成果针对复合故障的复杂特征进行了大量分析，为复合故障诊断及容错控制算法的优化作出了贡献。然而，由于飞控系统传感器、执行器及其他元部件的复杂性，各个物理组件之间耦合性高，多故障的相关性使飞控系统的故障传播过程具有不确定性和模糊性。当前的复合故障诊断与容错方法研究主要以应用为主，系统性不强，研究深度不够，针对现代飞控系统在高机动过程中故障的强耦合、不确定、快时变等复杂特性，如何提升复合故障诊断与容错控制技术的深度和适用范围是亟待解决的课题。可尝试引入智能控制技术改善已有的复合故障诊断与控制方案的局限性。

近年来，智能控制的发展为工业设备持续正常运行提供了良好的技术支撑，能够实现系统对具有复杂性、模糊性和不确定性故障的诊断，促使故障诊断技术由传统控制技术向智能化技术方向发展。智能故障诊断技术可模拟人类的逻辑思维和形象思维，实现对飞控系统实时、快速的故障诊断，获得的诊断信息能准确地对系统状态进行预测和识别。

目前，国内外众多学者将许多新的智能控制方法融入复合故障诊断与容错控制研究中，对复杂系统的智能诊断与控制技术进行相关研究[18-21]，主要通过模糊控制[22]、神经网络控制[23]、支持向量机[24]、遗传算法[25]等智能诊断与控制方法实现复合故障隔离或容错。岑健博士以机组故障为主要研究对象，分析研究了具有多源性和联锁性的复合故障特征，优化特征分类能力，该方案通过智能整合思想有效分析了故障传递和故障诱发的路径，实现了对复合故障的精确诊断[26]；Z. Zhou 针对复杂过程控制系统，分析了多个潜在故障或异常事件可能影响低温系统的稳定性和安全性，该方法通过基于参考不确定性故障树分析的实时故障诊断专家系统，保证了故障不确定条件下系统的安全稳定运行[27]；Y. H. Bae 使用分层人工神经网络实时诊断与控制系统发生的联锁故障，涉及多个故障诊断环节的实时智能多故障诊断系统，实现了对复合故障快速传播过程中复杂物理现象的实时诊断[28]；Tayarani-Bathaie 使用多层感知器网络来建立神经网络，根据观测残差在通过不同网络时的输出来确定故障的组成，基于神经网络的故障检测和隔离方案解决了故障传播过程中的不确定性问题[29]；X. He 将实时的布线分析方法用于确定故障区域、缩小诊断范围，引入重合度概念，基于贝叶斯网络和 DS 证据理论的分布式故障诊断模型，提高了故障诊断的准确性、快速性和可靠性[30]。

智能控制技术已经陆续处理了复合故障诊断与控制中的多故障诊断的基本问题。但飞控系统中联锁故障、多源故障、并行故障等多种复合故障的存在，故障信号的模糊和传导特性增加了系统故障诊断的复杂度，复合故障加剧了飞控系统的非线性特性，所以本书引入量子叠加态及量子抗消相干技术，为解决飞控系统故障传播特征模糊、故障诱发以及非线性加剧等复杂特性提供了新思路。

量子信息技术是量子物理与信息技术相结合发展起来的新学科，近年来在故障诊断与容错控制的理论、实验和应用领域都取得了一些进展，尤其当复合故障发生时，用于诊断的故障信号呈现出模糊性、故障传递、故障诱发等特性，量子信息技术可以建立精确的复合故障模型描述故障特征[31-35]。量子通信在一定程度上已经实现了商业应用并具有广阔的市场应用前景，量子计算机具有目前计算机从原理上所不可能具有的无与伦比的威力，为提高飞控系统并行计算的快速性提供了可能，飞控系统的复杂计算需要算法的量子化以及优化来解决算法的快速性和可靠性。

国内外一些研究学者将量子信息技术融入控制研究中，取得了不错的研究成果。张媛媛将退相干抑制归结为与环境噪声解耦的控制问题，引入开环控制抑制退相干和反馈控制，基于李雅普诺夫稳定性理论的最优量子控制使得系统状态的相应分量可以与环境精确解耦[36]；李云飞等针对组合导航中标准卡尔曼滤波和扩展卡尔曼滤波存在容错性和鲁棒性不足等缺点，利用量子逻辑门调整量子比特相位和概率幅以达到传统遗传算法中基因变异的目的，并对 RBF 神经网络参数进行调整优化，大大改善由于故障、噪声和非线性因素对系统性能带来的影响[37]；Y. H. Ji 针对双量子位开放量子系统的状态转移问题，提出基于最小化李雅普诺夫函数的控制方法，缩短了状态转移时间并有效避免了 Bang-Bang 控制中出现的高频振荡，以达到提高量子系统控制效率和抑制退相干的目的[38]；Kisa Barkemeyer 等利用微波泵场来控制反馈信号相位，通过全局参数来实现对于控制相关系数的调控，维持量子系统在环境噪声和退相干现象下的部分稳定性[39]。

笔者针对无人机故障，采用基于量子控制技术的定量反馈理论，提高了基于不确定参数无人机系统的鲁棒性，该直接自修复控制律保证了无人机系统的稳定性[40]；

引入简单的自适应控制和量子逻辑，将量子逻辑应用于带有故障的四旋翼控制系统，具有失控效果的四旋翼直升机的重构控制方案实现了对干扰信号的量化[41]；针对具有状态延迟和执行器故障的四旋翼直升机，在系统带有故障的情况下，将量子控制与自适应控制相结合，保持了四旋翼直升机的跟踪性能[42]。

笔者曾将量子信息技术应用于飞机舵面发生故障时的重构控制[43]，针对不同的故障情况设计类比系统量子控制模型，依据量子信息技术中的量子控制逻辑门技术以及量子计算的并行性特点，实现故障系统的控制重构，同时避免纵向和横侧向通道的复杂解耦设计问题。笔者针对复杂工程系统的复合故障提出了一系列基于量子信息技术的故障诊断新方法[44-49]，尤其针对多故障以及强干扰下的故障诊断研究有所突破[50-55]，突发事件下道路交通管理控制中的量子自适应控制以及故障诊断研究也取得了相应的研究成果[56]。

由于飞控系统各个故障之间相互耦合，检测、定位、隔离系统故障难度较传统系统高，笔者提出的“基于量子信息技术的飞控系统复合故障智能诊断与控制”方案，进一步研究和设计新的控制方案，使其能够适应飞控系统，并达到复合故障智能诊断与控制的目标，保证飞控系统在遭受一定范围的损失和出现多故障状态时仍能较好维持操纵的性能。

综上所述，飞控系统飞行过程中的多闭环、强耦合、强干扰及复合故障的存在，使得飞控系统的故障智能诊断与控制问题具有非常大的挑战性和研究价值。

1.3 最新研究成果

本书主要针对飞行控制系统设计故障估计与先进控制算法，解决模型非线性、模型参数不确定性、单故障、复合故障、强干扰给故障诊断与容错控制带来的影响。本书共分为 11 章，笔者的主要研究工作及成果安排如下。

(1) 第 1 章　绪论

本章主要介绍了动态系统的故障诊断与容错控制的研究背景，针对单故障、复合故障的诊断方法及智能控制、量子控制等先进控制的国内外研究现状。

(2) 第 2 章　基于二型模糊建模的自适应故障估计与容错控制

建立了带有执行器故障的高超声速飞行器的区间二型 T-S 模糊模型，便于处理参数不确定性和设计故障估计算法；设计了区间二型自适应观测器，并为升降舵加性和乘性故障设计了改进的二型模糊自适应估计方法。设计的容错控制使系统在发生升降舵加性或乘性故障时能够快速恢复到期望的稳定状态，跟踪给定指令信号。

(3) 第 3 章　具有外部扰动的二型模糊模型多步骤自适应迭代故障估计

为具有外部扰动与升降舵偏移故障的高超声速飞行器设计了多步骤迭代故障估计方法，且放宽了故障估计条件，将原有的故障范数有界转变为故障导数有界，使之更符合执行器加性故障的特性，精确逼近升降舵发生的偏移故障值。基于 Lyapunov 稳定性理论与舒尔（Schur）补定理的分析保证了整个故障估计方案的稳定性。

(4) 第 4 章　基于滑模控制与动态面技术的襟翼故障估计与自愈合控制

采用了非奇异终端滑模技术与动态面技术相结合的策略对姿态系统的内、外环路分别设计了控制器，根据状态量的误差值对故障幅值进行在线估计与补偿，避免故障下姿态角偏移给定指令信号。在气动舵面无法提供充足力矩时，10 个反作用喷射装置可以为系统提供辅助力矩，避免气动舵面因空气稀薄或故障无法产生足够力矩。

(5) 第 5 章　基于模糊故障估计与布谷鸟优化分配的容错控制

采用自适应二型模糊估计方法对建模误差和故障同时进行估计，将线性二次规划指标当作布谷鸟搜索算法中的适应度值，从而将控制器计算得到的控制力矩以最优形式分配给八个气动舵面，在提高了各个气动舵面的使用效率的同时，保证再入阶段的飞行器能按照给定姿态角指令信号平安返回。

(6) 第 6 章　带有参数不确定和执行器故障的巡航系统自适应容错控制

通过反馈线性化理论，将复杂的非线性系统转变为仿射线性系统并建立执行器故障模型，设计残差信号，及时有效检测故障，自适应估计算法能够对故障的大小进行估计。利用模糊系统逼近未知函数构建参数化模型，设计了自适应 SMC 和参数更新律，具有更好的输出跟踪性能。

(7) 第 7 章　带有间歇故障的再入姿态系统故障诊断与容错控制器设计

建立带有故障和干扰的 HRV 模型，对一般性干扰进行预处理，构建改进的残差。结合假设检验得到故障检测的阈值，改进的残差能快速检测间歇故障的发生和消失时间。通过自适应估计算法快速地估计故障，设计的容错控制器能使得姿态角跟踪给定的参考指令。

(8) 第 8 章　带有并发故障的过驱动系统故障诊断与容错控制分配设计

建立过驱动系统的执行器故障模型，通过空间投影的方法和设计扩张观测器为过驱动系统设计残差，有效检测并估计单个故障和并发故障，估计误差满足 L_2-增益干扰抑制约束。通过二次规划容错控制分配算法，获得舵面的控制输入以及 RCS 的连续输入信号，结合 PWPF 调制器，通过设计的舵面补偿器可弥补舵面动态特性带来的衰减。

(9) 第 9 章　基于自适应与反步滑模观测器的多传感器故障自愈合

对原系统进行输入输出反馈线性化得到仿射非线性模型，设计标称滑模控制器使高超声速飞行器速度和高度快速跟踪给定参考指令。针对速度通道的传感器故障，设计的非线性自适应观测器可以快速且几乎无静态误差地估计故障。设计的反步滑模观测器可很好地处理因故障引发的多通道之间的耦合影响，准确地估计出高度传感器故障。利用两种观测器获得的故障估计结果对故障进行补偿所得到的容错控制器，解决了多传感器故障引发的高超声速飞行器速度高度急速下降、控制输入严重变化等不良影响，使高超声速飞行器快速恢复到给定的参考指令位置，保证了稳定性。

(10) 第 10 章　基于多维广义观测器的传感器联锁故障诊断与容错控制

考虑建模误差，建立非线性 T-S 模糊模型，设计多维广义非线性观测器快速准确估计出传感器联锁故障，且几乎没有静态误差。设计鲁棒容错控制器较好地处理系统非线性项、外部干扰与传感器联锁故障，大大减轻攻角和俯仰角速度率的剧烈振动。

（11）第 11 章　基于间接自适应滑模技术的再入段故障检测与自愈合控制

设计非线性故障检测观测器，任意姿态角发生故障时都能通过故障检测残差与阈值检测出故障，利用所设计的外环回路间接自适应滑模容错控制器，对传感器故障进行实时补偿，并结合内环的动态面控制器，在故障下使姿态角输出重新跟踪给定参考信号。将故障补偿项引入控制器的设计中，简化了整体容错方案的设计，减少计算量与系统复杂性。

第2章

基于二型模糊建模的自适应故障估计与容错控制

2.1 引言

高超声速飞行器在未来的国防军事战略等方面具有举足轻重的地位和可观的发展前景[57-59]。相比于传统的飞行器，高超声速飞行器对外界飞行环境及自身结构的变化要更为敏感。与此同时，执行机构参数等可能会因近空间环境的恶劣而发生不可预知的改变，导致执行机构的实际输出值与期望值产生一定的误差，即体现为数学表达式上的加性故障与乘性故障，因此高超声速飞行器的故障诊断及自愈合控制渐渐成为各国学者密切关注的问题。

欲对升降舵故障状态下的高超声速飞行器进行有效的控制，首先要构建可靠的动态系统模型。然而正所谓“事多无兼得者”，高超声速飞行器在具有更广泛的飞行高度范围与更快的飞行速度的同时，其飞行器本身的结构特点和受力情况也更为复杂，各通道之间也出现了较强的耦合特性，种种效应之下，其运动学方程便具有了更为复杂的非线性特性，这便相应增加了其控制律设计的复杂程度。因此，为便于设计自愈合控制方法，本章针对高超声速飞行器巡航阶段纵向动态模型建立了带有执行器故障的区间二型模糊模型。二型模糊模型的隶属度也是模糊的，这种双重模糊集有利于更好地描述高超声速飞行器模型等难以确定精确隶属度函数的非线性模型，也正是由于这种特性的存在，利用二型模糊模型可以更方便地处理模型的参数不确定性。

在控制方面，在线获得故障信息并反馈给飞行器系统，可以使得控制器能够根据故障特征做出快速的补偿，从而尽可能地抵消掉执行器故障值。相比于被动容错控制对故障的冗余性能力，这种主动自愈合控制可以更好地提高系统对故障的“补救”能力，但是由于更依赖于故障诊断环节，因此如何快速准确地估计出执行器发生的故障，便成为了首当其冲需要考虑的问题。

综上，本章基于高超声速飞行器纵向动态模型的区间二型模糊模型，设计了改进的自适应故障估计算法及主动自愈合控制律。利用模糊观测器得到的故障估计值对常规控制器进行相应的故障补偿，从而能够较好解决执行器故障下的高超声速飞行器纵向通道的控制问题。本章内容结构如下：2.2 节提出了高超声速飞行器纵向通道带有执行器（升降舵、油门）故障的区间二型模糊模型；2.3 节基于区间二型模糊模型设计了模糊观测器及改进的自适应故障估计算法；2.4 节给出了故障补偿方案，利用故障估计环节得到的结果对执行器故障进行补偿；2.5 节针对不同故障情况给出了对比性的仿真结果。

2.2 高超声速飞行器区间二型模糊建模

高超声速飞行器纵向动态系统是一种具有六自由度的复杂非线性系统[60]，目前最常用的数学模型是由美国国家航空航天局（NASA）附属 Langely 研发中心所公布的一组非线性运动学方程。为便于设计故障估计算法和自愈合控制律，本节采用区间二型模糊建模技术，用一组线性方程逼近了该非线性系统模型。其后的改进故障估计算法与自愈合控制律均是基于此区间二型模糊模型设计完成的。故障估计与自愈合控制框图如图 2.1 所示。

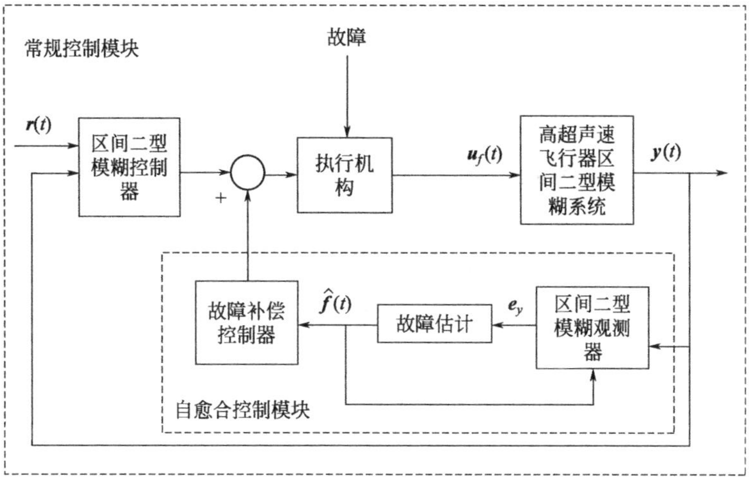

图 2.1　故障估计与自愈合控制框图

首先，由速度、高度、偏航角、攻角和俯仰角速率五个微分方程所共同描述的高超声速飞行器纵向动态系统模型如下[61]：

$$
\begin{cases}
\dot{V}=(T\cos\alpha-D)/m-\mu\sin\gamma/r^2 \\
\dot{h}=V\sin\gamma \\
\dot{\gamma}=(L+T\sin\alpha)/mV-(\mu-V^2r)\cos\gamma/Vr^2 \\
\dot{\alpha}=q-\dot{\gamma} \\
\dot{q}=M_{yy}/I_{yy}
\end{cases}
\tag{2.1}
$$

式中，刚体状态量 V、γ、h、α 和 q 分别表示速度、偏航角、高度、攻角和俯仰角速率；D、T、L 和 M_{yy} 则代表阻力、推力、升力和俯仰力矩；m 表示飞行器质量。有关参数的表达式如下，数值可见参考文献 [62]：

$$
\begin{cases}
T=\dfrac{1}{2}\mu V^2SC_T \\
L=\dfrac{1}{2}\mu V^2SC_L \\
D=\dfrac{1}{2}\mu V^2SC_D \\
M_{yy}=\dfrac{1}{2}\mu V^2SC_{\bar{c}}[C_M(\alpha)+C_M(\delta_e)+C_M(q)]
\end{cases}
\tag{2.2}
$$

其中力与力矩的系数如下所示：

$$
\begin{cases}
C_T=\begin{cases}0.02576\beta_T, & \beta_T<1\\ 0.0224+0.00336\beta_T, & \beta_T\geqslant 1\end{cases}\\
C_L=0.6203\alpha\\
C_D=0.6450\alpha^2+0.004337\alpha+0.003772\\
C_M(\alpha)=-0.035\alpha^2+0.004337\alpha+5.3261\times10^{-6}\\
C_M(\delta_e)=c_e(\delta_e-\alpha)\\
C_M(q)=(\bar{c}/2V)q(-6.796\alpha^2+0.3015\alpha-0.2289)
\end{cases}
\tag{2.3}
$$

在建模过程中，由于缺少足够的实验数据，忽略高阶模式和未知干扰的存在，不可避免地会使数学模型存在或多或少的不确定性，本章中高超声速飞行器运动学模型中的参数不确定性考虑如下：

$$
\begin{cases}
m=m_0(1+\Delta m)\\
I_{yy}=I_{yy0}(1+\Delta I_{yy})\\
S=S_0(1+\Delta S)\\
c_e=c_{e0}(1+\Delta c_e)\\
\bar{c}=\bar{c}_0(1+\Delta\bar{c})\\
\mu=\mu_0(1+\Delta\mu)\\
C_M(\alpha)=C_{M0}(\alpha)[1+\Delta C_M(\alpha)]
\end{cases}
\tag{2.4}
$$

式中，符号（$\cdot_0$）如（m_0）等代表标称值，（$\Delta\cdot$）如（Δm）等则表示参数不确定性；S 表示存在参数不确定性的飞行器机翼面积。考虑到区间二型模糊建模技术有助于更有效地逼近带有参数不确定性的非线性动态模型，接下来便采用该建模方法来处理式(2.1)所描述的纵向动态模型。则区间二型模糊模型的第 i 条模糊规则如下所示：

Rule i：if $f_1(x_1(t))$ is $\widetilde{M}_{i1}$ and $\cdots f_n(x_n(t))$ is $\widetilde{M}_{in}$,

$$
\text{Then}\quad
\begin{cases}
\dot{\boldsymbol{x}}(t)=\boldsymbol{A}_i\boldsymbol{x}(t)+\boldsymbol{B}_i\boldsymbol{F}_g(t)\boldsymbol{u}(t)+\boldsymbol{B}_i\boldsymbol{F}_a(t)\\
\boldsymbol{y}(t)=\boldsymbol{C}_i\boldsymbol{x}(t)
\end{cases}
\tag{2.5}
$$

式中，$\widetilde{M}_{ij}(i=1,2,\cdots,p;j=1,2,\cdots,n)$ 表示区间二型模糊集；$\boldsymbol{x}(t)=[V\quad\gamma\quad h\quad\alpha\quad q]^{\mathrm{T}}\in\boldsymbol{R}^5$ 是系统的状态变量；$\boldsymbol{u}(t)=[\delta_e\quad\delta_T]^{\mathrm{T}}\in\boldsymbol{R}^2$ 是升降舵及油门输入变量；$\boldsymbol{y}(t)=[V\quad\gamma\quad h\quad\alpha\quad q]^{\mathrm{T}}\in\boldsymbol{R}^5$ 是系统的输出状态量；此外，$\boldsymbol{A}_i$、$\boldsymbol{B}_i$ 和 $\boldsymbol{C}_i$ 均是适维常量矩阵，并且我们假设每一个工作点都是可观且可控的。根据文献［63］与［64］中的成果，令 $x_1(t)$、$x_2(t)$ 与 $x_3(t)$ 分别表示 θ、q 和 V，则每条模糊规则的触发强度可由下式表述：

$$
\omega_i(\boldsymbol{x}(t))=[\underline{\omega}_i(\boldsymbol{x}(t)),\overline{\omega}_i(\boldsymbol{x}(t))]
\tag{2.6}
$$

式中，对于所有的规则均有 $\overline{\omega}_i(\boldsymbol{x}(t))=\prod_{i=1}^{n}\overline{\mu}_{\widetilde{M}_{ij}}(x_j(t))$，$\underline{\omega}_i(\boldsymbol{x}(t))=\prod_{i=1}^{n}\underline{\mu}_{\widetilde{M}_{ij}}(x_j(t))$，$\overline{\omega}_i(\boldsymbol{x}(t))\geqslant\underline{\omega}_i(\boldsymbol{x}(t))\geqslant 0$。符号 $\overline{\omega}_i(\boldsymbol{x}(t))$ 表示上隶属度，与之

相对的 $\underline{\omega}_i(\boldsymbol{x}(t))$ 表示下隶属度。与隶属度表示方法类似，上、下隶属度函数则分别由符号 $\overline{\mu}_{\widetilde{M}_{ij}}(x_j(t))$ 与 $\underline{\mu}_{\widetilde{M}_{ij}}(x_j(t))$ 表示。综上，带有执行机构故障的高超声速飞行器纵向通道动态系统的全局区间二型 T-S 模糊模型可由下式表示：

$$\begin{cases}\dot{\boldsymbol{x}}(t)=\sum_{i=1}^{p}[\underline{\varphi}_i(\boldsymbol{x}(t))+\overline{\varphi}_i(\boldsymbol{x}(t))][\boldsymbol{A}_i\boldsymbol{x}(t)+\boldsymbol{B}_i\boldsymbol{F}_g(t)\boldsymbol{u}(t)+\boldsymbol{B}_i\boldsymbol{F}_a(t)]\\ \boldsymbol{y}(t)=\sum_{i=1}^{p}[\underline{\varphi}_i(\boldsymbol{x}(t))+\overline{\varphi}_i(\boldsymbol{x}(t))]\boldsymbol{C}_i\boldsymbol{x}(t)\end{cases} \tag{2.7}$$

式中，

$$\underline{\varphi}_i(\boldsymbol{x}(t))=\frac{v_i(\boldsymbol{x}(t))\underline{\omega}_i(\boldsymbol{x}(t))}{\sum_{i=1}^{r}\{v_i(\boldsymbol{x}(t))\underline{\omega}_i(\boldsymbol{x}(t))+[1-v_i(\boldsymbol{x}(t))]\overline{\omega}_i(\boldsymbol{x}(t))\}} \tag{2.8}$$

$$\overline{\varphi}_i(\boldsymbol{x}(t))=\frac{[1-v_i(\boldsymbol{x}(t))]\overline{\omega}_i(\boldsymbol{x}(t))}{\sum_{i=1}^{r}\{v_i(\boldsymbol{x}(t))\underline{\omega}_i(\boldsymbol{x}(t))+[1-v_i(\boldsymbol{x}(t))]\overline{\omega}_i(\boldsymbol{x}(t))\}} \tag{2.9}$$

式中，$v_i(\boldsymbol{x}(t))$ 是权重系数（也有文献称之为决策因子）且满足 $0\leqslant v_i(\boldsymbol{x}(t))\leqslant 1$。为计算与表述分析方便，我们将 $\underline{\varphi}_i(\boldsymbol{x}(t))$ 与 $\overline{\varphi}_i(\boldsymbol{x}(t))$ 分别简要表示为 $\underline{\varphi}_i$ 与 $\overline{\varphi}_i$。至此，执行机构故障情况下的高超声速飞行器纵向通道动态系统的区间二型模糊模型便已完整建立好。以此为基础，相应故障估计算法与自愈合控制律设计将在后续各节依次展开。

2.3 改进的自适应故障估计算法设计

本节将在式(2.7) 的基础上为高超声速飞行器设计区间二型模糊故障估计观测器，用于应对加性故障与乘性故障，受到文献［65］与［66］的启发，对两种故障设计相应的估计算法，从而得到实际故障的逼近值，以便在后续小节中设计自愈合方案来补偿相应的故障。

为了估计故障的情况，首先为式(2.7) 所示系统设计如下区间二型模糊状态观测器：

$$\begin{cases}\dot{\hat{\boldsymbol{x}}}(t)=\sum_{i=1}^{p}(\underline{\varphi}_i+\overline{\varphi}_i)\{\boldsymbol{A}_i\hat{\boldsymbol{x}}(t)+\boldsymbol{B}_i\hat{\boldsymbol{F}}_g(t)\boldsymbol{u}(t)+\boldsymbol{B}_i\hat{\boldsymbol{F}}_a(t)-\boldsymbol{L}_i[\hat{\boldsymbol{y}}(t)-\boldsymbol{y}(t)]\}\\ \hat{\boldsymbol{y}}(t)=\sum_{i}^{p}(\underline{\varphi}_i+\overline{\varphi}_i)\boldsymbol{C}_i\hat{\boldsymbol{x}}(t)\end{cases} \tag{2.10}$$

式中，$\hat{\boldsymbol{x}}(t)\in R^5$ 和 $\hat{\boldsymbol{y}}(t)\in R^5$ 表示区间二型模糊观测器的状态估计向量与输出估计向量；$\hat{\boldsymbol{F}}_g(t)=\mathrm{diag}(\hat{f}_{1g}(t),\hat{f}_{2g}(t),\cdots,\hat{f}_{mg}(t))$ 是对执行器乘性故障进行估计得到的结果，$\hat{\boldsymbol{F}}_a(t)=[f_{1a}(t),f_{2a}(t),\cdots,f_{ma}(t)]^{\mathrm{T}}$ 为加性故障估计结果，并且定义状态观

测器误差如下：$e_x(t)=\hat{x}(t)-x(t)$，$e_y(t)=\hat{y}(t)-y(t)$，$\widetilde{F}_a(t)=\hat{F}_a(t)-F_a(t)$，$\widetilde{F}_g(t)=\hat{F}_g(t)-F_g(t)$。然后可计算出如下的误差动态系统方程：

$$\begin{aligned}\dot{e}_x(t)&=\dot{\hat{x}}-\dot{x}(t)\\&=\sum_{i=1}^{p}(\underline{\varphi}_i+\overline{\varphi}_i)\left[\left(A_i-L_i\sum_{j=1}^{p}(\underline{\varphi}_j+\overline{\varphi}_j)C_j\right)e_x(t)+B_i\widetilde{F}_g(t)u(t)+B_i\widetilde{F}_a(t)\right]\end{aligned}\tag{2.11}$$

$$e_y(t)=\sum_{i=1}^{p}(\underline{\varphi}_i+\overline{\varphi}_i)C_ie_x(t)\tag{2.12}$$

假设 2.1：乘性故障为常值故障，即导数满足 $\dot{f}_{ig}(t)=0$，$1\leqslant i\leqslant m$。

假设 2.2：加性故障的导数满足 $\|\dot{F}_a(t)\|\leqslant\|\dot{F}_{a\max}(t)\|$。

其中，乘性故障一般体现为执行器效益的损失，而通常执行机构的损坏程度往往是常值或分段固定值，因此假设 2.1 是合理的；加性故障一般体现在控制舵面上，对于高超声速飞行器而言，舵面打动时的角速率是有限的，因此在物理意义上加性故障的导数也是有一定限制的，即假设 2.2 也是合理的。

定理 2.1：如果存在适维的对称正定矩阵 $P\in R^{n\times n}$，$Y_i=PL_i$ 和 R_i 使得如下条件成立：

$$B_i^{\mathrm{T}}P=R_iC_i\qquad(i=1,2,\cdots,p)\tag{2.13}$$

$$\Psi_{ii}<0\qquad(i=1,2,\cdots,p)\tag{2.14}$$

$$\Psi_{ij}+\Psi_{ji}<0\qquad(1\leqslant i<j\leqslant p)\tag{2.15}$$

$$\Pi_{ii}<0\qquad(i=1,2,\cdots,p)\tag{2.16}$$

$$\Pi_{ij}+\Pi_{ji}<0\qquad(1\leqslant i<j\leqslant p)\tag{2.17}$$

其中各数学符号表达式为：

$\Psi_{ij}=\begin{bmatrix}P(A_i-L_iC)+(A_i-L_iC)^{\mathrm{T}}P & (A_i-L_iC)^{\mathrm{T}}PB_j\\ * & B_iPB_j\end{bmatrix}$，其中下标为 $1\leqslant i<j\leqslant p$，

$\Pi_{ij}=\begin{bmatrix}P(A_i-L_iC)+(A_i-L_iC)^{\mathrm{T}}P & (A_i-L_iC)^{\mathrm{T}}PB_j\\ * & B_iPB_j+\Gamma^{-1}\end{bmatrix}$，其中下标条件同上。

那么，如下所设计的自适应故障估计算法：

$$\begin{cases}\dot{\hat{f}}_{ig}(t)=\mathrm{Proj}_{[\underline{f}_i,\overline{f}_i]}\{-\gamma_iR_i[\dot{e}_y(t)+e_y(t)][1+(\mathrm{sgn}\{1-\mathrm{sgn}\\ \qquad[\dot{\hat{f}}_{ig}(t-\tau)-\delta]\})[-\hat{f}_{ig}(t-\tau)]]^{-1}u_i(t)\}\\ \dot{\hat{f}}_{ia}(t)=-\gamma_iR_i[\dot{e}_y(t)+e_y(t)]\end{cases}\tag{2.18}$$

可以使得状态量的动态估计误差 $e_x(t)$ 与两种故障值的估计误差 $\widetilde{f}_g(t)$、$\widetilde{f}_a(t)$ 渐近收敛。式(2.18) 中，τ 为采样时间，γ_i 是系统中第 i 个工作点的自适应学习率，R_i 表示矩阵 R 的第 i 行，与之相似的，$u_i(t)$ 表示向量 $u(t)$ 的第 i 个元素。

证明 2.1：首先定义如下所示的李雅普诺夫函数：

$$V_e(t)=V_1+\bar{\omega}V_2+(1-\bar{\omega})V_3 \tag{2.19}$$

其中 $\bar{\omega}=1$ 则表示发生了加性故障，并且，

$$V_1=\boldsymbol{e}_x^{\mathrm{T}}(t)\boldsymbol{P}\boldsymbol{e}_x(t) \tag{2.20}$$

$$V_2=\widetilde{\boldsymbol{F}}_a(t)\Gamma^{-1}\widetilde{\boldsymbol{F}}_a(t) \tag{2.21}$$

$$V_3=\mathrm{trace}[\widetilde{\boldsymbol{F}}_g(t)\Gamma^{-1}(1+\mathrm{sgn}\{1-\mathrm{sgn}[\dot{\hat{\boldsymbol{F}}}_g(t)-\delta\boldsymbol{E}]\})^{-1}\widetilde{\boldsymbol{F}}(t)] \tag{2.22}$$

然后分别计算以上三式的导数如下：

$$\begin{aligned}\dot{V}_1=&\ \boldsymbol{e}_x^{\mathrm{T}}(t)\sum_{i=1}^{p}(\underline{\varphi}_i+\overline{\varphi}_i)\left\{\boldsymbol{P}\left[\boldsymbol{A}_i-\boldsymbol{L}_i\sum_{j=1}^{p}(\underline{\varphi}_j+\overline{\varphi}_j)\boldsymbol{C}_j\right]+\left[\boldsymbol{A}_i-\boldsymbol{L}_i\sum_{j=1}^{p}(\underline{\varphi}_j+\overline{\varphi}_j)\boldsymbol{C}_j\right]^{\mathrm{T}}\boldsymbol{P}\right\}\boldsymbol{e}_x(t)\\&+2\boldsymbol{e}_x^{\mathrm{T}}(t)\boldsymbol{P}\sum_{i=1}^{p}(\underline{\varphi}_i+\overline{\varphi}_i)\boldsymbol{B}_i[\widetilde{\boldsymbol{F}}_a(t)+\widetilde{\boldsymbol{F}}_g(t)\boldsymbol{u}(t)]\\=&\sum_{i=1}^{p}\sum_{j=1}^{p}(\underline{\varphi}_i+\overline{\varphi}_i)\Big(\boldsymbol{e}_x^{\mathrm{T}}(t)\{\boldsymbol{P}[\boldsymbol{A}_i-\boldsymbol{L}_i(\underline{\varphi}_j+\overline{\varphi}_j)\boldsymbol{C}_j]+[\boldsymbol{A}_i-\boldsymbol{L}_i(\underline{\varphi}_j+\overline{\varphi}_j)\boldsymbol{C}_j]^{\mathrm{T}}\boldsymbol{P}\}\boldsymbol{e}_x(t)\\&\Big(+2\boldsymbol{e}_x^{\mathrm{T}}(t)\boldsymbol{P}\boldsymbol{B}_i\widetilde{\boldsymbol{F}}_g(t)\boldsymbol{u}(t)+2\boldsymbol{e}_x^{\mathrm{T}}(t)\boldsymbol{P}\boldsymbol{B}_i\widetilde{\boldsymbol{F}}_a(t)\Big)\end{aligned} \tag{2.23}$$

$$\begin{aligned}\dot{V}_2=&\ 2\dot{\widetilde{\boldsymbol{F}}}_a(t)\Gamma^{-1}\widetilde{\boldsymbol{F}}_a(t)\\=&-\sum_{i=1}^{p}\sum_{k=1}^{p}\sum_{j=1}^{p}(\underline{\varphi}_i+\overline{\varphi}_i)(\underline{\varphi}_k+\overline{\varphi}_k)\{\boldsymbol{F}_a^{\mathrm{T}}(t)\boldsymbol{B}_k^{\mathrm{T}}\boldsymbol{P}[\boldsymbol{A}_i-\boldsymbol{L}_i(\underline{\varphi}_i+\overline{\varphi}_i)\boldsymbol{C}_j]\boldsymbol{e}_x(t)\\&+2\widetilde{\boldsymbol{F}}_a^{\mathrm{T}}(t)\boldsymbol{B}_k^{\mathrm{T}}\boldsymbol{P}\boldsymbol{e}_x(t)+2\boldsymbol{e}_x^{\mathrm{T}}(t)\boldsymbol{P}\boldsymbol{B}_i\widetilde{\boldsymbol{F}}_a(t)+2\widetilde{\boldsymbol{F}}_a(t)\boldsymbol{B}_k^{\mathrm{T}}\boldsymbol{P}\boldsymbol{B}_i\hat{\boldsymbol{F}}_g(t)\boldsymbol{u}(t)\}\end{aligned} \tag{2.24}$$

根据区间二型模糊模型（2.7）可知，$\sum_{i=1}^{p}(\underline{\varphi}_i+\overline{\varphi}_i)=1$，且满足 $C_1=C_2=\cdots=C_5=C$，因此可以得到如下等式：

$$\sum_{j=1}^{p}(\underline{\varphi}_j+\overline{\varphi}_j)\boldsymbol{C}_j=\sum_{j=1}^{p}(\underline{\varphi}_j+\overline{\varphi}_j)\boldsymbol{C}=\boldsymbol{C} \tag{2.25}$$

将式(2.25) 代入式(2.24)，可以得到：

$$\begin{aligned}\dot{V}_2=&-\sum_{i=1}^{p}\sum_{j=1}^{p}(\underline{\varphi}_i+\overline{\varphi}_i)(\underline{\varphi}_j+\overline{\varphi}_j)[\widetilde{\boldsymbol{F}}_a^{\mathrm{T}}(t)\boldsymbol{B}_j^{\mathrm{T}}\boldsymbol{P}(\boldsymbol{A}_i-\boldsymbol{L}_i\boldsymbol{C})\boldsymbol{e}_x(t)\\&+2\boldsymbol{F}_a^{\mathrm{T}}(t)\boldsymbol{B}_j^{\mathrm{T}}\boldsymbol{P}\boldsymbol{e}_x(t)+2\boldsymbol{e}_x^{\mathrm{T}}(t)\boldsymbol{P}\boldsymbol{B}_i\widetilde{\boldsymbol{F}}_a(t)+2\widetilde{\boldsymbol{F}}_a(t)\boldsymbol{B}_j^{\mathrm{T}}\boldsymbol{P}\boldsymbol{B}_i\hat{\boldsymbol{F}}_g(t)\boldsymbol{u}(t)]\end{aligned} \tag{2.26}$$

根据假设 2.2 和式(2.13)，可以得到：

$$\begin{aligned}\dot{V}_3=&\ 2\mathrm{trace}[\widetilde{\boldsymbol{F}}_g(t)\Gamma^{-1}\Theta\dot{\widetilde{\boldsymbol{F}}}_g(t)]+\mathrm{trace}[\widetilde{\boldsymbol{F}}_g(t)\Gamma^{-1}\dot{\Theta}\widetilde{\boldsymbol{F}}_g(t)]\\=&-2\mathrm{trace}\left[\widetilde{\boldsymbol{F}}_g(t)\sum_{i=1}^{p}(\underline{\varphi}_i+\overline{\varphi}_i)\boldsymbol{R}_i\dot{\boldsymbol{e}}_y(t)\boldsymbol{u}(t)\right]-2\sum_{i=1}^{p}(\underline{\varphi}_i+\overline{\varphi}_i)\\&\boldsymbol{e}_x^{\mathrm{T}}(t)\boldsymbol{P}\boldsymbol{B}_i\widetilde{\boldsymbol{F}}(t)\boldsymbol{u}(t)+\mathrm{trace}[\widetilde{\boldsymbol{F}}_g(t)\Gamma^{-1}\dot{\Theta}\widetilde{\boldsymbol{F}}_g(t)]\end{aligned} \tag{2.27}$$

注释 2.1：改进的故障估计算法包含如下可调项：

$$[1+[\mathrm{sgn}(1-\mathrm{sgn}(\dot{\hat{f}}_{ig}(t-\tau)-\delta))](-\hat{f}_{ig}(t-\tau))]$$

它可以随着故障估计结果的改变而自行调节。在理想情况下，δ 是不需要包含的，然而实际上估计算法得到的结果往往不是一个常值，会存在上下浮动，因此这里选择一个接近于 0 的非负常数 δ 来避免不期望的导数振荡。

当系统发生乘性故障时，即 $\bar{\omega}=0$，可以得到如下导数方程：

$$
\begin{aligned}
\dot{V}_e(t)=&\sum_{i=1}^{p}\sum_{j=1}^{p}(\underline{\varphi}_i+\overline{\varphi}_i)\Big(\boldsymbol{e}_x^{\mathrm{T}}(t)\{\boldsymbol{P}[\boldsymbol{A}_i-\boldsymbol{L}_i(\underline{\varphi}_j+\overline{\varphi}_j)\boldsymbol{C}_j]\\
&+[\boldsymbol{A}_i-\boldsymbol{L}_i(\underline{\varphi}_j+\overline{\varphi}_j)\boldsymbol{C}_j]^{\mathrm{T}}\boldsymbol{P}\}\boldsymbol{e}_x(t)+2\boldsymbol{e}_x^{\mathrm{T}}(t)\boldsymbol{P}\boldsymbol{B}_i\widetilde{\boldsymbol{F}}(t)\boldsymbol{u}(t)\Big)\\
&-2\sum_{i=1}^{p}(\underline{\varphi}_i+\overline{\varphi}_i)[\boldsymbol{e}_x^{\mathrm{T}}(t)\boldsymbol{P}\boldsymbol{B}_i\widetilde{\boldsymbol{F}}(t)\boldsymbol{u}(t)]\\
&-2\mathrm{trace}\left[\widetilde{\boldsymbol{F}}(t)\sum_{i=1}^{p}(\underline{\varphi}_i+\overline{\varphi}_i)\boldsymbol{R}_i\dot{\boldsymbol{e}}_y(t)\boldsymbol{u}^{\mathrm{T}}(t)\right]+\mathrm{trace}[\widetilde{\boldsymbol{F}}(t)\Gamma^{-1}\dot{\Theta}\widetilde{\boldsymbol{F}}_t(t)]\\
=&\sum_{i=1}^{p}\sum_{j=1}^{p}(\underline{\varphi}_i+\overline{\varphi}_i)\Big(\boldsymbol{e}_x^{\mathrm{T}}(t)\{\boldsymbol{P}[\boldsymbol{A}_i-\boldsymbol{L}_i(\underline{\varphi}_j+\overline{\varphi}_j)\boldsymbol{C}_j]\\
&+[\boldsymbol{A}_i-\boldsymbol{L}_i(\underline{\varphi}_j+\overline{\varphi}_j)\boldsymbol{C}_j]^{\mathrm{T}}\boldsymbol{P}\}\boldsymbol{e}_x(t)\Big)\\
&-2\dot{\boldsymbol{e}}_x^{\mathrm{T}}(t)\boldsymbol{P}\sum_{i=1}^{p}(\underline{\varphi}_i+\overline{\varphi}_i)\boldsymbol{B}_i\widetilde{\boldsymbol{F}}(t)\boldsymbol{u}(t)
\end{aligned}
\tag{2.28}
$$

将式(2.11) 代入式(2.28) 后可以得到如下结果：

$$
\begin{aligned}
\dot{V}_e(t)=&\sum_{i=1}^{p}\sum_{j=1}^{p}(\underline{\varphi}_i+\overline{\varphi}_i)\Big(\boldsymbol{e}_x^{\mathrm{T}}(t)\{\boldsymbol{P}[\boldsymbol{A}_i-\boldsymbol{L}_i(\underline{\varphi}_j+\overline{\varphi}_j)\boldsymbol{C}_j]+[\boldsymbol{A}_i-\boldsymbol{L}_i(\underline{\varphi}_j+\overline{\varphi}_j)\boldsymbol{C}_j]^{\mathrm{T}}\boldsymbol{P}\}\boldsymbol{e}_x(t)\Big)\\
&-2\sum_{j=1}^{p}(\underline{\varphi}_j+\overline{\varphi}_j)\boldsymbol{e}_x^{\mathrm{T}}(t)(\boldsymbol{A}_j-\boldsymbol{L}_j\boldsymbol{C})^{\mathrm{T}}\boldsymbol{P}\sum_{i=1}^{p}(\underline{\varphi}_i+\overline{\varphi}_i)\boldsymbol{B}_i\widetilde{\boldsymbol{F}}(t)\boldsymbol{u}(t)\\
&-2\boldsymbol{u}^{\mathrm{T}}(t)\widetilde{\boldsymbol{F}}(t)\sum_{j=1}^{p}(\underline{\varphi}_j+\overline{\varphi}_j)\boldsymbol{B}_j\boldsymbol{P}\sum_{i=1}^{p}(\underline{\varphi}_i+\overline{\varphi}_i)\boldsymbol{B}_i\widetilde{\boldsymbol{F}}(t)\boldsymbol{u}(t)\\
=&\boldsymbol{\zeta}_g^{\mathrm{T}}(t)\boldsymbol{\Psi}\boldsymbol{\zeta}_g(t)\\
=&\sum_{i=1}^{p}(\underline{\varphi}_i+\overline{\varphi}_i)^2\boldsymbol{\zeta}_g^{\mathrm{T}}(t)\boldsymbol{\Psi}_{ii}\boldsymbol{\zeta}_g(t)+\sum_{i=1}^{p}\sum_{j>1}^{p}(\underline{\varphi}_i+\overline{\varphi}_i)(\underline{\varphi}_j+\overline{\varphi}_j)\boldsymbol{\zeta}_g^{\mathrm{T}}(t)(\boldsymbol{\Psi}_{ij}+\boldsymbol{\Psi}_{ji})\boldsymbol{\zeta}_g(t)
\end{aligned}
\tag{2.29}
$$

其中，$\boldsymbol{\zeta}_g(t)=[\boldsymbol{e}_x^{\mathrm{T}}(t)\quad \boldsymbol{u}(t)\widetilde{\boldsymbol{F}}_g(t)]^{\mathrm{T}}$。

当系统发生加性故障时，即 $\bar{\omega}=1$，则可以得到如下导数方程：

$$
\begin{aligned}
\dot{V}_e(t)=&\dot{V}_1+\dot{V}_2\\
=&\sum_{i=1}^{p}\sum_{j=1}^{p}(\underline{\varphi}_i+\overline{\varphi}_i)\{\boldsymbol{e}_x^{\mathrm{T}}(t)[\boldsymbol{P}(\boldsymbol{A}_i-\boldsymbol{L}_i\boldsymbol{C})+(\boldsymbol{A}_i-\boldsymbol{L}_i\boldsymbol{C})^{\mathrm{T}}\boldsymbol{P}]\boldsymbol{e}_x(t)\\
&-2\widetilde{\boldsymbol{F}}_a^{\mathrm{T}}(t)\boldsymbol{B}_j^{\mathrm{T}}\boldsymbol{P}(\boldsymbol{A}_i-\boldsymbol{L}_i\boldsymbol{C})\boldsymbol{e}_x(t)\\
&-2\widetilde{\boldsymbol{F}}_a^{\mathrm{T}}(t)\boldsymbol{B}_j^{\mathrm{T}}\boldsymbol{P}\boldsymbol{B}_i\widetilde{\boldsymbol{F}}_a(t)-2\widetilde{\boldsymbol{F}}_a^{\mathrm{T}}(t)\Gamma^{-1}\dot{\boldsymbol{F}}_a(t)\}
\end{aligned}
\tag{2.30}
$$

由于上式中满足 $\Gamma=\Gamma^{\mathrm{T}}>0$ 的条件，因此可以得到如下的不等式：

$$
2\widetilde{\boldsymbol{F}}_a^{\mathrm{T}}(t)\Gamma^{-1}\dot{\boldsymbol{F}}_a(t)=2\sqrt{\widetilde{\boldsymbol{F}}_a^{\mathrm{T}}(t)\Gamma^{-1}\widetilde{\boldsymbol{F}}_a(t)\dot{\boldsymbol{F}}_a(t)\Gamma^{-1}\dot{\boldsymbol{F}}_a(t)}
$$

$$\leqslant \widetilde{\boldsymbol{F}}_a^{\mathrm{T}}(t)\Gamma^{-1}\widetilde{\boldsymbol{F}}_a(t)+\dot{\boldsymbol{F}}_a(t)\Gamma^{-1}\dot{\boldsymbol{F}}_a(t)$$

$$\leqslant \widetilde{\boldsymbol{F}}_a^{\mathrm{T}}(t)\Gamma^{-1}\widetilde{\boldsymbol{F}}_a(t)+\|\dot{\boldsymbol{F}}_{a\max}(t)\|^2\lambda_{\max}(\Gamma^{-1}) \tag{2.31}$$

将式(2.31) 代入式(2.30)，则可以将其简化为如下形式：

$$\begin{aligned}\dot{V}_e(t) \leqslant & \sum_{i=1}^{p}\sum_{j=1}^{p}(\underline{\varphi}_i+\overline{\varphi}_i)\{\boldsymbol{e}_x^{\mathrm{T}}(t)[\boldsymbol{P}(\boldsymbol{A}_i-\boldsymbol{L}_i\boldsymbol{C})+(\boldsymbol{A}_i-\boldsymbol{L}_i\boldsymbol{C})^{\mathrm{T}}\boldsymbol{P}]\boldsymbol{e}_x(t)\\ & -2\widetilde{\boldsymbol{F}}_a^{\mathrm{T}}(t)\boldsymbol{B}_j^{\mathrm{T}}\boldsymbol{P}(\boldsymbol{A}_i-\boldsymbol{L}_i\boldsymbol{C})\boldsymbol{e}_x(t)-2\widetilde{\boldsymbol{F}}_a^{\mathrm{T}}(t)\boldsymbol{B}_j^{\mathrm{T}}\boldsymbol{P}\boldsymbol{B}_i\widetilde{\boldsymbol{F}}_a(t)\\ & +\widetilde{\boldsymbol{F}}_a^{\mathrm{T}}(t)\Gamma^{-1}\widetilde{\boldsymbol{F}}_a(t)\}+\|\dot{\boldsymbol{F}}_{a\max}(t)\|^2\lambda_{\max}(\Gamma^{-1})\\ = & \boldsymbol{\zeta}_a^{\mathrm{T}}(t)\boldsymbol{\Pi}\boldsymbol{\zeta}_a(t)+\|\dot{\boldsymbol{F}}_{a\max}(t)\|^2\lambda_{\max}(\Gamma^{-1})\\ = & \sum_{i=1}^{p}\sum_{j=1}^{p}(\underline{\varphi}_i+\overline{\varphi}_i)(\underline{\varphi}_j+\overline{\varphi}_j)\boldsymbol{\zeta}_a^{\mathrm{T}}(t)\boldsymbol{\Pi}_{ij}\boldsymbol{\zeta}_a(t)+\|\dot{\boldsymbol{F}}_{a\max}(t)\|^2\lambda_{\max}(\Gamma^{-1})\\ \leqslant & -\lambda_{\min}(-\boldsymbol{\Pi}_{ij})\|\boldsymbol{\zeta}_a(t)\|^2+\|\dot{\boldsymbol{F}}_{a\max}(t)\|^2\lambda_{\max}(\Gamma^{-1})\end{aligned} \tag{2.32}$$

因此，当不等式(2.19)～式(2.22) 成立且满足 $\|\boldsymbol{\zeta}_a(t)\|^2>\|\dot{\boldsymbol{F}}_{a\max}(t)\|^2\lambda_{\max}(\Gamma^{-1})/\lambda_{\min}(-\boldsymbol{\Pi}_{ij})$ 的时候，我们便可以得到 $\dot{V}_e(t)<0$，即状态量的估计误差与故障值的估计误差均可渐近收敛。相比于文献 [63] 中所设计的故障估计方法，本节改进的算法增加了一个自调节参数，可以根据故障估计结果的变化趋势实时进行自调节，进而在保证控制精度的同时提高了估计速度，可靠且快速的故障估计结果是自愈合控制的重要基础。

2.4 故障补偿控制器设计

当通过式(2.18) 获得高超声速飞行器执行器故障的信息之后，接下来便是探讨如何对已经发生的故障进行故障补偿。故而本节将着重于为高超声速飞行器设计区间二型模糊故障补偿算法，在设计过程中用到了根据模糊观测器得到的故障特征，犹如生活中常用到的“多退少补”原则，当实际输入量不够时便补充输入量，超出时便减少输入量。最终使得高超声速飞行器纵向动态系统能够在执行器发生故障时保持稳定并迅速恢复到期望状态。

由于通常情况下执行器故障值不可以直接测量，因此我们使用故障的估计值来设计补偿控制律如下所示：

$$\boldsymbol{u}_f(t)=\hat{\boldsymbol{F}}_g^{-1}(t)[\boldsymbol{u}(t)-\hat{\boldsymbol{F}}_a(t)] \tag{2.33}$$

式中，$\boldsymbol{u}(t)=\sum^{p}(\underline{\varphi}_i+\overline{\varphi}_i)[-\boldsymbol{K}_i\boldsymbol{x}(t)+r(t)]$，$\boldsymbol{K}_i\in\boldsymbol{R}^{m\times n}$ 表示反馈增益矩阵，$r(t)$ 为参考输入。此外，增益矩阵 $\boldsymbol{K}_i$ 详细获取条件可见文献 [62]。

然而需要注意的是，此区间二型模糊控制算法并不适用于升降舵效益完全损失的情况。事实上，如果执行器的效益完全损失，如方向舵完全损坏，那么高超声速飞行器也基本难以保全了，因此，本章考虑的仅是一些较小的故障。对于增益损失故障，令 $r(t)=0$ 时，我们将式(2.33) 代入整个系统中，可以得到如下所示的结果：

$$
\begin{aligned}
\dot{\boldsymbol{x}}(t) &= \sum_{i=1}^{p}(\underline{\varphi}_i+\overline{\varphi}_i)[\boldsymbol{A}_i\boldsymbol{x}(t)+\boldsymbol{B}_i\boldsymbol{F}_g(t)\boldsymbol{u}_f(t)] \\
&= \sum_{i=1}^{p}(\underline{\varphi}_i+\overline{\varphi}_i)\{\boldsymbol{A}_i\boldsymbol{x}(t)+\boldsymbol{B}_i\boldsymbol{F}_g(t)\hat{\boldsymbol{F}}_g^{-1}(t)[\boldsymbol{u}(t)-\hat{\boldsymbol{F}}_a(t)] \\
&\quad +\boldsymbol{B}_i[\boldsymbol{u}(t)-\hat{\boldsymbol{F}}_a(t)]-\boldsymbol{B}_i[\boldsymbol{u}(t)-\hat{\boldsymbol{F}}_a(t)]\} \\
&= \sum_{i=1}^{p}(\underline{\varphi}_i+\overline{\varphi}_i)\{\boldsymbol{A}_i\boldsymbol{x}(t)+\boldsymbol{B}_i[\boldsymbol{u}(t)-\hat{\boldsymbol{F}}_a(t)]-\boldsymbol{B}_i\tilde{\boldsymbol{F}}_g(t)\boldsymbol{u}_f(t)\} \\
&= \sum_{i=1}^{p}(\underline{\varphi}_i+\overline{\varphi}_i)[(\boldsymbol{A}_i-\boldsymbol{B}_i\boldsymbol{K}_i)\boldsymbol{x}(t)-\boldsymbol{B}_i\boldsymbol{K}_i\boldsymbol{e}_x(t)-\boldsymbol{B}_i\tilde{\boldsymbol{F}}_g(t)\boldsymbol{u}_f(t)]
\end{aligned} \tag{2.34}
$$

同时，在区间二型模糊故障补偿项的作用下，状态量的误差动态方程可表示为：

$$
\begin{aligned}
\dot{\boldsymbol{e}}_x(t) &= \dot{\hat{\boldsymbol{x}}}(t)-\dot{\boldsymbol{x}}(t) \\
&= \sum_{i=1}^{p}(\underline{\varphi}_i+\overline{\varphi}_i)[(\boldsymbol{A}_i-\boldsymbol{L}_i\boldsymbol{C})\boldsymbol{e}_x(t)+\boldsymbol{B}_i\tilde{\boldsymbol{F}}_g(t)\boldsymbol{u}_f(t)]
\end{aligned} \tag{2.35}
$$

于是我们可以选取如下的李雅普诺夫函数：

$$
V(t)=V_{1f}(t)+V_{2f}(t)+V_{3f}(t) \tag{2.36}
$$

式中，$V_{1f}(t)=\rho\boldsymbol{e}_x^{\mathrm{T}}(t)\boldsymbol{P}\boldsymbol{e}(t)$；$V_{2f}(t)=\rho\mathrm{trace}[\tilde{\boldsymbol{F}}_g(t)\Gamma^{-1}\Theta\tilde{\boldsymbol{F}}_g(t)]$；$V_{3f}(t)=\boldsymbol{x}^{\mathrm{T}}(t)\boldsymbol{Q}\boldsymbol{x}(t)$。

与 $\dot{V}_e(t)$ 相似，我们可以得到如下方程：

$$
\dot{V}_{1f}(t)+\dot{V}_{2f}(t)=\sum_{i=1}^{p}\sum_{j=1}^{p}(\underline{\varphi}_i+\overline{\varphi}_i)(\underline{\varphi}_j+\overline{\varphi}_j)\rho\boldsymbol{\zeta}_g^{\mathrm{T}}(t)\boldsymbol{\Psi}_{ij}\boldsymbol{\zeta}_g(t) \tag{2.37}
$$

式中，$\boldsymbol{\zeta}_g(t)=[\boldsymbol{e}_x^{\mathrm{T}}(t)\quad \boldsymbol{u}_f^{\mathrm{T}}(t)\tilde{\boldsymbol{F}}_g(t)]^{\mathrm{T}}$，且 ρ 为可调节的正的常数。

$$
\begin{aligned}
\dot{V}_{3f}(t) &= \sum_{i=1}^{p}(\underline{\varphi}_i+\overline{\varphi}_i)\{\boldsymbol{x}^{\mathrm{T}}(t)\boldsymbol{Q}(\boldsymbol{A}_i-\boldsymbol{B}_i\boldsymbol{K}_i)\boldsymbol{x}(t)-\boldsymbol{x}^{\mathrm{T}}(t)\boldsymbol{Q}[\boldsymbol{B}_i\boldsymbol{K}_i\boldsymbol{e}_x(t)+\boldsymbol{B}_i\tilde{\boldsymbol{F}}_g(t)\boldsymbol{u}_f(t)] \\
&\quad +\boldsymbol{x}^{\mathrm{T}}(t)(\boldsymbol{A}_i-\boldsymbol{B}_i\boldsymbol{K}_i)^{\mathrm{T}}\boldsymbol{Q}\boldsymbol{x}(t)-[\boldsymbol{B}_i\boldsymbol{K}_i\boldsymbol{e}_x(t)+\boldsymbol{B}_i\tilde{\boldsymbol{F}}_g(t)\boldsymbol{u}_f(t)]^{\mathrm{T}}\boldsymbol{Q}\boldsymbol{x}(t)\} \\
&= \sum_{i=1}^{p}(\underline{\varphi}_i+\overline{\varphi}_i)\boldsymbol{x}^{\mathrm{T}}(t)[\boldsymbol{Q}(\boldsymbol{A}_i-\boldsymbol{B}_i\boldsymbol{K}_i)+(\boldsymbol{A}_i-\boldsymbol{B}_i\boldsymbol{K}_i)^{\mathrm{T}}\boldsymbol{Q}]\boldsymbol{x}(t) \\
&\quad -\sum_{i=1}^{p}(\underline{\varphi}_i+\overline{\varphi}_i)2\boldsymbol{x}^{\mathrm{T}}(t)\boldsymbol{Q}[\boldsymbol{B}_i\boldsymbol{K}_i\boldsymbol{e}_x(t)+\boldsymbol{B}_i\tilde{\boldsymbol{F}}_g(t)\boldsymbol{u}_f(t)]
\end{aligned} \tag{2.38}
$$

将式(2.38) 与式(2.37) 代入李雅普诺夫函数式(2.36) 中并对时间求导，可以得到：

$$
\dot{V}(t)=\sum_{i=1}^{p}\sum_{j=1}^{p}(\underline{\varphi}_i+\overline{\varphi}_i)(\underline{\varphi}_j+\overline{\varphi}_j)\rho\boldsymbol{\zeta}_g^{\mathrm{T}}(t)\boldsymbol{\Psi}_{ij}\boldsymbol{\zeta}_g(t)+\sum_{i=1}^{p}(\underline{\varphi}_i+\overline{\varphi}_i)\boldsymbol{x}^{\mathrm{T}}(t)[\boldsymbol{Q}(\boldsymbol{A}_i-\boldsymbol{B}_i\boldsymbol{K}_i)
$$

$$+(\boldsymbol{A}_i-\boldsymbol{B}_i\boldsymbol{K}_i)^{\mathrm{T}}\boldsymbol{Q}]\boldsymbol{x}(t)-\sum_{i=1}^{p}(\underline{\varphi}_i+\overline{\varphi}_i)2\boldsymbol{x}^{\mathrm{T}}(t)\boldsymbol{Q}[\boldsymbol{B}_i\boldsymbol{K}_i\boldsymbol{e}_x(t)+\boldsymbol{B}_i\widetilde{\boldsymbol{F}}_g(t)\boldsymbol{u}_f(t)]$$

$$=\sum_{i=1}^{p}\sum_{j=1}^{p}(\underline{\varphi}_i+\overline{\varphi}_i)(\underline{\varphi}_j+\overline{\varphi}_j)\rho\boldsymbol{\zeta}_g^{\mathrm{T}}(t)\boldsymbol{\Psi}_{ij}\boldsymbol{\zeta}_g(t)$$

$$+\sum_{i=1}^{p}(\underline{\varphi}_i+\overline{\varphi}_i)[\boldsymbol{x}^{\mathrm{T}}(t)\boldsymbol{\Xi}_i\boldsymbol{x}(t)-2\boldsymbol{x}^{\mathrm{T}}(t)\boldsymbol{\Omega}_i\boldsymbol{\zeta}_g(t)] \tag{2.39}$$

为便于分析，我们定义如下数学等式：

$\eta=\min\{\lambda_{\min}(-\boldsymbol{\Psi}_{11}),\cdots,\lambda_{\min}(-\boldsymbol{\Psi}_{pp})\}$，$\kappa=\min\{\lambda_{\min}(-\boldsymbol{\Xi}_1),\cdots,\lambda_{\min}(-\boldsymbol{\Xi}_p)\}$，$\upsilon=\min\{\|-\boldsymbol{\Omega}_1\|,\cdots,\|-\boldsymbol{\Omega}_p\|\}$。

于是 $V(t)$ 的导数可改写为：

$$\begin{aligned}\dot{V}(t)&=\sum_{i=1}^{p}\sum_{j=1}^{p}(\underline{\varphi}_i+\overline{\varphi}_i)(\underline{\varphi}_j+\overline{\varphi}_j)\rho\boldsymbol{\zeta}_g^{\mathrm{T}}(t)\boldsymbol{\Psi}_{ij}\boldsymbol{\zeta}_g(t)+\sum_{i=1}^{p}(\underline{\varphi}_i+\overline{\varphi}_i)[\boldsymbol{x}^{\mathrm{T}}(t)\boldsymbol{\Xi}_i\boldsymbol{x}(t)-2\boldsymbol{x}^{\mathrm{T}}(t)\boldsymbol{\Omega}_i\boldsymbol{\zeta}_g(t)]\\&\leqslant\sum_{i=1}^{p}\sum_{j=1}^{p}(\underline{\varphi}_i+\overline{\varphi}_i)(\underline{\varphi}_j+\overline{\varphi}_j)\rho\boldsymbol{\zeta}_g^{\mathrm{T}}(t)\eta\boldsymbol{\zeta}_g(t)+\sum_{i=1}^{p}(\underline{\varphi}_i+\overline{\varphi}_i)[\boldsymbol{x}^{\mathrm{T}}(t)\kappa\boldsymbol{x}(t)-2\boldsymbol{x}^{\mathrm{T}}(t)\upsilon\boldsymbol{\zeta}_g(t)]\\&\leqslant\frac{\upsilon}{\rho\eta}\|\boldsymbol{x}(t)\|^2-\kappa\|\boldsymbol{x}(t)\|^2\end{aligned} \tag{2.40}$$

因此，只需要 ρ、λ、υ 和 η 满足 $\rho\eta\kappa>\upsilon^2$ 的条件，就可以得到 $\dot{V}(t)<0$。此不等式表明故障下的动态系统仍是渐近稳定的。关于加性故障的证明与上述内容类似，故在此省略。

2.5 仿真验证及结果分析

本节给出了一些基于 Matlab/Simulink 的对比性的仿真结果，从而论证上述故障估计方法和自愈合控制律是否行之有效。首先，根据高超声速飞行器的区间二型模糊模型利用 Matlab 工具箱具体计算出了式(2.13)～式(2.17) 的解；随后针对升降舵的信号偏移故障和效益损失故障分别给出故障估计结果，并与其他故障估计方法的结果进行了对比；在故障估计结果的基础上，对控制律式(2.33) 进行了验证，并与无故障情况下的状态响应曲线进行了相应的比较。

根据参考文献［63］与［67］的研究结果，我们选择八个工作点的融合来逼近高超声速飞行器的非线性系统模型，三个模糊变量分别选为 $z_1=\alpha+\gamma=\theta$，$z_2=q$，$z_3=V$，各模糊变量的论域分别为 $z_1\in(-0.5,0.5)\mathrm{rad}$，$z_2\in(-0.5,0.5)\mathrm{rad/s}$ 以及 $z_3\in[6560,16400]\mathrm{ft/s}(1\mathrm{ft}=0.3048\mathrm{m})$。使用 Matlab 中的“trim”和“linmod”指令，可以计算出高超声速飞行器纵向通道动态模型中八个子系统对应工作点的线性化参数（$\boldsymbol{A}_i+\Delta\boldsymbol{A}_i,\boldsymbol{B}_i+\Delta\boldsymbol{B}_i,\boldsymbol{C}_i+\Delta\boldsymbol{C}_i$），具体计算过程可参见参考文献［63］。（$\Delta\cdot$）表示参数不确定性，由于其难以量化，因此本节中假设参数在平衡点附近存在 10% 的不确定性。于是我们便可对模型进行如下推导：$\dot{\boldsymbol{x}}(t)=(1\pm0.1)\boldsymbol{A}_i\boldsymbol{x}(t)+(1\pm0.1)\boldsymbol{B}_i\boldsymbol{u}(t)=\boldsymbol{A}_i[(1\pm0.1)\boldsymbol{x}(t)]+B_i[(1\pm0.1)\boldsymbol{u}(t)]$，即参数不确定性转化为状态

量的上下浮动，这样也就可以体现在上、下隶属度函数中。表 2.1 详细给出了各个模糊变量相应的上、下隶属度函数。

表 2.1　各模糊变量对应的上、下隶属度函数

下隶属度函数	上隶属度函数
$\underline{\mu}_{\tilde{M}_{i1}}(z_1=-0.5)=\exp\{-[(z_1+0.5)/0.44]^2\}$	$\overline{\mu}_{\tilde{M}_{i1}}(z_1=-0.5)=\exp\{-[(z_1+0.5)/0.36]^2\}$
$\underline{\mu}_{\tilde{M}_{i1}}(z_1=0.5)=1-\exp\{-[(z_1+0.5)/0.36]^2\}$	$\overline{\mu}_{\tilde{M}_{i1}}(z_1=0.5)=1-\exp\{-[(z_1+0.5)/0.44]^2\}$
$\underline{\mu}_{\tilde{M}_{i2}}(z_2=-0.5)=1/\{1+\exp[(z_2+0.05)/0.1]\}$	$\overline{\mu}_{\tilde{M}_{i2}}(z_2=-0.5)=1/\{1+\exp[(z_2-0.05)/0.1]\}$
$\underline{\mu}_{\tilde{M}_{i2}}(z_2=0.5)=1-1/\{1+\exp[(z_2-0.05)/0.1]\}$	$\overline{\mu}_{\tilde{M}_{i2}}(z_2=-0.5)=1-1/\{1+\exp[(z_2+0.05)/0.1]\}$
$\underline{\mu}_{\tilde{M}_{i3}}(z_3=6560)=\exp\{-[(z_3-6560)/2952]^2\}$	$\overline{\mu}_{\tilde{M}_{i3}}(z_3=6560)=\exp\{-[(z_3-6560)/3608]^2\}$
$\underline{\mu}_{\tilde{M}_{i3}}(z_3=16400)=1-\exp\{-[(z_3-6560)/3608]^2\}$	$\overline{\mu}_{\tilde{M}_{i3}}(z_3=16400)=1-\exp\{-[(z_3-6560)/2952]^2\}$

使用 Matlab 中的 LMI 工具箱对式(2.13)～式(2.17) 求解，可以得到正定矩阵 $\boldsymbol{P}$、$\boldsymbol{L}_i$ 以及 $\boldsymbol{R}_i$ 的值分别如下所示：

$$\boldsymbol{P}=\begin{bmatrix} 0.132317 & 0.000296 & -0.000000 & -0.000296 & 0.000000 \\ 0.000296 & 1.018676 & -0.000000 & -0.000002 & -0.000000 \\ -0.000000 & -0.000000 & 1.018674 & -0.000000 & -0.000000 \\ -0.000296 & -0.000002 & -0.000000 & 1.018676 & -0.000000 \\ 0.000000 & -0.000000 & -0.000000 & -0.000000 & 4.449730 \end{bmatrix}$$

$$\boldsymbol{R}_1=\begin{bmatrix} 0.0000 & -0.0000 & -0.0000 & -0.0000 & 0.8765 \\ 0.4220 & 0.0009 & -0.0000 & -0.0009 & -0.0000 \end{bmatrix}$$

$$\boldsymbol{L}_1=1.0\mathrm{e}+03\begin{bmatrix} 0.001513 & 0.000421 & -0.005407 & 0.000423 & 0.000000 \\ -0.004092 & 0.000491 & 2.500343 & -0.182310 & 0.000000 \\ -0.000025 & 2.499653 & 0.000500 & -0.000659 & -0.000000 \\ -0.001111 & 0.182336 & 0.000662 & 0.000487 & 0.000087 \\ -0.000000 & -0.000000 & 0.000000 & 0.000229 & -0.277858 \end{bmatrix}$$

(1) 仿真实验一：升降舵偏移情况下的故障估计与自愈合控制

在这个仿真环节中，我们考虑了升降舵的加性故障，主要模拟升降舵出现故障的情况，且假设没有同时发生乘性故障。综上，我们用以下两种情况来模拟执行器的加性故障：

常值加性故障：$f_a(t)=\begin{cases}0, 0<t<10\text{s}\\ 0.7, t\geqslant 10\text{s}\end{cases}$，时变加性故障：$f_a(t)=\begin{cases}0, 0<t<10\text{s}\\ 0.5\sin(t), t\geqslant 10\text{s}\end{cases}$

两种加性故障的故障估计结果与估计误差结果分别由图 2.2～图 2.4 给出。FE-IT2TS 表示在区间二型模糊模型下的估计结果，FE-TS 表示在 T-S 模型下的估计结果。根据实验结果可以看出，本章所改进的故障估计方法能够快速逼近升降舵所出现的加性故障，并且与实际故障值之间的误差较小，比 T-S 模糊模型下的故障估计算法效果更优。

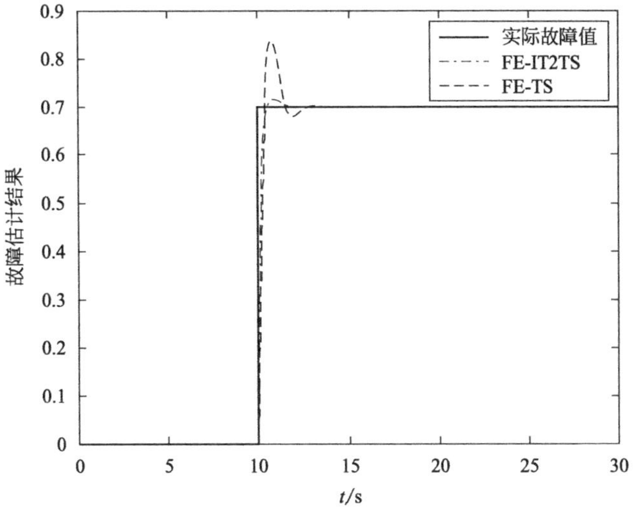

图 2.2　不同模型下的升降舵常值加性故障估计结果

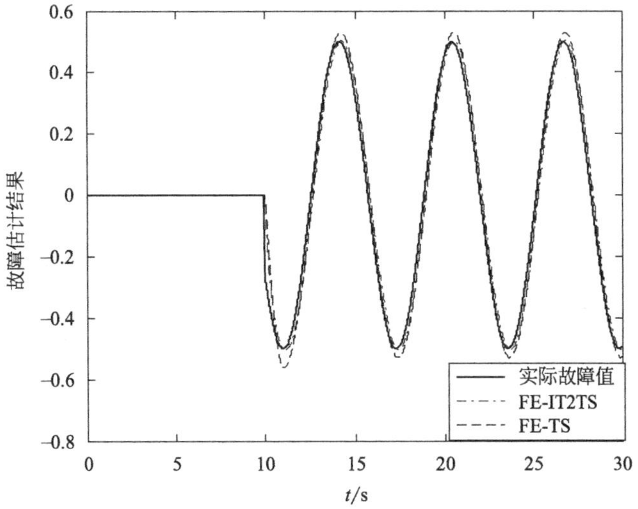

图 2.3　不同模型下的升降舵时变加性故障估计结果

(2) 仿真实验二：执行器失效故障下的控制效果

这个仿真实验模拟了执行器在某一时刻出现部分失效故障的情况，且与仿真实验一相同均考虑只有升降舵发生了故障。由于本章所研究的自愈合控制方案主要针对较小的失效故障，即假设升降舵的效益在仿真时间第 10s 时损失了 15%，且在之后的时间维持不变，即可以用如下表达式描述：

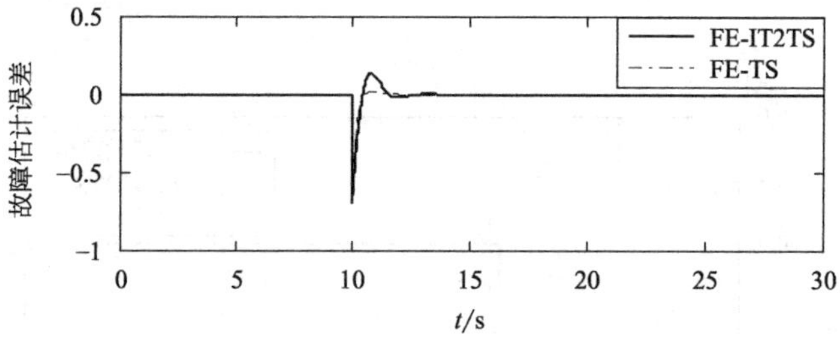

(a) 半值加性故障

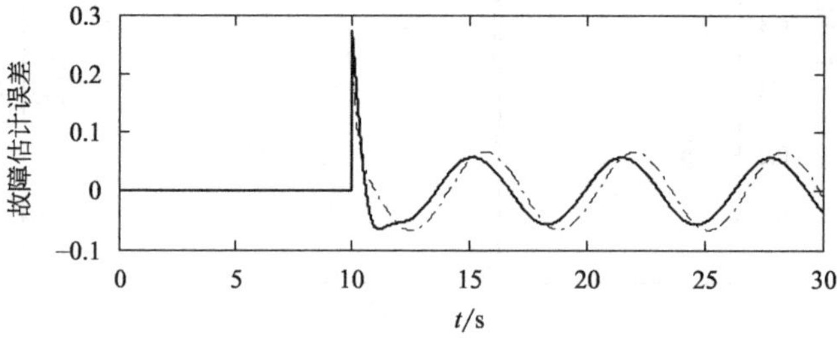

(b) 时变加性故障

图 2.4　不同模型下升降舵加性故障的故障估计误差

$$f_g(t)=\begin{cases}1, 0<t<10\mathrm{s}\\0.85, t\geqslant 10s\end{cases}$$

利用本章提出的改进的二型模糊自适应估计方法对区间二型模糊模型下的高超声速飞行器升降舵效益损失故障进行故障估计，得到结果如图 2.5 和图 2.6 所示。

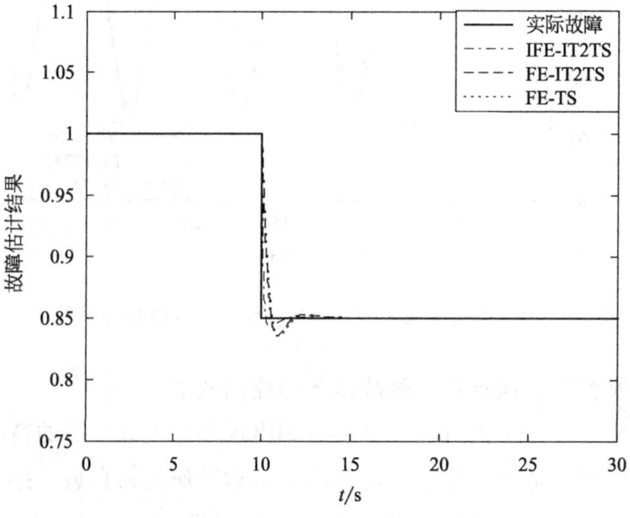

图 2.5　不同方法下升降舵增益损失故障估计结果

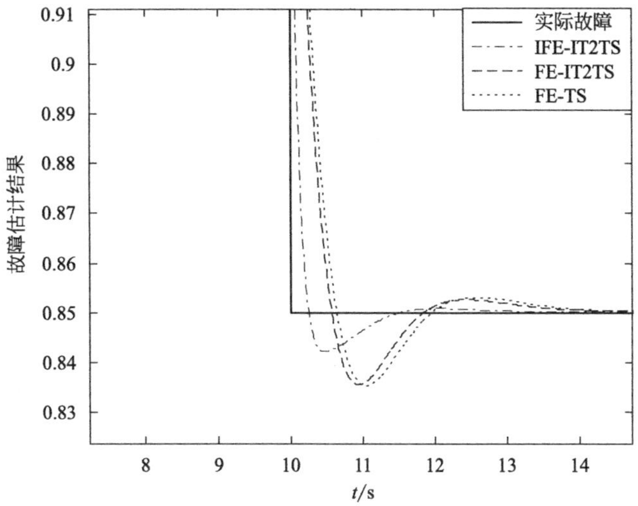

图 2.6 升降舵增益损失故障估计结果局部放大图

图 2.5 和图 2.6 表明，在区间二型模糊模型下利用改进型故障估计算法得到的估计结果（IFE-IT2TS）要相对快于原始故障估计方法（FE-IT2TS）所得到的结果，更快于原始一型模糊故障估计方法在 T-S 模糊模型下（FE-TS）的估计结果；图 2.7 表明，在区间二型模糊模型下利用改进型故障估计算法估计误差要相对另两种方法小。

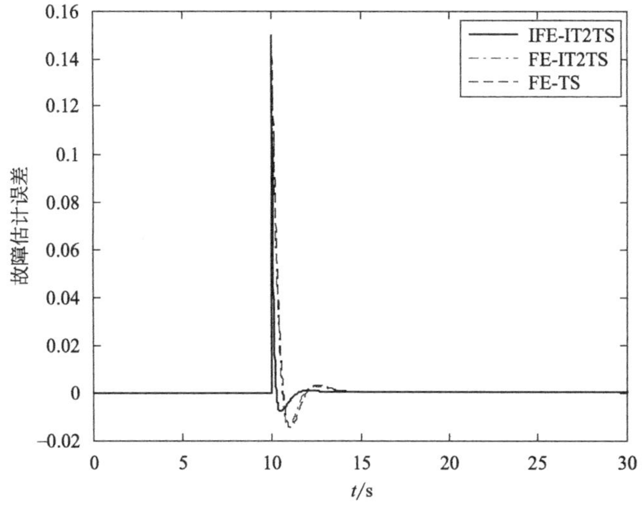

图 2.7 升降舵增益损失故障的估计误差

根据图 2.8 中的仿真曲线可知，$\boldsymbol{\Theta}$ 对故障估计算法的改进起到了不可忽视的作用，当 $\boldsymbol{\Theta}$ 为单位矩阵时，该故障估计算法便可以简化为文献［68］中提到的一种估计方法。此外，若 $\boldsymbol{\Theta}$ 从故障发生时便保持不变，那么估计结果将会出现频率和幅值较大的持续波动，因此有了可调参数 $\boldsymbol{\Theta}$ 随故障估计结果的实时调节，故障估计结果就可以将浮动降至较低的量级，从而使得估计结果更加准确。

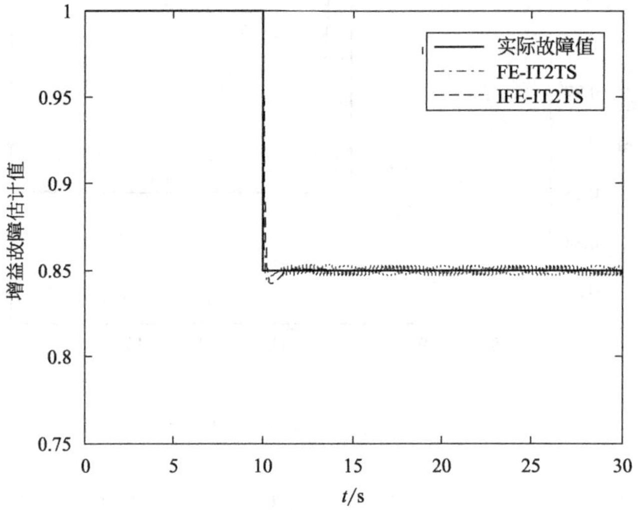

图 2.8 Θ 对升降舵增益损失故障估计的影响

综合上述对比性仿真可得，在区间二型模糊模型下利用改进的故障估计算法可以节省故障估计的时间，并且可以为自愈合控制律提供更为精准的估计结果，这些优势都有利于提高自愈合控制的性能。

图 2.9 和图 2.10 分别给出了升降舵增益部分失效时的角速率和角度响应曲线。仿真结果表明，在升降舵出现部分失效故障时，常规闭环控制器虽然能够使得系统恢复稳定，但是响应时间较长，且发生故障时出现的波动较大，而利用本章给出的自愈

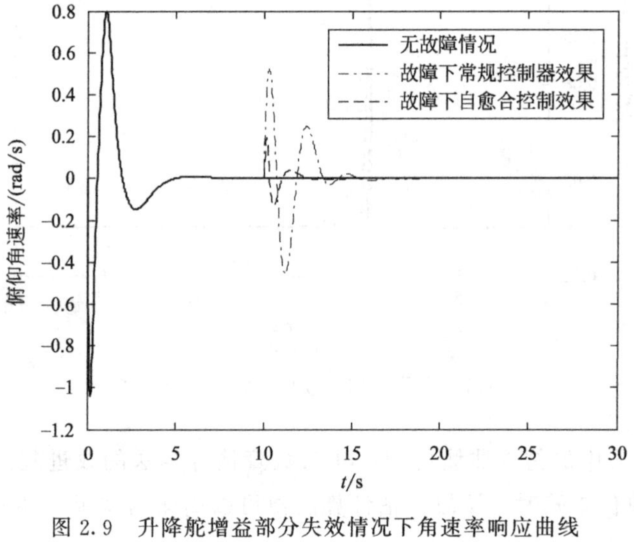

图 2.9 升降舵增益部分失效情况下角速率响应曲线

合控制律，可以明显缩短系统恢复原状态的时间，并且可以有效减小响应曲线波动的幅值，展现出了良好的控制性能。

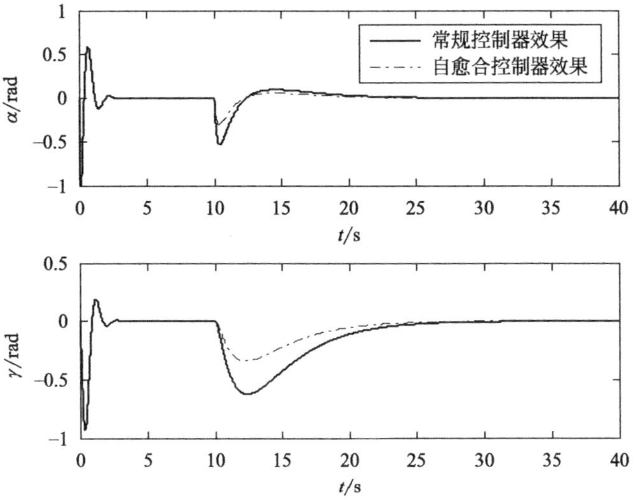

图 2.10　升降舵增益部分损失情况下角度响应曲线

图 2.11 和图 2.12 给出了升降舵偏转角发生偏移故障时的角速率和角度响应曲线，可看出攻角在自愈合控制器作用下恢复稳定的速度较快，俯仰角速率在常规控制器的作用下具有较大的振荡，而自愈合控制器下虽然起初超调较大，但能迅速恢复到稳定状态，且攻角和偏航角因误差引起的超调都比常规控制器小。因此，上述对比性实验共同证明了本章所提出的区间二型模糊模型以及改进的故障估计和补偿算法对升降舵故障的自愈合能力。

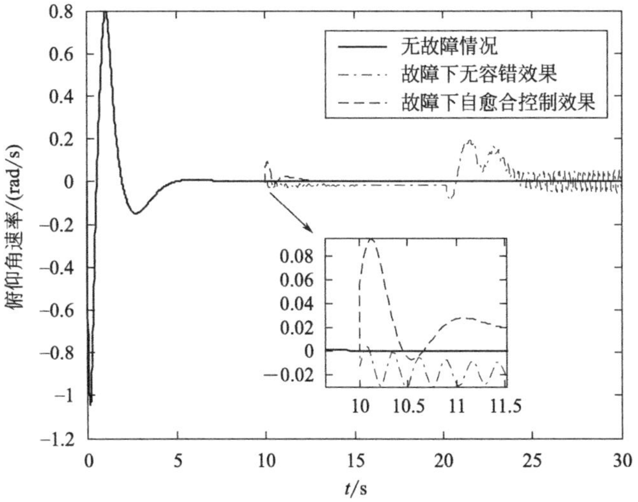

图 2.11　升降舵偏转角发生偏移情况下角速率响应曲线

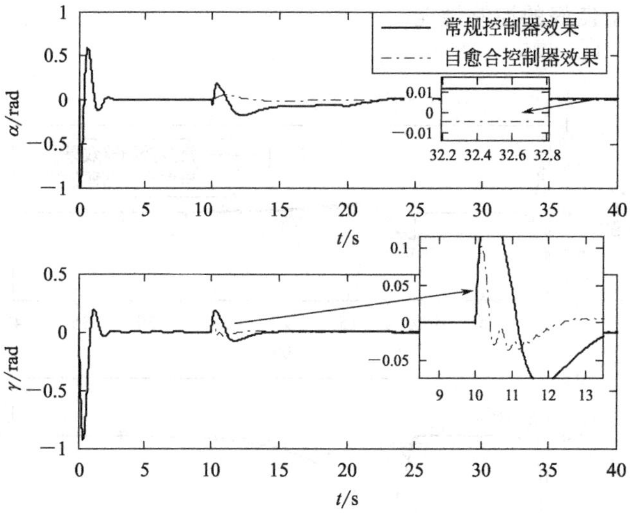

图 2.12 升降舵偏转角发生偏移情况下角度响应曲线

本章针对高超声速飞行器纵向通道动态系统设计了改进的故障估计与自愈合控制方法。在设计过程中，首先建立了带有执行器故障的高超声速飞行器的区间二型 T-S 模糊模型，以便于处理参数不确定性和设计故障估计算法；在此区间二型 T-S 模糊模型的基础上，设计了区间二型自适应观测器，并为升降舵加性故障和乘性故障设计了改进的二型模糊自适应估计方法。该方法在保证估计结果精度的同时也提高了故障估计的速度。得到的故障估计结果被进一步应用到随后的自愈合控制方法中，从而对已发生的升降舵故障进行补偿，使得系统在发生升降舵加性故障或乘性故障时能够快速恢复到期望的稳定状态，跟踪给定指令信号。最后，本章针对不同模型下故障估计与自愈合方法分别进行对比性仿真，实验结果验证了本章所设计方案的有效性。在接下来的章节中，将会进一步考虑扰动和故障同时存在的情况。

第3章

具有外部扰动的二型模糊模型多步骤自适应迭代故障估计

3.1 引言

在第 2 章中，我们针对带有升降舵故障的高超声速飞行器纵向动态系统建立了区间二型模糊模型，并相应设计了改进的二型模糊自适应故障估计与自愈合方法，然而正所谓“数有所不逮，神有所不通”，该方法尚未考虑飞行过程中存在的扰动影响，故其存在一定局限性。因而本章便在高超声速飞行器纵向动态的区间二型模糊模型上，添加了相应的扰动项，使其模型具有更强的代表性和更广的普遍性。

在飞行过程中，扰动对飞行控制系统的影响在形式上与执行器偏移故障具有相似的表现形式，均体现为加性形式，因此普通的自适应故障估计方法通常无法有效区分执行器故障与扰动，从而使得故障估计出现偏差，进一步导致自愈合控制律效果降低。基于此，本章在文献［69］与［70］工作的基础上，设计了区间二型模糊模型下的多步骤自适应故障估计方法，将第一次故障估计得到的信息用于第二次估计，以此类推，最终得到的估计值便可以更精确地逼近故障值，尽量减少了扰动带来的影响。

综上，本章基于带有扰动与执行器偏差故障的高超声速飞行器纵向通道动态系统的区间二型模糊模型，采用多步骤迭代的方法对执行器出现的故障进行了估计，降低了扰动对估计结果带来的影响，从而能够较好解决执行器故障与扰动下的高超声速飞行器纵向通道动态系统的故障估计问题。本章内容结构如下：3.2 节提出了带有扰动与执行器偏差故障的高超声速飞行器执行器故障的区间二型模糊模型；3.3 节基于二型模糊观测器提出了多步骤迭代故障估计方法；3.4 节针对不同故障情况给出了对比性的仿真结果。

3.2 带有执行器偏移故障与扰动的区间二型模糊模型

本章所使用的高超声速飞行器纵向通道的非线性模型与第 2 章中的式(2.2)～式(2.4) 相同，详情可见第 2 章。在区间二型模糊建模方面，本章除考虑执行器偏差故障之外，还额外考虑了外部扰动的作用。因此本章使用的区间二型模糊模型的第 i 条规则为：

$$\text{Rule } i\text{: if } \quad z_1(t) \text{ is } \widetilde{M}_{i1} \text{ and } \cdots z_n(t) \text{ is } \widetilde{M}_{in}\text{, Then}$$

$$\begin{cases}\dot{\boldsymbol{x}}(t)=\boldsymbol{A}_i\boldsymbol{x}(t)+\boldsymbol{B}_i[\boldsymbol{u}(t)+\boldsymbol{f}(t)]+\boldsymbol{D}_{1i}\boldsymbol{\omega}_d(t)\\ \boldsymbol{y}(t)=\boldsymbol{C}_i\boldsymbol{x}(t)+\boldsymbol{D}_{2i}\boldsymbol{\omega}_d(t)\end{cases} \tag{3.1}$$

式中，$\widetilde{M}_{ij}$ $(i=1,2,\cdots,p;j=1,2,\cdots,n)$ 表示区间二型模糊集；$\boldsymbol{x}(t)=[V\ \ \gamma\ \ h\ \ \alpha\ \ q]^{\mathrm{T}}\in\boldsymbol{R}^5$是系统的状态变量；$\boldsymbol{u}(t)=[\delta_e\ \ \delta_T]^{\mathrm{T}}\in\boldsymbol{R}^2$是系统输入变量(升降舵与油门)；$\boldsymbol{y}(t)=[V\ \ \gamma\ \ h\ \ \alpha\ \ q]^{\mathrm{T}}\in\boldsymbol{R}^5$是系统的输出状态量；$\boldsymbol{A}_i$、$\boldsymbol{B}_i$、$\boldsymbol{C}_i$和$\boldsymbol{D}_i$均是适维常量矩阵；$\boldsymbol{\omega}_d(t)$ 代表系统的外部扰动。此外，各模糊规则的触发强度均与第 2 章相同。

综上，带有外部扰动与执行器故障的高超声速飞行器纵向通道动态系统的全局区间二型 T-S 模糊模型可由式(3.2) 表示：

$$\begin{cases}\dot{\boldsymbol{x}}(t)=\dfrac{\sum\limits_{i=1}^{r}\left(\underline{v}_i(\boldsymbol{z}(t))\underline{w}_i(\boldsymbol{z}(t))\{\boldsymbol{A}_i\boldsymbol{x}(t)+\boldsymbol{B}_i[\boldsymbol{u}(t)+\boldsymbol{f}(t)]+\boldsymbol{D}_{1i}\boldsymbol{\omega}_d(t)\}\right)}{\sum\limits_{i=1}^{r}\left(\underline{v}_i(\boldsymbol{z}(t))\underline{w}_i(\boldsymbol{z}(t))+\overline{v}_i(\boldsymbol{z}(t))\overline{w}_i(\boldsymbol{z}(t)\right)} \\ \qquad +\dfrac{\sum\limits_{i=1}^{r}\left(\overline{\boldsymbol{v}}_i(\boldsymbol{z}(t))\overline{w}_i(\boldsymbol{z}(t))\{\boldsymbol{A}_i\boldsymbol{x}(t)+\boldsymbol{B}_i[\boldsymbol{u}(t)+\boldsymbol{f}(t)]+\boldsymbol{D}_{1i}\boldsymbol{\omega}_d(t)\}\right)}{\sum\limits_{i=1}^{r}\left(\underline{v}_i(\boldsymbol{z}(t))\underline{w}_i(\boldsymbol{z}(t))+\overline{v}_i(\boldsymbol{z}(t))\overline{w}_i(\boldsymbol{z}(\boldsymbol{t})\right)} \\ \boldsymbol{y}(t)=\dfrac{\sum\limits_{i=1}^{r}\{\underline{v}_i(\boldsymbol{z}(t))\underline{w}_i(\boldsymbol{z}(t))[\boldsymbol{C}_i\boldsymbol{x}(t)+\boldsymbol{D}_{2i}\boldsymbol{\omega}_d(t)]\}}{\sum\limits_{i=1}^{r}\left(\underline{v}_i(\boldsymbol{z}(t))\underline{w}_i(\boldsymbol{z}(t))+\overline{\boldsymbol{v}}_i(\boldsymbol{z}(t))\overline{w}_i(\boldsymbol{z}(t)\right)} \\ \qquad +\dfrac{\sum\limits_{i=1}^{r}\{\overline{v}_i(\boldsymbol{z}(t))\overline{w}_i(\boldsymbol{z}(t))[\boldsymbol{C}_i\boldsymbol{x}(t)+\boldsymbol{D}_{2i}\boldsymbol{\omega}_d(t)]\}}{\sum\limits_{i=1}^{r}\left(\underline{v}_i(\boldsymbol{z}(t))\underline{w}_i(\boldsymbol{z}(t))+\overline{v}_i(\boldsymbol{z}(t))\overline{w}_i(\boldsymbol{z}(t)\right)}\end{cases} \tag{3.2}$$

式中，$v_i(\boldsymbol{z}(t))$ 是权重系数，且满足 $0\leqslant v_i(\boldsymbol{z}(t))\leqslant 1$。为便于分析，我们定义如下符号：

$$h_{i1}(\boldsymbol{z}(t))=\frac{\underline{\boldsymbol{v}}_i(\boldsymbol{z}(t))\underline{w}_i(\boldsymbol{z}(t))}{\sum\limits_{i=1}^{r}(\underline{\boldsymbol{v}}_i(\boldsymbol{z}(t))\underline{w}_i(\boldsymbol{z}(t))+\overline{\boldsymbol{v}}_i(\boldsymbol{z}(t))\overline{w}_i(\boldsymbol{z}(t)))},$$

$$h_{i2}(\boldsymbol{z}(t))=\frac{\overline{\boldsymbol{v}}_i(\boldsymbol{z}(t))\overline{w}_i(\boldsymbol{z}(t))}{\sum\limits_{i=1}^{r}(\underline{\boldsymbol{v}}_i(\boldsymbol{z}(t))\underline{w}_i(\boldsymbol{z}(t))+\overline{\boldsymbol{v}}_i(\boldsymbol{z}(t))\overline{w}_i(\boldsymbol{z}(t)))}$$

于是可得到最终带有扰动与故障的区间二型模糊模型如下：

$$\begin{cases}\dot{\boldsymbol{x}}(t)=\boldsymbol{A}(\overline{h})\boldsymbol{x}(t)+\boldsymbol{B}(\overline{h})[\boldsymbol{u}(t)+\boldsymbol{f}(t)]+\boldsymbol{D}_1(\overline{h})\boldsymbol{\omega}_d(t) \\ \boldsymbol{y}(t)=\boldsymbol{C}(\overline{h})\boldsymbol{x}(t)+\boldsymbol{D}_2(\overline{h})\boldsymbol{\omega}_d(t)\end{cases} \tag{3.3}$$

式中

$$\boldsymbol{A}(\overline{h})=\sum_{i=1}^{r}\{[h_{i1}(\boldsymbol{z}(t))+h_{i2}(\boldsymbol{z}(t))]\boldsymbol{A}_i\}$$

$$\boldsymbol{B}(\overline{h})=\sum_{i=1}^{r}\{[h_{i1}(\boldsymbol{z}(t))+h_{i2}(\boldsymbol{z}(t))]\boldsymbol{B}_i\}$$

$$\boldsymbol{C}(\bar{h})=\sum_{i=1}^{r}\{[h_{i1}(\boldsymbol{z}(t))+h_{i2}(\boldsymbol{z}(t))]\boldsymbol{C}_i\}$$

$$\boldsymbol{D}_1(\bar{h})=\sum_{i=1}^{r}\{[h_{i1}(\boldsymbol{z}(t))+h_{i2}(\boldsymbol{z}(t))]\boldsymbol{D}_{1i}\}$$

$$\boldsymbol{D}_2(\bar{h})=\sum_{i=1}^{r}\{[h_{i1}(\boldsymbol{z}(t))+h_{i2}(\boldsymbol{z}(t))]\boldsymbol{D}_{2i}\}$$

至此，我们便完成了对第 2 章中的区间二型模糊模型的改进，使其能够描述外部扰动对系统的影响。在本章后续小节中将以式(3.3) 为基础，设计多步骤故障估计算法，使之能够在具有外部扰动的情况下仍然能够逼近执行机构所出现的偏移故障。

3.3 多步骤故障估计方法设计

本节将针对式(3.3) 描述的模型，设计多步骤故障估计算法。为此，先为每一步估计设计了相应的模糊观测器，以此得到一个故障估计值，并将得到的故障估计信息加以利用，进行下一步的“加工处理”，从而得到更为精确的故障估计值。多步骤故障迭代估计系统方案框图如图 3.1 所示。

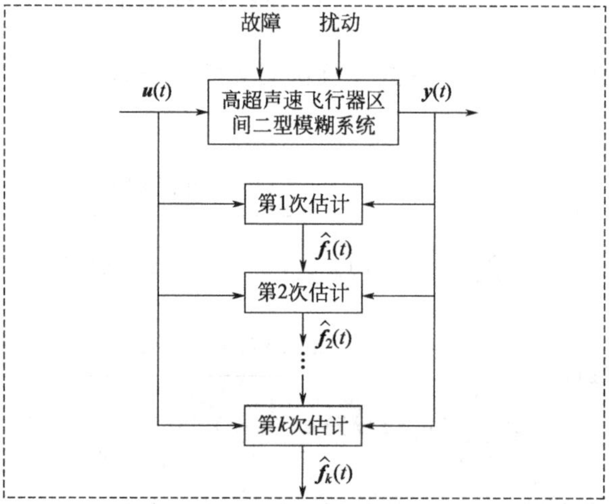

图 3.1　多步骤故障迭代估计方案框图

以文献 [69] 与 [70] 的研究内容为基础，设计如下观测器与故障估计方法：

$$\begin{cases}\dot{\hat{\boldsymbol{x}}}_k(t)=\boldsymbol{A}(\bar{h})\hat{\boldsymbol{x}}_k(t)+\boldsymbol{B}(\bar{h})[\boldsymbol{u}(t)+\hat{\boldsymbol{f}}_k(t)]-\boldsymbol{L}(\bar{h})[\hat{\boldsymbol{y}}_k(t)-\boldsymbol{y}(t)]\\ \hat{\boldsymbol{y}}_k(t)=\boldsymbol{C}(\bar{h})\hat{\boldsymbol{x}}_k(t)\\ \dot{\hat{\boldsymbol{f}}}_k(t)=-\boldsymbol{F}(\bar{h})[\hat{\boldsymbol{y}}_k(t)-\boldsymbol{y}(t)]+\dot{\hat{\boldsymbol{f}}}_{k-1}(t)\end{cases}\tag{3.4}$$

式中，$k\in\{2,3,\cdots\}$ 表示第 k 个观测器；$\boldsymbol{L}(\bar{h})=\sum^{r}\{[h_{i1}(\boldsymbol{z}(t))+$

$h_{i2}(\boldsymbol{z}(t))]\boldsymbol{L}_i\}$ 以及 $\boldsymbol{F}(\bar{h})=\sum^{r}\{[h_{i1}(\boldsymbol{z}(t))+h_{i2}(\boldsymbol{z}(t))]\boldsymbol{F}_i\}$ 表示适维的增益矩阵；$\hat{\boldsymbol{x}}_k(t)\in\boldsymbol{R}^5$ 是第 k 个观测器的状态观测值，相应的 $\hat{\boldsymbol{y}}_k(t)\in\boldsymbol{R}^5$ 与 $\dot{\hat{\boldsymbol{f}}}_k(t)\in\boldsymbol{R}^2$ 分别是第 k 个观测器的输出向量和故障估计的时间导数。随后定义如下表达式：$\boldsymbol{e}_{xk}(t)=\hat{\boldsymbol{x}}_k(t)-\boldsymbol{x}(t)$，$\boldsymbol{e}_{yk}(t)=\hat{\boldsymbol{y}}_k(t)-\boldsymbol{y}(t)$，$\boldsymbol{e}_{fk}(t)=\hat{\boldsymbol{f}}_k(t)-\boldsymbol{f}(t)$，$\bar{\boldsymbol{e}}_k^{\mathrm{T}}(t)=[\boldsymbol{e}_{xk}^{\mathrm{T}}(t),\boldsymbol{e}_{fk}^{\mathrm{T}}(t)]$ 以及 $\boldsymbol{\omega}_{kd}^{\mathrm{T}}(t)=[\boldsymbol{\omega}_d^{\mathrm{T}}(t),\dot{\boldsymbol{f}}^{\mathrm{T}}(t)-\dot{\hat{\boldsymbol{f}}}_{k-1}^{\mathrm{T}}(t)]$，于是第 k 个观测器的误差动态方程可以表示为：

$$\begin{cases}\dot{\bar{\boldsymbol{e}}}_k(t)=[\bar{\boldsymbol{A}}(\bar{h})-\bar{\boldsymbol{L}}(\bar{h})\bar{\boldsymbol{C}}(\bar{h})]\bar{\boldsymbol{e}}_k(t)+[\bar{\boldsymbol{L}}(\bar{h})\bar{\boldsymbol{D}}_2(\bar{h})-\bar{\boldsymbol{D}}_1(\bar{h})]\boldsymbol{\omega}_{kd}(t)\\ \boldsymbol{e}_{yk}(t)=\bar{\boldsymbol{C}}(\bar{h})\bar{\boldsymbol{e}}_k(t)-\bar{\boldsymbol{D}}_2(\bar{h})\boldsymbol{\omega}_{kd}(t)\end{cases}\tag{3.5}$$

式中，增广矩阵为 $\bar{\boldsymbol{A}}(\bar{h})=\begin{bmatrix}\boldsymbol{A}(\bar{h}) & \boldsymbol{B}(\bar{h})\\ 0 & 0\end{bmatrix}$，$\bar{\boldsymbol{L}}(\bar{h})=\begin{bmatrix}\boldsymbol{L}(\bar{h})\\ \boldsymbol{F}(\bar{\mathrm{h}})\end{bmatrix}$，$\bar{\boldsymbol{C}}(\bar{h})=[\boldsymbol{C}(\bar{h})\quad 0]$，$\bar{\boldsymbol{D}}_1(\bar{h})=\begin{bmatrix}\boldsymbol{D}_1(\bar{h}) & 0\\ 0 & \boldsymbol{I}_m\end{bmatrix}$

以及 $\bar{\boldsymbol{D}}_2(\bar{h})=[\boldsymbol{D}_2(\bar{h})\quad 0]$。与第 2 章类似，在这里我们仍然需要下述假设条件。

假设 3.1： 高超声速飞行器执行器（升降舵、油门）偏移故障满足条件 $\dot{f}(t)\in L_2[0,\infty)$。

关于此假设的合理性已在 2.3 节中详细介绍，故此处不再赘述。

定理 3.1： 若存在 7×7 的正定矩阵 $\boldsymbol{P}>0$ 满足如下两组 LMI 的条件：

$$\begin{bmatrix}-\boldsymbol{P} & \boldsymbol{P}\bar{\boldsymbol{A}}_i-\bar{\boldsymbol{Y}}_i\bar{\boldsymbol{C}}_i-\alpha\boldsymbol{P}\\ * & -\tau^2\boldsymbol{P}\end{bmatrix}<0,i=1,\cdots,r\tag{3.6}$$

$$\begin{bmatrix}-\boldsymbol{P} & \boldsymbol{P}\bar{\boldsymbol{A}}_i-\bar{\boldsymbol{Y}}_i\bar{\boldsymbol{C}}_j-\alpha\boldsymbol{P}\\ * & -\tau^2\boldsymbol{P}\end{bmatrix}+\begin{bmatrix}-\boldsymbol{P} & \boldsymbol{P}\bar{\boldsymbol{A}}_j-\bar{\boldsymbol{Y}}_j\bar{\boldsymbol{C}}_i-\alpha\boldsymbol{P}\\ * & -\tau^2\boldsymbol{P}\end{bmatrix}<0,\ 1\leqslant i<j\leqslant r\tag{3.7}$$

则矩阵 $[\bar{\boldsymbol{A}}(\bar{h})-\bar{\boldsymbol{L}}(\bar{h})\bar{\boldsymbol{C}}(\bar{h})]$ 的特征根便可以落在区域 $D(\alpha,\tau)$ 内，其中 $\boldsymbol{Y}_i=\boldsymbol{P}\boldsymbol{L}_i$，$\alpha$，$\tau$ 为两个正实参数。

证明 3.1： 根据文献［69］给出的引理可知，当且仅当存在正定矩阵 $\boldsymbol{P}>0$ 满足如下线性矩阵不等式时：

$$\begin{bmatrix}-\boldsymbol{P} & \boldsymbol{P}(\boldsymbol{A}-\alpha\boldsymbol{I})\\ * & -\tau^2\boldsymbol{P}\end{bmatrix}<0\tag{3.8}$$

系统矩阵 $\boldsymbol{A}\in\boldsymbol{R}^{5\times5}$ 的特征根便可以落在能够使系统稳定的期望区域 $D(\alpha,\tau)$ 之中。基于此，我们将 $[\bar{\boldsymbol{A}}(\bar{h})-\bar{\boldsymbol{L}}(\bar{h})\bar{\boldsymbol{C}}(h)]$ 作为矩阵 $\boldsymbol{A}$ 代入式(3.8)，于是可以得到如下表达式：

$$\boldsymbol{\Psi}=\begin{bmatrix}-\boldsymbol{P} & \boldsymbol{P}[\bar{\boldsymbol{A}}(\bar{h})-\bar{\boldsymbol{L}}(\bar{h})\bar{\boldsymbol{C}}(\bar{h})-\alpha\boldsymbol{I}]\\ * & -\tau^2\boldsymbol{P}\end{bmatrix}\tag{3.9}$$

随后我们令 $\boldsymbol{Y}_i=\boldsymbol{P}\boldsymbol{L}_i$，并考虑模糊权重，则上述线性矩阵不等式可以写为如下形式：

$$\boldsymbol{\Psi}=\sum_{i=1}^{r}(h_{i1}+h_{i2})^2\boldsymbol{\Psi}_{ii}+\sum_{i=1}^{r}\sum_{j>i}^{r}(h_{i1}+h_{i2})(h_{ji}+h_{j2})(\boldsymbol{\Psi}_{ij}+\boldsymbol{\Psi}_{ji})<0 \tag{3.10}$$

式中，$\boldsymbol{\Psi}_{ii}=\begin{bmatrix}-\boldsymbol{P} & \boldsymbol{P}\overline{\boldsymbol{A}}_i-\overline{\boldsymbol{Y}}_i\overline{\boldsymbol{C}}_i-\alpha\boldsymbol{P}\\ * & -\tau^2\boldsymbol{P}\end{bmatrix}$，$\boldsymbol{\Psi}_{ij}=\begin{bmatrix}-\boldsymbol{P} & \boldsymbol{P}\overline{\boldsymbol{A}}_i-\overline{\boldsymbol{Y}}_i\overline{\boldsymbol{C}}_j-\alpha\boldsymbol{P}\\ * & -\tau^2\boldsymbol{P}\end{bmatrix}$。由于 $h_{i1}(\boldsymbol{z}(t))+h_{i2}(\boldsymbol{z}(t))\geqslant 0$ 成立，因此我们可以得到 $\boldsymbol{\Psi}_{ii}<0$ 以及 $\boldsymbol{\Psi}_{ij}<0$ 成立，即定理 3.1 成立。

定理 3.2：若存在 7×7 的正定矩阵 $\boldsymbol{P}>0$ 满足如下两组 LMI 的条件：

$$\begin{bmatrix}\boldsymbol{P}\overline{\boldsymbol{A}}_i+\overline{\boldsymbol{A}}_i^{\mathrm{T}}\boldsymbol{P}-\overline{\boldsymbol{Y}}_i\overline{\boldsymbol{C}}_i-\overline{\boldsymbol{C}}_i^{\mathrm{T}}\overline{\boldsymbol{Y}}_i^{\mathrm{T}} & \overline{\boldsymbol{Y}}_i\overline{\boldsymbol{D}}_{2i}-\boldsymbol{P}\overline{\boldsymbol{D}}_{1i} & \overline{\boldsymbol{E}}_1\\ * & -\varepsilon\boldsymbol{I}_4 & 0\\ * & * & -\varepsilon\boldsymbol{I}_2\end{bmatrix}<0 \tag{3.11}$$

$$\begin{bmatrix}\boldsymbol{P}\overline{\boldsymbol{A}}_i+\overline{\boldsymbol{A}}_i^{\mathrm{T}}\boldsymbol{P}-\overline{\boldsymbol{Y}}_i\overline{\boldsymbol{C}}_j-\overline{\boldsymbol{C}}_j^{\mathrm{T}}\overline{\boldsymbol{Y}}_i^{\mathrm{T}} & \overline{\boldsymbol{Y}}_i\overline{\boldsymbol{D}}_{2j}-\boldsymbol{P}\overline{\boldsymbol{D}}_{1i} & \overline{\boldsymbol{E}}_1\\ * & -\varepsilon\boldsymbol{I}_4 & 0\\ * & * & -\varepsilon\boldsymbol{I}_2\end{bmatrix}$$
$$+\begin{bmatrix}\boldsymbol{P}\overline{\boldsymbol{A}}_j+\overline{\boldsymbol{A}}_j^{\mathrm{T}}\boldsymbol{P}-\overline{\boldsymbol{Y}}_j\overline{\boldsymbol{C}}_i-\overline{\boldsymbol{C}}_i^{\mathrm{T}}\overline{\boldsymbol{Y}}_j^{\mathrm{T}} & \overline{\boldsymbol{Y}}_j\overline{\boldsymbol{D}}_{2i}-\boldsymbol{P}\overline{\boldsymbol{D}}_{1j} & \overline{\boldsymbol{E}}_1\\ * & -\varepsilon\boldsymbol{I}_4 & 0\\ * & * & -\varepsilon\boldsymbol{I}_2\end{bmatrix}<0 \tag{3.12}$$

式中，$\boldsymbol{Y}_i=\boldsymbol{P}\boldsymbol{L}_i$，$\overline{\boldsymbol{E}}_1=[0\quad \boldsymbol{I}_2]^{\mathrm{T}}\in\boldsymbol{R}^{7\times 2}$，且 $1\leqslant i<j\leqslant r$ 时，则第 k（$k\in\{2,3,\cdots\}$）个误差系统是渐近稳定的。

证明 3.2：对于第 $k(k\in\{2,3,\cdots\})$ 个误差系统而言，其包含误差动态的 Lyapunov 函数可以定义为如下形式：

$$V_k(t)=\overline{\boldsymbol{e}}_k^{\mathrm{T}}(t)\boldsymbol{P}\overline{\boldsymbol{e}}_k(t)+\int_{t_f}^{\infty}\left[\frac{1}{\gamma}\boldsymbol{e}_{fk}^{\mathrm{T}}(t)\boldsymbol{e}_{fk}(t)-\gamma\boldsymbol{\omega}_{kd}^{\mathrm{T}}(t)\boldsymbol{\omega}_{kd}(t)\right]\mathrm{d}t \tag{3.13}$$

式中，t_f 表示故障发生的时间。于是可以推出 Lyapunov 函数的导数如下：

$$\begin{aligned}\dot{V}_k(t)=&\overline{\boldsymbol{e}}_k^{\mathrm{T}}(t)\{\boldsymbol{P}[\overline{\boldsymbol{A}}(\overline{h})-\overline{\boldsymbol{L}}(\overline{h})\overline{\boldsymbol{C}}(\overline{h})]+[\overline{\boldsymbol{A}}(\overline{h})-\overline{\boldsymbol{L}}(\overline{h})\overline{\boldsymbol{C}}(\overline{h})]^{\mathrm{T}}P\}\overline{\boldsymbol{e}}_k(t)\\&+\boldsymbol{\omega}_{kd}^{\mathrm{T}}(t)[\overline{\boldsymbol{L}}(\overline{h})\overline{\boldsymbol{D}}_2(\overline{h})-\overline{\boldsymbol{D}}_1(\overline{h})]\boldsymbol{P}\overline{\boldsymbol{e}}_k(t)+\overline{\boldsymbol{e}}_k^{\mathrm{T}}(t)\boldsymbol{P}[\overline{\boldsymbol{L}}(\overline{h})\overline{\boldsymbol{D}}_2(\overline{h})-\overline{\boldsymbol{D}}_1(\overline{h})]\boldsymbol{\omega}_{kd}(t)\\&+\frac{1}{\varepsilon}\overline{\boldsymbol{e}}_k^{\mathrm{T}}(t)\overline{\boldsymbol{E}}_1\overline{\boldsymbol{E}}_1^{\mathrm{T}}\overline{\boldsymbol{e}}_k(t)-\varepsilon\boldsymbol{\omega}_{kd}^{\mathrm{T}}(t)\boldsymbol{\omega}_{kd}(t)\end{aligned} \tag{3.14}$$

为便于分析，我们定义如下表达式：

$\boldsymbol{\zeta}(t)=\begin{bmatrix}\overline{\boldsymbol{e}}_k(t)\\ \boldsymbol{\omega}_{kd}(t)\end{bmatrix}$，$\boldsymbol{\Omega}=\begin{bmatrix}\Theta+\Theta^{\mathrm{T}}+\frac{1}{\varepsilon}\overline{\boldsymbol{E}}_1\overline{\boldsymbol{E}}_1^{\mathrm{T}} & \boldsymbol{P}[\overline{\boldsymbol{L}}(\overline{h})\overline{\boldsymbol{D}}_2(\overline{h})-\overline{\boldsymbol{D}}_1(\overline{h})]\\ * & -\varepsilon\boldsymbol{I}_4\end{bmatrix}$，以及

$$\boldsymbol{\Omega}_{ij}=\begin{bmatrix}\boldsymbol{P}\overline{\boldsymbol{A}}_i+\overline{\boldsymbol{A}}_i^{\mathrm{T}}\boldsymbol{P}-\overline{\boldsymbol{Y}}_i\overline{\boldsymbol{C}}_j-\overline{\boldsymbol{C}}_j^{\mathrm{T}}\overline{\boldsymbol{Y}}_i^{\mathrm{T}}+\frac{1}{\varepsilon}\overline{\boldsymbol{E}}_1\overline{\boldsymbol{E}}_1^{\mathrm{T}} & \overline{\boldsymbol{Y}}_i\overline{\boldsymbol{D}}_{2j}-\boldsymbol{P}\overline{\boldsymbol{D}}_{1i} \\ * & -\varepsilon\boldsymbol{I}_4\end{bmatrix}$$

式中，$\boldsymbol{\Theta}=\boldsymbol{P}[\overline{\boldsymbol{A}}(\overline{h})-\overline{\boldsymbol{L}}(\overline{h})\overline{\boldsymbol{C}}(\overline{h})]$，并将上述表达式代入式(3.14) 中，那么该李雅普诺夫函数的导数则可以改写为如下形式：

$$\begin{aligned}\dot{V}_k(t)=&\sum_{i=1}^{r}(h_{i1}+h_{i2})^2\boldsymbol{\zeta}^{\mathrm{T}}(t)\boldsymbol{\Omega}_{ii}\boldsymbol{\zeta}(t)\\&+\sum_{i=1}^{r}\sum_{j>i}^{r}(h_{i1}+h_{i2})(h_{j1}+h_{j2})\boldsymbol{\zeta}^{\mathrm{T}}(t)(\boldsymbol{\Omega}_{ij}+\boldsymbol{\Omega}_{ji})\boldsymbol{\zeta}(t)\end{aligned}\tag{3.15}$$

根据 Schur 补定理，由式(3.15) 可以推出，条件式(3.11) 和式(3.12) 能够得到满足，因此第 $k(k\in\{2,3,\cdots\})$ 个误差系统是渐近稳定的。

注释 3.1： 在本章使用的方法中，每一步故障估计的结果都会用于下一步的估计，可以看作是一种“迭代估计”，通过这个方法，故障估计的结果 $\hat{f}_k(t)$ 在理论上可以无限接近实际发生的故障值。但是需要注意的是，随着估计步数 k 的增加，故障估计所需要消耗的时间也会相应增加，因此估计步数 k 的取值不宜太大。

3.4 仿真验证及结果分析

本节基于 Matlab/Simulink 平台及 LMI 工具箱进行了一系列的对比性仿真验证，以论证所提故障估计方法的有效性。首先，本节给出了带有升降舵偏移故障与外部扰动的高超声速飞行器区间二型模糊模型及相关分析；随后利用 Matlab 中的 LMI 工具箱计算了常值参数矩阵 $\boldsymbol{P}$ 以及各个工作点对应的参数 L_i。根据得到的各个工作点的数据，利用本章所提的多步骤故障估计方法对高超声速飞行器的升降舵偏移故障进行了估计。

为不失普遍性，本章选用的高超声速飞行器初始工作点的状态为：$V=12Ma$，$h=33.5\text{km}$ 以及 $T=450\text{kN}$，与第 2 章相同，我们仍然选择采用八个工作点融合的方式来逼近其纵向通道动态系统模型，三个模糊变量分别选为 $z_1=\alpha+\gamma=\theta$，$z_2=q$，$z_3=V$，各模糊变量的论域分别采用许域菲[63]工作中的数据：$z_1\in(-0.5,0.5)\text{rad}$，$z_2\in(-0.5,0.5)\text{rad/s}$ 以及 $z_3\in[2000,5000]$ ft/s。最终各模糊变量所对应的上、下隶属度函数由表 3.1 详细给出。为更清晰描述上、下隶属度函数，图 3.2～图 3.4 给出了隶属度函数三维曲线，其中 x 轴表示各变量的论域，y 轴表示主（一阶）隶属度函数，z 轴表示次（二阶）隶属度函数。

表 3.1 各模糊变量对应的上、下隶属度函数

下隶属度函数	上隶属度函数
$\underline{\mu}_{\tilde{M}_{i1}}(z_1=-0.5)=\exp\{-[(z_1+0.5)/0.44]^2\}$	$\overline{\mu}_{\tilde{M}_{i1}}(z_1=-0.5)=\exp\{-[(z_1+0.5)/0.36]^2\}$
$\underline{\mu}_{\tilde{M}_{i1}}(z_1=0.5)=1-\exp\{-[(z_1+0.5)/0.36]^2\}$	$\overline{\mu}_{\tilde{M}_{i1}}(z_1=0.5)=1-\exp\{-[(z_1+0.5)/0.44]^2\}$

续表

下隶属度函数	上隶属度函数
$\underline{\mu}_{\tilde{M}_{i2}}(z_2=-0.5)=1/\{1+\exp[(z_2+0.05)/0.1]\}$	$\overline{\mu}_{\tilde{M}_{i2}}(z_2=-0.5)=1/\{1+\exp[(z_2-0.05)/0.1]\}$
$\underline{\mu}_{\tilde{M}_{i2}}(z_2=0.5)=1-1/\{1+\exp[(z_2-0.05)/0.1]\}$	$\overline{\mu}_{\tilde{M}_{i2}}(z_2=-0.5)=1-1/\{1+\exp[(z_2+0.05)/0.1]\}$
$\underline{\mu}_{\tilde{M}_{i3}}(z_3=6560)=\exp\{-[(z_3-2000)/867]^2\}$	$\overline{\mu}_{\tilde{M}_{i3}}(z_3=6560)=\exp[-(z_3-2000)/1133]^2\}$
$\underline{\mu}_{\tilde{M}_{i3}}(z_3=16400)=1-\exp\{-[(z_3-2000)/1133]^2\}$	$\overline{\mu}_{\tilde{M}_{i3}}(z_3=16400)=1-\exp\{-[(z_3-2000)/867]^2\}$

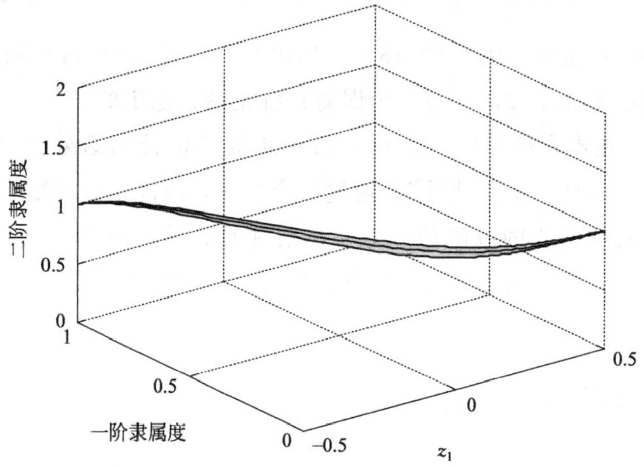

图 3.2　变量 z_1 对 -0.5rad/s 的上、下隶属度函数

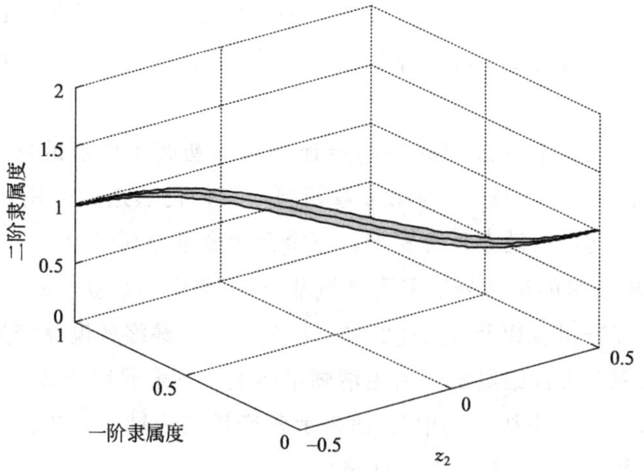

图 3.3　变量 z_2 对 -0.5rad/s 的上、下隶属度函数

干扰分布矩阵选为如下形式：

$$\boldsymbol{D}_{1i}=\begin{bmatrix}0.01 & 0.01 & 0.01 & 0.01 & 0.01\\ 0.01 & 0.01 & 0.01 & 0.01 & 0.01\end{bmatrix}^{\mathrm{T}},\ \boldsymbol{D}_{2i}=\begin{bmatrix}0.001 & 0.001 & 0.001 & 0.001 & 0.001\\ 0.001 & 0.001 & 0.001 & 0.001 & 0.001\end{bmatrix}$$

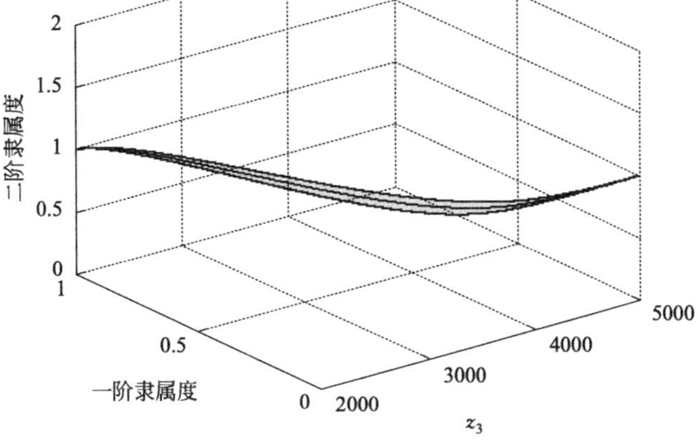

图 3.4 变量 z_3 对于 2000m/s 的上、下隶属度函数

使用 Matlab 中的 LMI 工具箱对式(3.6)、式(3.7) 以及式(3.11)、式(3.12) 求解，可以得到正定矩阵 $\boldsymbol{P}$、$\boldsymbol{L}_i$ 以及 $\boldsymbol{F}_i$ 的值分别如下所示：

$$\boldsymbol{P}=1.0e+03\begin{bmatrix} 0.0045 & -0.0019 & 0.00001 & 0.0008 & 0.0001 & -0.00002 & -0.0012 \\ -0.0019 & 1.4126 & 0.0003 & -0.7735 & -0.0012 & 0.0008 & 0.0002 \\ 0.00001 & 0.0003 & 0.00002 & 0.0005 & 0.00005 & -0.00001 & -0.000005 \\ 0.0008 & -0.7735 & 0.0005 & 235.14 & 0.0004 & -0.0002 & 0.0001 \\ 0.0001 & -0.0012 & 0.00005 & 0.0004 & 0.0009 & -0.000007 & 0.0001 \\ -0.00002 & 0.0008 & -0.00001 & -0.0002 & -0.000007 & 0.000001 & 0.000004 \\ -0.0012 & 0.0002 & -0.000005 & 0.0001 & 0.0001 & 0.000004 & 0.00098 \end{bmatrix}$$

$$\boldsymbol{L}_1=1.0e+02\begin{bmatrix} 0.0773 & 0.3079 & 0.0011 & -0.0809 & -0.0066 \\ -0.0007 & 0.0023 & -0.0005 & -0.0028 & -0.0021 \\ 1.6363 & 49.5638 & 1.3027 & -0.5249 & -0.1408 \\ -0.00006 & 0.00001 & -0.00004 & -0.0002 & 0.0099 \\ -0.0835 & 0.0027 & -0.0631 & 0.0383 & -2.6667 \end{bmatrix}$$

$$\boldsymbol{F}_1=\begin{bmatrix} 62.61 & -374.55 & 40.59 & 336.64 & 386.07 \\ 23.24 & 5.59 & 1.02 & -6.07 & -3.01 \end{bmatrix}$$

为验证本章所提故障估计方法的有效性，我们假设其高超声速飞行器升降舵在第 4s 和第 10s 时分别发生了如下情况的偏移故障(其中情况二参考了张柯教授[70]工作成果中所提故障)：

$$\text{情况一：} f_1(t)=\begin{cases} 0, 0<t<4\text{s} \\ 0.5\sin(t-4), t\geqslant 4\text{s} \end{cases}$$

$$\text{情况二：} f_1(t)=\begin{cases}0, 0<t<10\text{s}\\10[1-e^{-(t-10)}], t\geqslant 10\text{s}\end{cases}$$

图 3.5 给出了在区间二型模糊模型下使用三步迭代估计方法得到的故障估计响应曲线，作为对比，图 3.6 与图 3.7 分别给出了区间二型模糊模型下使用传统自适应估计方法的效果图以及一型模糊模型下的自适应估计方法效果图，图 3.8 给出了采用不同模型和不同估计方法所得到的估计误差响应曲线。

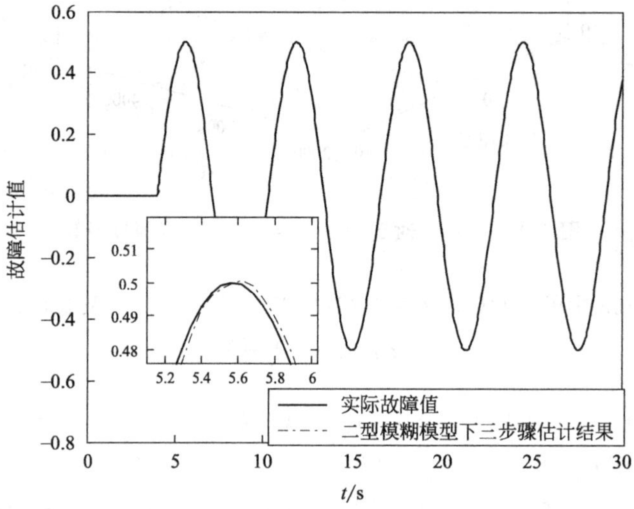

图 3.5　区间二型模糊模型下的三步骤迭代故障估计

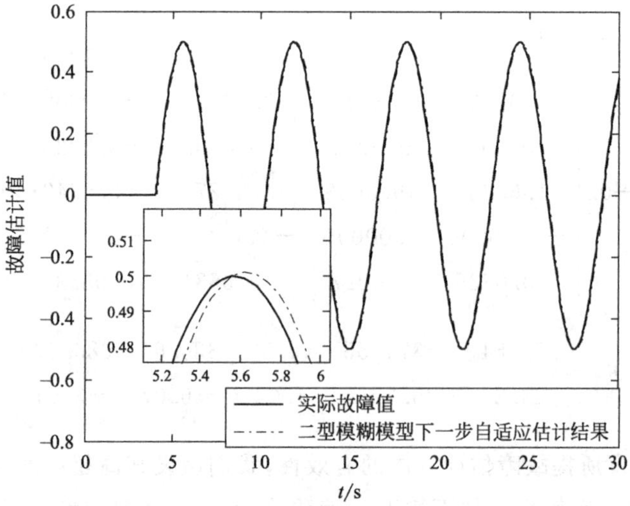

图 3.6　区间二型模糊模型下的单步自适应故障估计

通过对图 3.5～图 3.8 的比较可以发现，系统在第 4s 发生故障且伴有外部扰动

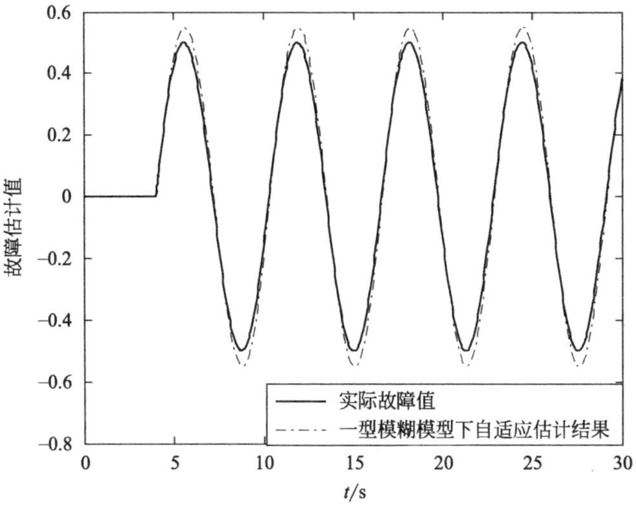

图 3.7　一型模糊模型下的自适应故障估计

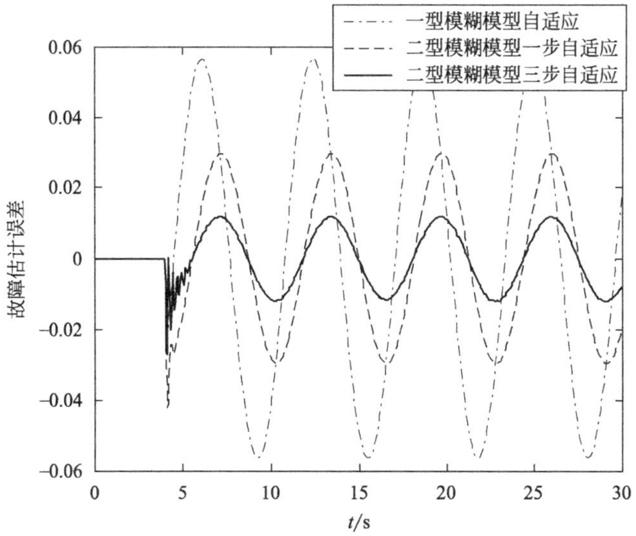

图 3.8　不同估计方案下的故障误差响应曲线

时，在使用同样估计算法时，区间二型模糊模型相对一型模糊模型得到的估计误差更小，而在使用相同的模型时，本章使用的多步骤迭代估计算法得到的估计效果虽然在初期误差抖动更大，但整体估计效果更优。综上，根据本章提出的方案，可以节约故障估计所消耗的时间，并且减小故障估计的误差，这两个优势会对后续的自愈合控制提供一定的帮助。

为体现故障的普遍性，本节选取了文献［70］中涉及的升降舵偏移故障情形，即情况二，并与其他不同估计方案进行了对比性仿真，比较结果如图 3.9 与图 3.10 所示。根据仿真结果，可以清晰发现三步骤迭代故障估计方法能够更精确地逼近实际故障值，且后期误差抖动小。

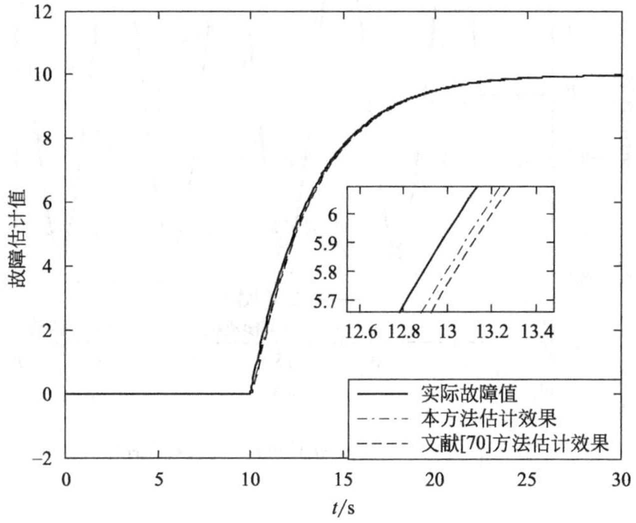

图 3.9　不同估计方案下的故障估计响应曲线（情况二）

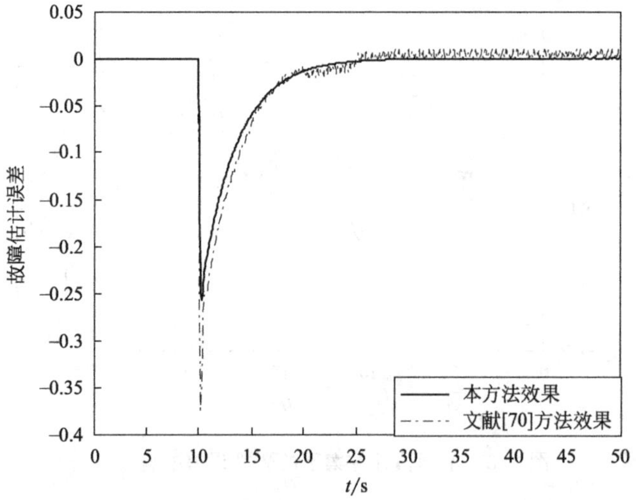

图 3.10　不同估计方案下的估计误差响应曲线（情况二）

综上所述，对比性仿真结果表明采用本章设计的多步骤迭代故障估计方法，即使是在外部扰动的影响下，仍然可以成功逼近实际故障值，并且比现有方法具有更高的准确性，可以为自愈合控制律的设计提供精准的故障信息，从而有助于提高整个高超声速飞控系统对故障的自愈合能力。

本章为具有外部扰动与升降舵偏移故障的高超声速飞行器设计了多步骤迭代故障

估计方法，将每一步故障估计的结果均用于下一步的二次估计，并且放宽了故障估计条件，将原有的故障范数有界转变为故障导数有界，使之更符合执行器加性故障的特性。这种迭代估计使得最终的估计结果能够更精确地逼近升降舵发生的偏移故障值。基于 Lyapunov 稳定性理论与 Schur 补定理的分析，保证了整个故障估计方案的稳定性。在仿真试验中，分别针对不同故障估计方法与模型进行了一系列对比，从而直接和间接地论证了所提方法的有效性。

第4章

基于滑模控制与动态面技术的襟翼故障估计与自愈合控制

4.1 引言

前面章节给出了高超声速飞行器巡航阶段升降舵发生故障时的故障估计与自愈合控制方法，而在巡航阶段之外，高超声速飞行器再入段的姿态调节过程是降落过程中一个至关重要的环节，并且该阶段的姿态角系统也是一个高度复杂的强耦合仿射非线性系统。同时飞行器所面临的也是最为恶劣的环境，如空气稀薄密度小、气动压力小、高温高热等[71]；这些问题的存在都有可能导致舵面的控制力矩出现未知偏差，因此如何对高超声速飞行器再入阶段舵面故障进行自愈合控制便成了不可或缺的研究，这对于高超声速飞行器能否按照特定轨道安全返回具有举足轻重的意义[72]。此外，由于襟翼是对控制力矩影响最大的执行器之一，故而本章着重考虑襟翼发生故障时的高超声速飞行器自愈合控制问题。

本章针对带有襟翼故障的高超声速飞行器姿态角系统，设计了基于非奇异终端滑模和动态面技术的自愈合方法，以提高再入段姿态系统应对故障的能力。首先，对于外环姿态角系统，我们参考了孙长银教授的工作成果[2]，采用非奇异终端滑模技术来获得内环角速率系统的虚拟控制输入量，避免了设计过程中姿态角误差的指数函数出现奇异值的情况；随后将得到的虚拟控制量前馈给内环角速率系统，并利用动态面技术来获得系统所需的气动舵面开合角度。由于再入段依靠八个气动舵面提供力矩，而该大气环境下空气稀薄，往往会导致舵面力矩不足的情况，因此本章采用了线性二次分配方法来驱动高超声速飞行器配备的 10 个反作用喷气装置(RCS)，作为辅助控制系统来为飞行器提供额外的控制力矩，以使整个系统得到足够的控制力矩。

本章内容结构如下：4.2 节给出了高超声速飞行器带有舵面故障和外部扰动的姿态系统数学模型以及整体控制结构框图；4.3 节提出了基于非奇异终端滑模的虚拟控制器，以及基于动态面技术的自愈合控制器；4.4 节利用线性二次规划方法对 10 个 RCS 装置的开关状态进行了相应的分配；4.5 节针对襟翼故障下的高超声速飞行器姿态系统使用不同控制方法进行了对比性仿真研究。

4.2 带有襟翼故障的高超声速飞行器姿态系统模型

本节简要介绍了带有气动舵面故障的高超声速飞行器姿态系统非线性模型，目前最常用的数学模型是由美国国家航空宇航局（NASA）的 Langely 研发中心公布的一组六自由度的复杂非线性系统模型，由姿态角与姿态角速率构成的六个方程来共同描述。本章将整体姿态控制系统划分为内环与外环两个子系统，其中姿态角系统为外环，与之对应的姿态角速率系统为内环系统，整体控制系统方案如图 4.1 所示。

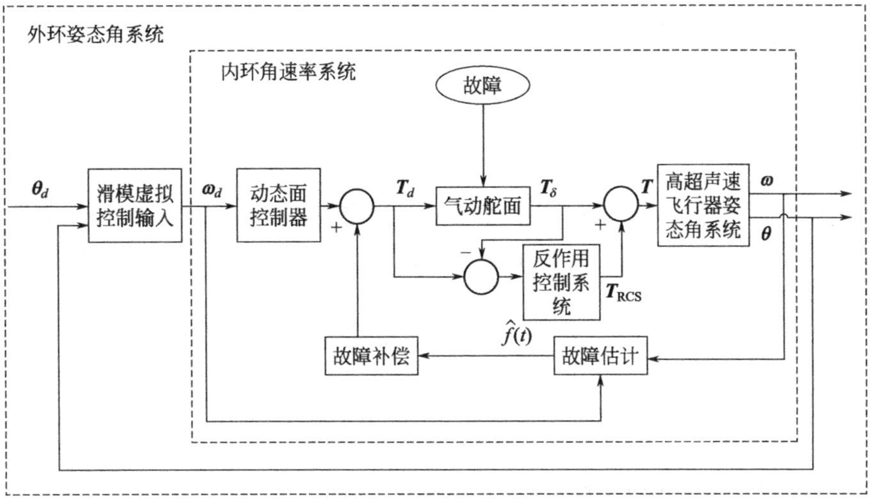

图 4.1　高超声速飞行器姿态系统自愈合控制框图

假设地球自转角速度忽略不计，且再入阶段的飞行过程中的偏航角为零，则高超声速飞行器的姿态角系统模型可以简化为如下形式[73]：

$$\begin{bmatrix}\dot{p}\\ \dot{q}\\ \dot{r}\end{bmatrix}=\boldsymbol{J}^{-1}\left(-\begin{bmatrix}0 & -r & q\\ r & 0 & -p\\ -q & p & 0\end{bmatrix}\left(\boldsymbol{J}\begin{bmatrix}p\\ q\\ r\end{bmatrix}\right)+\begin{bmatrix}T_1\\ T_2\\ T_3\end{bmatrix}\right) \tag{4.1}$$

式中，状态量 p、q、r 分别表示滚转角速率、俯仰角速率和偏航角速率。令$\boldsymbol{T}=[T_1,T_2,T_3]^{\mathrm{T}}$为输入力矩向量，$T_1$、$T_2$、$T_3$分别代表滚转、俯仰、偏航控制力矩。$\boldsymbol{J}$ 是表示转动惯量的对称正定矩阵。有关这些参数可详见参考文献 [73]。

为便于分析，我们将带有执行器故障的高超声速飞行器姿态系统简化为如下形式：

$$\dot{\boldsymbol{\omega}}=-\boldsymbol{J}^{-1}\boldsymbol{\Omega}\boldsymbol{J}\boldsymbol{\omega}+\boldsymbol{J}^{-1}\boldsymbol{T}+\boldsymbol{J}^{-1}\boldsymbol{B}(\cdot)\boldsymbol{f}_\delta \tag{4.2}$$

$$\dot{\boldsymbol{\theta}}=\boldsymbol{R}\boldsymbol{\omega}+\boldsymbol{d}(\cdot) \tag{4.3}$$

$$\boldsymbol{y}=\boldsymbol{\theta} \tag{4.4}$$

式中，符号 $\boldsymbol{\omega}=\begin{bmatrix}p\\ q\\ r\end{bmatrix}$，$\boldsymbol{\theta}=\begin{bmatrix}\phi\\ \alpha\\ \beta\end{bmatrix}$，$\boldsymbol{R}=\begin{bmatrix}-\cos\alpha\cos\beta & -\sin\beta & -\sin\alpha\cos\beta\\ -\cos\alpha\tan\beta & 1 & -\sin\alpha\tan\beta\\ \sin\alpha & 0 & -\cos\alpha\end{bmatrix}$，以及力矩 $\boldsymbol{T}=\boldsymbol{B}(\cdot)\boldsymbol{\delta}_e+\boldsymbol{\Psi}u_{\mathrm{RCS}}$；$\phi$、$\alpha$、$\beta$ 为对应三个方向的姿态角，$\boldsymbol{d}(\cdot)$ 表示系统中存在与输出通道的复合干扰项；$\boldsymbol{B}(\cdot)\in\boldsymbol{R}^{3\times 8}$ 在这里表示控制分配矩阵，$\boldsymbol{\delta}_e=[\delta_{\mathrm{rei}}\quad \delta_{\mathrm{lei}}\quad \delta_{\mathrm{rft}}\quad \delta_{\mathrm{lft}}\quad \delta_{\mathrm{rvr}}\quad \delta_{\mathrm{lvr}}\quad \delta_{\mathrm{reo}}\quad \delta_{\mathrm{leo}}]^{\mathrm{T}}$分别表示左右内侧副翼偏转角、左右襟翼偏转角、左右方向舵偏转角以及左右外侧副翼偏转角；$\boldsymbol{f}_\delta$表示气动舵面发生的偏移故障值；$\boldsymbol{T}_{\mathrm{RCS}}=\boldsymbol{\Psi}u_{\mathrm{RCS}}$表示由反作用喷射装置所提供的辅助力矩。

4.3 高超声速飞行器姿态系统自愈合控制设计

基于上节中给定的高超声速飞行器姿态系统非线性模型，本节针对执行器故障设计了基于非奇异终端滑模技术和动态面技术的控制方法。根据期望输出信号设计了滑模面，并由此计算得到内环的虚拟控制量，该虚拟控制量前馈给内环动态面系统后，根据动态面自愈合控制律便可得出姿态系统所需的输入量。为设计自愈合控制器，我们首先做出如下假设：

假设 4.1：复合干扰项是连续有界的，且存在正实数 $\bar{d}_1$ 与 $\bar{d}_2$ 满足 $\|d\| \leqslant \bar{d}_1$ 以及 $\|\dot{d}\| \leqslant \bar{d}_2$。

4.3.1 外环非奇异终端滑模虚拟控制输入设计

高超声速飞行器姿态系统可划分为内环角速率系统和外环姿态角系统。根据孙长银教授等人的著作[58]，我们对姿态角环给出如下所示的滑模面：

$$\boldsymbol{S}=\tilde{\boldsymbol{\theta}}+\int_0^t [\boldsymbol{K}_1|\tilde{\boldsymbol{\theta}}|^{\eta_1}\operatorname{sgn}(\tilde{\boldsymbol{\theta}})+\boldsymbol{K}_2|\tilde{\boldsymbol{\theta}}|^{\eta_2}\operatorname{sgn}(\tilde{\boldsymbol{\theta}})]\mathrm{d}\tau \tag{4.5}$$

$$\tilde{\boldsymbol{\theta}}=\boldsymbol{\theta}-\boldsymbol{\theta}_d \tag{4.6}$$

式中，$\eta_1 \geqslant 1$，$0<\eta_2<1$；$\boldsymbol{\theta}_d$ 为期望的姿态控制指令信号；$\boldsymbol{K}_i=\operatorname{diag}\{k_{i1},k_{i2},k_{i3}\}(i=1,2)$，为外环对角增益矩阵，令 $|\tilde{\boldsymbol{\theta}}|=\operatorname{diag}\{|\tilde{\theta}_1|,|\tilde{\theta}_2|,|\tilde{\theta}_3|\}$，于是可以计算得到滑模面 $\boldsymbol{S}$ 对时间的导数为如下形式：

$$\begin{aligned}\dot{\boldsymbol{S}}&=\dot{\tilde{\boldsymbol{\theta}}}+\boldsymbol{K}_1|\tilde{\boldsymbol{\theta}}|^{\eta_1}\operatorname{sgn}(\tilde{\boldsymbol{\theta}})+\boldsymbol{K}_2|\tilde{\boldsymbol{\theta}}|^{\eta_2}\operatorname{sgn}(\tilde{\boldsymbol{\theta}})\\&=\dot{\boldsymbol{\theta}}-\dot{\boldsymbol{\theta}}_d+\boldsymbol{K}_1|\tilde{\boldsymbol{\theta}}|^{\eta_1}\operatorname{sgn}(\tilde{\boldsymbol{\theta}})+\boldsymbol{K}_2|\tilde{\boldsymbol{\theta}}|^{\eta_2}\operatorname{sgn}(\tilde{\boldsymbol{\theta}})\\&=\boldsymbol{R}\boldsymbol{\omega}_c+\boldsymbol{d}-\dot{\boldsymbol{\theta}}_d+\boldsymbol{K}_1|\tilde{\boldsymbol{\theta}}|^{\eta_1}\operatorname{sgn}(\tilde{\boldsymbol{\theta}})+\boldsymbol{K}_2|\tilde{\boldsymbol{\theta}}|^{\eta_2}\operatorname{sgn}(\tilde{\boldsymbol{\theta}})\end{aligned} \tag{4.7}$$

对此非奇异终端滑模系统，为保证系统能够渐近地到达给定的滑模面，我们选择如下形式的到达律：

$$\dot{\boldsymbol{S}}=-\varepsilon_1\boldsymbol{S}-\varepsilon_2|\boldsymbol{S}|^{\eta_3}\operatorname{sgn}(\boldsymbol{S}) \tag{4.8}$$

式中，ε_1 与 ε_2 为正的常实数，且 $0<\eta_3<1$，根据式(4.7) 和式(4.8)，可以计算得到前馈给内环系统的虚拟控制输出信号如下：

$$\boldsymbol{\omega}_c=\boldsymbol{R}^{-1}[\dot{\boldsymbol{\theta}}_d-\boldsymbol{K}_1|\tilde{\boldsymbol{\theta}}|^{\eta_1}\operatorname{sgn}(\tilde{\boldsymbol{\theta}})-\boldsymbol{K}_2|\tilde{\boldsymbol{\theta}}|^{\eta_2}\operatorname{sgn}(\tilde{\boldsymbol{\theta}})-\varepsilon_1\boldsymbol{S}-\varepsilon_2|\boldsymbol{S}|^{\eta_3}\operatorname{sgn}(\boldsymbol{S})-\dot{\boldsymbol{d}}] \tag{4.9}$$

式中，$\dot{\boldsymbol{d}}$ 为复合干扰 $\boldsymbol{d}$ 的估计值，且其自适应估计算法如下：

$$\dot{\hat{\boldsymbol{d}}}=\Lambda_1\boldsymbol{S}_1 \tag{4.10}$$

式中，$\Lambda_1=\operatorname{diag}\{\lambda_{11}\quad \lambda_{12}\quad \lambda_{13}\}$ 为自适应学习率。

定理 4.1：在虚拟控制信号 $\boldsymbol{\omega}_c$ 以及自适应估计算法式(4.10) 的作用下，非奇异终端滑模面 $\boldsymbol{S}$ 可以收敛到平衡位置，且系统的三个姿态角均可以渐近跟踪给定的指令信号 $\boldsymbol{\theta}_d$。

证明 4.1：对于高超声速飞行器外环姿态系统，首先定义如下所示的含有滑模面与估计误差的李雅普诺夫函数：

$$V_S=\frac{1}{2}\boldsymbol{S}^{\mathrm{T}}\boldsymbol{S}+\frac{1}{2}\tilde{\boldsymbol{d}}^{\mathrm{T}}\boldsymbol{\Lambda}^{-1}\tilde{\boldsymbol{d}} \tag{4.11}$$

式中，$\tilde{\boldsymbol{d}}=\hat{\boldsymbol{d}}-\boldsymbol{d}$ 为复合扰动估计误差项，随后对 Lyapunov 函数求导可得：

$$\begin{aligned}\dot{V}_S&=\boldsymbol{S}^{\mathrm{T}}\dot{\boldsymbol{S}}+\tilde{\boldsymbol{d}}^{\mathrm{T}}\boldsymbol{\Lambda}_1{}^{-1}\dot{\tilde{\boldsymbol{d}}}\\&=\boldsymbol{S}^{\mathrm{T}}[\dot{\tilde{\boldsymbol{\theta}}}+\boldsymbol{K}_1|\tilde{\boldsymbol{\theta}}|^{\eta_1}\operatorname{sgn}(\tilde{\boldsymbol{\theta}})+\boldsymbol{K}_2|\tilde{\boldsymbol{\theta}}|^{\eta_2}\operatorname{sgn}(\tilde{\boldsymbol{\theta}})]+\tilde{\boldsymbol{d}}^{\mathrm{T}}\boldsymbol{\Lambda}_1{}^{-1}\dot{\tilde{\boldsymbol{d}}}\\&=\boldsymbol{S}^{\mathrm{T}}[\boldsymbol{R}\boldsymbol{\omega}_c+\boldsymbol{d}-\dot{\boldsymbol{\theta}}_d+\boldsymbol{K}_1|\tilde{\boldsymbol{\theta}}|^{\eta_1}\operatorname{sgn}(\tilde{\boldsymbol{\theta}})+\boldsymbol{K}_2|\tilde{\boldsymbol{\theta}}|^{\eta_2}\operatorname{sgn}(\tilde{\boldsymbol{\theta}})]+\tilde{\boldsymbol{d}}^{\mathrm{T}}\boldsymbol{\Lambda}_1{}^{-1}\dot{\tilde{\boldsymbol{d}}}\end{aligned} \tag{4.12}$$

将虚拟控制量式(4.9) 代入上式，可以计算得到如下表达式：

$$\begin{aligned}\dot{V}_s&=-\boldsymbol{S}^{\mathrm{T}}[-\varepsilon_1\boldsymbol{S}-\varepsilon_2|\boldsymbol{S}|^{\eta_3}\operatorname{sgn}(\boldsymbol{S})+\tilde{\boldsymbol{d}}]+\tilde{\boldsymbol{d}}^{\mathrm{T}}\boldsymbol{\Lambda}_1{}^{-1}\dot{\tilde{\boldsymbol{d}}}\\&=-\boldsymbol{S}^{\mathrm{T}}[-\varepsilon_1\boldsymbol{S}-\varepsilon_2|\boldsymbol{S}|^{\eta_3}\operatorname{sgn}(\boldsymbol{S})+\tilde{\boldsymbol{d}}]+\tilde{\boldsymbol{d}}^{\mathrm{T}}\boldsymbol{\Lambda}_1{}^{-1}(\dot{\hat{\boldsymbol{d}}}-\dot{\boldsymbol{d}})\\&=-\varepsilon_1\|\boldsymbol{S}\|^2-\varepsilon_2\|\boldsymbol{S}\|^{\eta_3+1}-\tilde{\boldsymbol{d}}^{\mathrm{T}}\boldsymbol{\Lambda}_1{}^{-1}\dot{\boldsymbol{d}}\\&\leqslant-\varepsilon_1\|\boldsymbol{S}\|^2-\varepsilon_2\|\boldsymbol{S}\|^{\eta_3+1}+\frac{1}{\lambda_{\min}(\boldsymbol{\Lambda}_1)}|\tilde{\boldsymbol{d}}^{\mathrm{T}}\dot{\boldsymbol{d}}|\\&\leqslant-\varepsilon_1\|\boldsymbol{S}\|^2-\varepsilon_2\|\boldsymbol{S}\|^{\eta_3+1}+\frac{\kappa}{\lambda_{\min}(\boldsymbol{\Lambda}_1)}\end{aligned} \tag{4.13}$$

式中，$\kappa=|\bar{\boldsymbol{d}}_1{}^{\mathrm{T}}\bar{\boldsymbol{d}}_2|$，$\lambda_{\min}(\cdot)$ 代表对应矩阵的最小特征值，于是整个系统便可以收敛到如下区间：

$$\|\boldsymbol{S}\|\leqslant\min\left\{\left(\frac{\kappa}{\varepsilon_1\lambda_{\min}(\boldsymbol{\Lambda})}\right)^{1/2},\left(\frac{\kappa}{\varepsilon_2\lambda_{\min}(\boldsymbol{\Lambda})}\right)^{1/(\eta_3+1)}\right\} \tag{4.14}$$

因此我们可以选择合适的参数 ε_1、ε_2 和 $\boldsymbol{\Lambda}$ 使得系统收敛到期望的区域，即在虚拟控制量的作用下角速率可以渐近跟踪期望值。

然而，在虚拟控制项的表达式中存在符号函数，该符号函数为非连续函数，可能会导致角速率指令信号的强烈抖振，因此我们使用如下所示的连续函数来近似代替原有的符号函数：

$$\operatorname{sat}\left(\frac{S_i}{\vartheta_i}\right)=\begin{cases}1,S_i>\vartheta_i\\ \dfrac{S_i}{\vartheta_i},|S_i|\leqslant\vartheta_i,i=1,2,3\\ -1,S_i<\vartheta_i\end{cases} \tag{4.15}$$

式中，$\vartheta_i(i=1,2,3)$ 为可调参数，将其调节律设计为如下形式：

$$\vartheta_i=\begin{cases}1/(\omega_{c_i}+\upsilon), & \omega_{c_i}\geqslant0\\ -1/(\omega_{c_i}-\upsilon), & \omega_{c_i}<0\end{cases} \tag{4.16}$$

在理想情况下，υ 是不需要的，但是实际情况中虚拟控制量的值可能会穿过零点，因此一个非常接近 0 的负常数可以使得系统避免出现奇点的情况。

注释 4.1：可调参数 ϑ_i 可以根据虚拟控制量 $\boldsymbol{\omega}_c$ 的变化而相应调节自身大小，最终可使系统抖振减小。

为得到期望的姿态角指令信号 $\boldsymbol{\omega}_d$，式(4.9) 所示的虚拟控制量需要经过一个如式(4.17) 所示的一阶滤波器：

$$\begin{cases}\tau\dot{\boldsymbol{\omega}}_d+\boldsymbol{\omega}_d=\boldsymbol{\omega}_c\\ \boldsymbol{\omega}_c(0)=\boldsymbol{\omega}_d(0)\end{cases}\tag{4.17}$$

式中，$\tau>0$ 为滤波器的时间常数，于是可以计算得到姿态角跟踪误差向量如下：

$$\begin{aligned}\dot{\tilde{\boldsymbol{\theta}}}&=\dot{\boldsymbol{\theta}}-\dot{\boldsymbol{\theta}}_d\\ &=\boldsymbol{R}(\boldsymbol{\omega}-\boldsymbol{\omega}_d+\boldsymbol{\omega}_d-\boldsymbol{\omega}_c+\boldsymbol{\omega}_c)+\boldsymbol{d}-\dot{\boldsymbol{\theta}}_d\\ &=\boldsymbol{R}(\tilde{\boldsymbol{\omega}}+\bar{\boldsymbol{\mu}}+\boldsymbol{\omega}_c)+\boldsymbol{d}-\dot{\boldsymbol{\theta}}_d\\ &=-\boldsymbol{K}_1|\tilde{\boldsymbol{\theta}}|^{\eta_1}\mathrm{sgn}(\tilde{\boldsymbol{\theta}})-\boldsymbol{K}_2|\tilde{\boldsymbol{\theta}}|^{\eta_2}\mathrm{sgn}(\tilde{\boldsymbol{\theta}})-\varepsilon_1\boldsymbol{S}_1-\varepsilon_2|\boldsymbol{S}_1|^{\eta_3}\mathrm{sgn}(\boldsymbol{S}_1)+\tilde{\boldsymbol{d}}+\boldsymbol{R}\tilde{\boldsymbol{\omega}}+\boldsymbol{R}\bar{\boldsymbol{\mu}}\end{aligned}\tag{4.18}$$

式中，$\bar{\boldsymbol{\mu}}=\boldsymbol{\omega}_d-\boldsymbol{\omega}_c$ 为滤波器误差。

4.3.2 内环动态面自愈合控制器设计

在上一节中我们已经获得了姿态角速率的虚拟控制指令信号，本节便是设计内环姿态角自愈合控制律使得系统输出量能够跟踪给定姿态角指令信号。为简化控制器和参数设计工程，内环系统不再使用滑模技术，而是采用具有结构简洁等优点的动态面控制技术来设计自愈合方法。首先将角速率与虚拟控制信号之间的误差向量对时间求导，可得如下表达式：

$$\begin{aligned}\dot{\tilde{\boldsymbol{\omega}}}&=\dot{\boldsymbol{\omega}}-\dot{\boldsymbol{\omega}}_d\\ &=-\boldsymbol{J}^{-1}\boldsymbol{\Omega}\boldsymbol{J}\boldsymbol{\omega}+\boldsymbol{J}^{-1}[\boldsymbol{T}+\boldsymbol{B}(\cdot)\boldsymbol{f}_\delta]-\dot{\boldsymbol{\omega}}_d\\ &=-\boldsymbol{J}^{-1}\boldsymbol{\Omega}\boldsymbol{J}\boldsymbol{\omega}+\boldsymbol{J}^{-1}[\boldsymbol{B}(\cdot)\boldsymbol{\delta}_e+\boldsymbol{B}(\cdot)\boldsymbol{f}_\delta]-\dot{\boldsymbol{\omega}}_d\end{aligned}\tag{4.19}$$

为便于分析，在接下来的章节中采用 $\boldsymbol{\varphi}(t)$ 来代替受气动舵面故障影响所出现的额外力矩 $\boldsymbol{B}(\cdot)\boldsymbol{f}_\delta$。

注释 4.2：高超声速飞行器配备的八个舵面均具有与之对应的开合范围，即便发生故障，其舵面角度也不会超过自身开合角度的极限，因此气动舵面偏移故障是有界的；此外，由于控制气动舵面的执行电机转动速率是有限的，因此气动舵面的角速率也是有界的，即实际体现出的加性故障的导数也可认为是有界的。

根据式(4.19)，并参考高志峰、姜斌教授等人的舵面力矩分配方法[73]，设计得到内环角速率自愈合控制器的表达式如下：

$$\boldsymbol{\delta}_e=-\boldsymbol{B}^{\mathrm{T}}(\boldsymbol{B}\boldsymbol{B}^{\mathrm{T}})^{-1}\boldsymbol{J}\,(\underbrace{\boldsymbol{\Lambda}_2\tilde{\boldsymbol{\omega}}-\boldsymbol{J}^{-1}\boldsymbol{\Omega}\boldsymbol{J}\boldsymbol{\omega}+\boldsymbol{R}^{\mathrm{T}}\tilde{\boldsymbol{\theta}}-\dot{\boldsymbol{\omega}}_d}_{\text{标称控制项}}+\underbrace{\boldsymbol{J}^{-1}\hat{\boldsymbol{\varphi}}}_{\text{容错控制项}})\tag{4.20}$$

式中，$\boldsymbol{\Lambda}_2=\mathrm{diag}\{\lambda_{21}\quad\lambda_{22}\quad\lambda_{23}\}$，$(\lambda_{2i}>0, i=1,2,3)$ 是待设计的对角增益矩阵，$\hat{\boldsymbol{\varphi}}$ 为故障项 $\boldsymbol{\varphi}$ 的估计值，其自适应估计律设计如下：

$$\dot{\hat{\boldsymbol{\varphi}}}=\boldsymbol{\gamma}(\boldsymbol{J}^{-1}\tilde{\boldsymbol{\omega}}-\hat{\boldsymbol{\varphi}}) \tag{4.21}$$

式中，$\boldsymbol{\gamma}=\mathrm{diag}\{\gamma_1\quad\gamma_2\quad\gamma_3\}$，$(\gamma_i>0,\ i=1,2,3)$ 为待设计的对角增益矩阵，将式(4.20) 代入式(4.19) 中，可得如下的姿态角速率误差动态方程：

$$\begin{aligned}\dot{\tilde{\boldsymbol{\omega}}}&=-\boldsymbol{J}^{-1}\boldsymbol{\Omega}\boldsymbol{J}\boldsymbol{\omega}+\boldsymbol{J}^{-1}[\boldsymbol{B}(\cdot)\boldsymbol{\delta}+\boldsymbol{B}(\cdot)\boldsymbol{f}_{\delta}]-\dot{\boldsymbol{\omega}}_d\\&=-\boldsymbol{J}^{-1}\boldsymbol{\Omega}\boldsymbol{J}\boldsymbol{\omega}-\boldsymbol{\Lambda}_2\tilde{\boldsymbol{\omega}}+\boldsymbol{J}^{-1}\boldsymbol{\Omega}\boldsymbol{J}\boldsymbol{\omega}-\boldsymbol{R}^{\mathrm{T}}\tilde{\boldsymbol{\theta}}+\dot{\boldsymbol{\omega}}_d-\boldsymbol{J}^{-1}\hat{\boldsymbol{\varphi}}+\boldsymbol{J}^{-1}\boldsymbol{\varphi}-\dot{\boldsymbol{\omega}}_d\\&=-\boldsymbol{\Lambda}_2\tilde{\boldsymbol{\omega}}-\boldsymbol{R}^{\mathrm{T}}\tilde{\boldsymbol{\theta}}+\boldsymbol{J}^{-1}\tilde{\boldsymbol{\varphi}}\end{aligned} \tag{4.22}$$

定理 4.2：在给定的自愈合控制算法式(4.20) 与自适应估计算法式(4.22) 的作用下，高超声速飞行器再入段的三个姿态角可以渐近跟踪给定的指令信号 $\boldsymbol{\theta}_d$。

证明 4.2：对于高超声速飞行器整体姿态系统，首先定义如下所示的 Lyapunov 函数：

$$V=\frac{1}{2}\tilde{\boldsymbol{\theta}}^{\mathrm{T}}\tilde{\boldsymbol{\theta}}+\frac{1}{2}\tilde{\boldsymbol{d}}^{\mathrm{T}}\boldsymbol{\Lambda}^{-1}\tilde{\boldsymbol{d}}+\frac{1}{2}\bar{\boldsymbol{\mu}}^{\mathrm{T}}\boldsymbol{\mu}+\frac{1}{2}\tilde{\boldsymbol{\omega}}^{\mathrm{T}}\tilde{\boldsymbol{\omega}}+\frac{1}{2}\tilde{\boldsymbol{\varphi}}^{\mathrm{T}}\boldsymbol{\gamma}^{-1}\tilde{\boldsymbol{\varphi}} \tag{4.23}$$

为便于表述，将上述 Lyapunov 函数分为如下两个子函数：

$$\begin{cases}V_1=\dfrac{1}{2}\tilde{\boldsymbol{\theta}}^{\mathrm{T}}\tilde{\boldsymbol{\theta}}+\dfrac{1}{2}\tilde{\boldsymbol{d}}^{\mathrm{T}}\boldsymbol{\Lambda}^{-1}\tilde{\boldsymbol{d}}+\dfrac{1}{2}\bar{\boldsymbol{\mu}}^{\mathrm{T}}\boldsymbol{\mu}\\[2ex]V_2=\dfrac{1}{2}\tilde{\boldsymbol{\omega}}^{\mathrm{T}}\tilde{\boldsymbol{\omega}}+\dfrac{1}{2}\tilde{\boldsymbol{\varphi}}^{\mathrm{T}}\boldsymbol{\gamma}^{-1}\tilde{\boldsymbol{\varphi}}\end{cases} \tag{4.24}$$

令 $\eta_1=1$，然后对式(4.24) 中的 V_1 求导，可得如下表达式：

$$\begin{aligned}\tilde{\boldsymbol{\theta}}^{\mathrm{T}}\dot{\tilde{\boldsymbol{\theta}}}&=\tilde{\boldsymbol{\theta}}^{\mathrm{T}}[-\boldsymbol{K}_1|\tilde{\theta}|\mathrm{sgn}(\tilde{\boldsymbol{\theta}})-\boldsymbol{K}_2|\tilde{\boldsymbol{\theta}}|^{\eta_2}\mathrm{sgn}(\tilde{\boldsymbol{\theta}})-\varepsilon_1\boldsymbol{S}-\varepsilon_2|\boldsymbol{S}|^{\eta_3}\mathrm{sgn}(\boldsymbol{S})+\tilde{\boldsymbol{d}}+\boldsymbol{R}\tilde{\boldsymbol{\omega}}+\boldsymbol{R}\bar{\boldsymbol{\mu}}]\\&\leqslant-\tilde{\boldsymbol{\theta}}^{\mathrm{T}}\boldsymbol{K}_1\tilde{\boldsymbol{\theta}}-\boldsymbol{K}_2\|\tilde{\boldsymbol{\theta}}\|^{\frac{\eta_2+1}{2}}-\tilde{\boldsymbol{\theta}}^{\mathrm{T}}\varepsilon_1\boldsymbol{S}-\tilde{\boldsymbol{\theta}}^{\mathrm{T}}\varepsilon_2|\boldsymbol{S}|^{\eta_3}\mathrm{sgn}(\boldsymbol{S})+\tilde{\boldsymbol{\theta}}^{\mathrm{T}}\tilde{\boldsymbol{d}}+\tilde{\boldsymbol{\theta}}^{\mathrm{T}}\boldsymbol{R}\tilde{\boldsymbol{\omega}}+\tilde{\boldsymbol{\theta}}^{\mathrm{T}}\boldsymbol{R}\bar{\boldsymbol{\mu}}\end{aligned} \tag{4.25}$$

由于 $\boldsymbol{S}$ 可以在有限时间内收敛到有界区域内，即满足如下条件：$\lim_{t\to\infty}\|\boldsymbol{S}\|^2\leqslant\bar{\omega}$，其中，$\bar{\omega}=\max\left\{\left(\dfrac{\kappa}{\varepsilon_1\lambda_{\min}(\boldsymbol{\Lambda})}\right),\left(\dfrac{\kappa}{\varepsilon_2\lambda_{\min}(\boldsymbol{\Lambda})}\right)^{2/(\eta_3+1)}\right\}$。另外，对于非负数 $|\tilde{\boldsymbol{\theta}}^{\mathrm{T}}\varepsilon_1\boldsymbol{S}|$，满足如下不等式：

$$|\tilde{\boldsymbol{\theta}}^{\mathrm{T}}\varepsilon_1\boldsymbol{S}|\leqslant\frac{1}{2}\tilde{\boldsymbol{\theta}}^{\mathrm{T}}\tilde{\boldsymbol{\theta}}+\frac{1}{2}\varepsilon_1^2\|\boldsymbol{S}\|^2 \tag{4.26}$$

同时对其他项做同样的缩放后，式(4.25) 可改写为如下形式：

$$\begin{aligned}\tilde{\boldsymbol{\theta}}^{\mathrm{T}}\dot{\tilde{\boldsymbol{\theta}}}\leqslant&-\tilde{\boldsymbol{\theta}}^{\mathrm{T}}\left(\boldsymbol{K}_1-\frac{3}{2}\boldsymbol{I}-\frac{1}{2}\boldsymbol{R}\boldsymbol{R}^{\mathrm{T}}\right)\tilde{\boldsymbol{\theta}}-\boldsymbol{K}_2\|\tilde{\boldsymbol{\theta}}\|^{\frac{\eta_2+1}{2}}+\frac{1}{2}\tilde{\boldsymbol{d}}^{\mathrm{T}}\tilde{\boldsymbol{d}}\\&+\frac{1}{2}\bar{\boldsymbol{\mu}}^{\mathrm{T}}\bar{\boldsymbol{\mu}}+\frac{1}{2}\varepsilon_1^2\bar{\omega}+\frac{3}{2}\varepsilon_2^2\bar{\omega}^{\eta_3}+\tilde{\boldsymbol{\theta}}^{\mathrm{T}}\boldsymbol{R}\tilde{\boldsymbol{\omega}}\end{aligned} \tag{4.27}$$

根据参考文献 [74]，滤波器误差项满足如下条件：

$$\bar{\boldsymbol{\mu}}^{\mathrm{T}}\dot{\bar{\boldsymbol{\mu}}}\leqslant-\frac{1}{\tau}\bar{\boldsymbol{\mu}}^{\mathrm{T}}\bar{\boldsymbol{\mu}}+\frac{1}{2}\bar{\boldsymbol{\mu}}^{\mathrm{T}}\bar{\boldsymbol{\mu}}+\frac{1}{2}\boldsymbol{\nu}^{\mathrm{T}}\boldsymbol{\nu} \tag{4.28}$$

其中，$\boldsymbol{v}(\tilde{\theta},\dot{\tilde{\theta}},\tilde{\omega},\theta_d,\dot{\theta}_d,\ddot{\theta}_d)$ 为连续有界函数。

考虑式(4.17) 并将式(4.27) 与式(4.28) 代入式(4.24)，则 $\dot{V}_1$ 可以改写为如下形式：

$$\begin{aligned}
\dot{V}_1 \leqslant & -\tilde{\boldsymbol{\theta}}^{\mathrm{T}}\left(\boldsymbol{K}_1-\frac{3}{2}\boldsymbol{I}-\frac{1}{2}\boldsymbol{R}\boldsymbol{R}^{\mathrm{T}}\right)\tilde{\boldsymbol{\theta}}-\boldsymbol{K}_2\|\tilde{\boldsymbol{\theta}}\|^{\frac{\eta_2+1}{2}}+\frac{1}{2}\tilde{\boldsymbol{d}}^{\mathrm{T}}\tilde{\boldsymbol{d}}+\frac{1}{2}\bar{\boldsymbol{\mu}}^{\mathrm{T}}\bar{\boldsymbol{\mu}}+\frac{1}{2}\varepsilon_1^2\bar{\omega}+\frac{3}{2}\varepsilon_2^2\bar{\omega}^{\eta_3} \\
& +\tilde{\boldsymbol{\theta}}^{\mathrm{T}}\boldsymbol{R}\tilde{\boldsymbol{\omega}}-\frac{1}{\tau}\bar{\boldsymbol{\mu}}^{\mathrm{T}}\bar{\boldsymbol{\mu}}+\frac{1}{2}\bar{\boldsymbol{\mu}}^{\mathrm{T}}\bar{\boldsymbol{\mu}}+\frac{1}{2}\boldsymbol{v}^{\mathrm{T}}\boldsymbol{v}+\tilde{\boldsymbol{d}}^{\mathrm{T}}\boldsymbol{S}_1-\tilde{\boldsymbol{d}}^{\mathrm{T}}\boldsymbol{\Lambda}^{-1}\dot{\boldsymbol{d}} \\
\leqslant & -\tilde{\boldsymbol{\theta}}^{\mathrm{T}}\left(\boldsymbol{K}_1-\frac{3}{2}\boldsymbol{I}-\frac{1}{2}\boldsymbol{R}\boldsymbol{R}^{\mathrm{T}}\right)\tilde{\boldsymbol{\theta}}-\boldsymbol{K}_2\|\tilde{\boldsymbol{\theta}}\|^{\frac{\eta_2+1}{2}}+\frac{1}{2}\tilde{\boldsymbol{d}}^{\mathrm{T}}\tilde{\boldsymbol{d}}-\left(\frac{1}{\tau}-1\right)\bar{\boldsymbol{\mu}}^{\mathrm{T}}\bar{\boldsymbol{\mu}}+\frac{1}{2}\varepsilon_1^2\bar{\omega}+\frac{3}{2}\varepsilon_2^2\bar{\omega}^{\eta_3} \\
& +\tilde{\boldsymbol{\theta}}^{\mathrm{T}}\boldsymbol{R}\tilde{\boldsymbol{\omega}}+\frac{1}{2}\boldsymbol{v}^{\mathrm{T}}\boldsymbol{v}+\tilde{\boldsymbol{d}}^{\mathrm{T}}\boldsymbol{S}_1-\tilde{\boldsymbol{d}}^{\mathrm{T}}\boldsymbol{\Lambda}^{-1}\dot{\boldsymbol{d}} \\
\leqslant & -\tilde{\boldsymbol{\theta}}^{\mathrm{T}}\left(\boldsymbol{K}_1-\frac{3}{2}\boldsymbol{I}-\frac{1}{2}\boldsymbol{R}\boldsymbol{R}^{\mathrm{T}}\right)\tilde{\boldsymbol{\theta}}-\boldsymbol{K}_2\|\tilde{\boldsymbol{\theta}}\|^{\frac{\eta_2+1}{2}}-\left(\frac{1}{\tau}-1\right)\bar{\boldsymbol{\mu}}^{\mathrm{T}}\boldsymbol{\mu}+\frac{1}{2}(\varepsilon_1^2+1)\bar{\omega}+\frac{3}{2}\varepsilon_2^2\bar{\omega}^{\eta_3} \\
& +\tilde{\boldsymbol{\theta}}^{\mathrm{T}}\boldsymbol{R}\tilde{\boldsymbol{\omega}}+\frac{1}{2}\boldsymbol{v}^{\mathrm{T}}\boldsymbol{v}+\tilde{\boldsymbol{d}}^{\mathrm{T}}\tilde{\boldsymbol{d}}+\frac{\kappa}{\lambda_{\min}(\boldsymbol{\Lambda}_1)}
\end{aligned} \tag{4.29}$$

接下来对 V_2 求关于时间的导数，可得如下表达式：

$$\begin{aligned}
\dot{V}_2 & =\tilde{\boldsymbol{\omega}}^{\mathrm{T}}\dot{\tilde{\boldsymbol{\omega}}}+\tilde{\boldsymbol{\varphi}}^{\mathrm{T}}\boldsymbol{\gamma}^{-1}\dot{\tilde{\boldsymbol{\varphi}}} \\
& =\tilde{\boldsymbol{\omega}}^{\mathrm{T}}(-\boldsymbol{\Lambda}_2\tilde{\boldsymbol{\omega}}-\boldsymbol{R}^{\mathrm{T}}\tilde{\boldsymbol{\theta}}+\boldsymbol{J}^{-1}\tilde{\boldsymbol{\varphi}})+\tilde{\boldsymbol{\varphi}}^{\mathrm{T}}\boldsymbol{\gamma}^{-1}(\dot{\boldsymbol{\varphi}}-\dot{\hat{\boldsymbol{\varphi}}}) \\
& =-\tilde{\boldsymbol{\omega}}^{\mathrm{T}}\boldsymbol{\Lambda}_2\tilde{\boldsymbol{\omega}}-\tilde{\boldsymbol{\omega}}^{\mathrm{T}}\boldsymbol{R}^{\mathrm{T}}\tilde{\boldsymbol{\theta}}+\tilde{\boldsymbol{\omega}}^{\mathrm{T}}\boldsymbol{J}^{-1}\tilde{\boldsymbol{\varphi}}-\tilde{\boldsymbol{\varphi}}^{\mathrm{T}}J^{-1}\tilde{\boldsymbol{\omega}}+\tilde{\boldsymbol{\varphi}}^{\mathrm{T}}\boldsymbol{\gamma}^{-1}\dot{\boldsymbol{\varphi}}+\tilde{\boldsymbol{\varphi}}^{\mathrm{T}}\hat{\boldsymbol{\varphi}} \\
& =-\tilde{\boldsymbol{\omega}}^{\mathrm{T}}\boldsymbol{\Lambda}_2\tilde{\boldsymbol{\omega}}-\tilde{\boldsymbol{\omega}}^{\mathrm{T}}\boldsymbol{R}^{\mathrm{T}}\tilde{\boldsymbol{\theta}}+\tilde{\boldsymbol{\varphi}}^{\mathrm{T}}\boldsymbol{\gamma}^{-1}\dot{\boldsymbol{\varphi}}+\tilde{\boldsymbol{\varphi}}^{\mathrm{T}}\hat{\boldsymbol{\varphi}} \\
& \leqslant-\tilde{\boldsymbol{\omega}}^{\mathrm{T}}\boldsymbol{\Lambda}_2\tilde{\boldsymbol{\omega}}-\tilde{\boldsymbol{\omega}}^{\mathrm{T}}\boldsymbol{R}^{\mathrm{T}}\tilde{\boldsymbol{\theta}}-\frac{1}{2}\tilde{\boldsymbol{\varphi}}^{\mathrm{T}}(\boldsymbol{I}-\boldsymbol{\gamma}^{-2})\tilde{\boldsymbol{\varphi}}+\frac{1}{2}\|\dot{\boldsymbol{\varphi}}\|+\frac{1}{2}\|\boldsymbol{\varphi}\|
\end{aligned} \tag{4.30}$$

根据注释 4.2 可知，存在正的常数 $\bar{\varphi}_1$ 与 $\bar{\varphi}_2$ 满足 $\|\boldsymbol{\varphi}\|\leqslant\bar{\varphi}_1$ 与 $\|\dot{\boldsymbol{\varphi}}\|\leqslant\bar{\varphi}_2$，因此 Lyapunov 函数 V 的导数可以改写为如下形式：

$$\begin{aligned}
\dot{V} & =\dot{V}_1+\dot{V}_2 \\
& \leqslant-\tilde{\boldsymbol{\theta}}^{\mathrm{T}}\left(\boldsymbol{K}_1-\frac{3}{2}\boldsymbol{I}-\frac{1}{2}\boldsymbol{R}\boldsymbol{R}^{\mathrm{T}}\right)\tilde{\boldsymbol{\theta}}-\boldsymbol{K}_2\|\tilde{\boldsymbol{\theta}}\|^{\frac{\eta_2+1}{2}}-\left(\frac{1}{\tau}-1\right)\bar{\boldsymbol{\mu}}^{\mathrm{T}}\boldsymbol{\mu}+\frac{1}{2}(\varepsilon_1^2+1)\bar{\omega}+\frac{3}{2}\varepsilon_2^2\bar{\omega}^{\eta_3}+\tilde{\boldsymbol{\theta}}^{\mathrm{T}}\boldsymbol{R}\tilde{\boldsymbol{\omega}} \\
& \quad+\frac{1}{2}\boldsymbol{v}^{\mathrm{T}}\boldsymbol{v}+\tilde{\boldsymbol{d}}^{\mathrm{T}}\tilde{\boldsymbol{d}}+\frac{\kappa}{\lambda_{\min}(\boldsymbol{\Lambda}_1)}-\tilde{\boldsymbol{\omega}}^{\mathrm{T}}\boldsymbol{\Lambda}_2\tilde{\boldsymbol{\omega}}-\tilde{\boldsymbol{\omega}}^{\mathrm{T}}\boldsymbol{R}^{\mathrm{T}}\tilde{\boldsymbol{\theta}}-\frac{1}{2}\tilde{\boldsymbol{\varphi}}^{\mathrm{T}}(\boldsymbol{I}-\boldsymbol{\gamma}^{-2})\tilde{\boldsymbol{\varphi}}+\frac{1}{2}\|\dot{\boldsymbol{\varphi}}\|+\frac{1}{2}\|\boldsymbol{\varphi}\| \\
& =-\tilde{\boldsymbol{\theta}}^{\mathrm{T}}\left(\boldsymbol{K}_1-\frac{3}{2}\boldsymbol{I}-\frac{1}{2}\boldsymbol{R}\boldsymbol{R}^{\mathrm{T}}\right)\tilde{\boldsymbol{\theta}}-\left(\frac{1}{\tau}-1\right)\bar{\boldsymbol{\mu}}^{\mathrm{T}}\boldsymbol{\mu}-\tilde{\boldsymbol{\omega}}^{\mathrm{T}}\boldsymbol{\Lambda}_2\tilde{\boldsymbol{\omega}}-\frac{1}{2}\tilde{\boldsymbol{\varphi}}^{\mathrm{T}}(\boldsymbol{I}-\boldsymbol{\gamma}^{-2})\tilde{\boldsymbol{\varphi}}-\boldsymbol{K}_2\|\tilde{\boldsymbol{\theta}}\|^{\frac{\eta_2+1}{2}}+\bar{\boldsymbol{\eta}}
\end{aligned} \tag{4.31}$$

式中，$\bar{\boldsymbol{\eta}}=\frac{1}{2}(\varepsilon_1^2+1)\bar{\omega}+\boldsymbol{K}_2\|\tilde{\boldsymbol{\theta}}\|^{\frac{\eta_2+1}{2}}+\frac{3}{2}\varepsilon_2^2\bar{\omega}^{\eta_3}+\frac{1}{2}\boldsymbol{v}^{\mathrm{T}}\boldsymbol{v}+\tilde{\boldsymbol{d}}^{\mathrm{T}}\tilde{\boldsymbol{d}}+\frac{\kappa}{\lambda_{\min}(\boldsymbol{\Lambda}_1)}+\frac{1}{2}\|\dot{\boldsymbol{\varphi}}\|+\frac{1}{2}\|\boldsymbol{\varphi}\|$ 为连续有界函数，因此我们可以选择适当参数如下：

$$\lambda_{\min}(\boldsymbol{\Lambda}_2)\geqslant\frac{1}{2}\|\boldsymbol{R}\|^2+\frac{3}{2}+b$$

$$\lambda_{\max}{}^{2}(\boldsymbol{\gamma})\geqslant\frac{1}{1-b}$$

然后根据参考文献［74］可知，上述姿态系统所有信号都是有界的。

4.4 基于二次分配的 RCS 控制分配

在 4.3 节中，我们已经得到能够使高超声速飞行器姿态角跟踪给定指令信号的控制力矩，并根据控制分配矩阵得到了八个舵面各自的开合角度，但是由于再入阶段空气稀薄，气动压力减小，此时若计算得到的控制力矩过大，可能会导致分配给对应气动舵面的开合角度超出其自身角度范围，故而会导致气动舵面产生的控制力矩无法达到使姿态系统稳定的期望力矩。表 4.1 给出了八个气动舵面对应的开合弧度的范围值[75]。

表 4.1　气动舵面对应的弧度范围

气动舵面	最小值/rad	最大值/rad
内侧副翼	－0.44	0.44
襟翼	－0.26	0.45
方向舵	－0.52	1.04
外侧副翼	－0.52	0.52

为了在再入阶段能够提供足够的控制力矩，高超声速飞行器会配备 10 个反作用喷射装置。在本节中，我们使用 RCS 作为辅助执行器来为高超声速飞行器的姿态角跟踪提供残余力矩（期望力矩与舵面力矩之差），一旦气动舵面故障或是达到饱和时无法得到足够控制力矩，10 个反作用喷射装置（或其中一部分）便会开启，来辅助气动舵面产生相应的力矩作为补充。其中需要由 RCS 来提供的控制力矩表达式如下：

$$\boldsymbol{T}_{\mathrm{RCS}}+\boldsymbol{T}_{s}=\boldsymbol{T}_{d}-\boldsymbol{T}_{\delta} \tag{4.32}$$

式中，$\boldsymbol{T}_{\delta}$ 为由气动舵面产生的力矩；$\boldsymbol{T}_{s}$ 为分配给 RCS 的力矩与 RCS 实际产生的力矩之间的误差。$\boldsymbol{T}_{\mathrm{RCS}}$ 由 10 个反作用喷射装置提供，其表达式如下：

$$\boldsymbol{T}_{\mathrm{RCS}}=\boldsymbol{\Psi u} \tag{4.33}$$

式中，$\boldsymbol{\Psi}\in\boldsymbol{R}^{3\times10}$ 为 RCS 的控制力矩矩阵；$\boldsymbol{u}=[u_1,u_2,\cdots,u_{10}]^{\mathrm{T}}$ 为 10 个 RCS 的开关向量；$u_i=1(i=1,2,\cdots,10)$ 表示第 i 个反作用喷射装置为开启状态，而 $u_i=0$ $(i=1,2,\cdots,10)$ 就表示第 i 个反作用喷射装置为关闭状态。

就反作用喷射装置的开关状态而言，总共有 1024 种组合来为高超声速飞行器提供控制力矩，因此本节中二次分配方法的主要任务就是找到一个开关向量，使得 RCS 能够产生最接近于所需控制力矩的值，即令误差向量 $\boldsymbol{T}_{s}$ 的范数最小；其次要目标便是在能够提供接近于所需控制力矩的值的同时，使得反作用喷射装置开启的数量最少，这样有利于节约燃料。因此，RCS 的控制分配问题便转化为求解如下的线性规划问题：

$$\min_{u} \quad \boldsymbol{J}_{\mathrm{RCS}}=\frac{1}{2}\left[(1-\sigma)\sum_{i=1}^{3}W_i \mid T_{id}-T_{i\delta}-\sum_{j=1}^{10}\boldsymbol{\Psi}_{ij}u_j \mid +\sigma\boldsymbol{u}^{\mathrm{T}}W_u\boldsymbol{u}\right]$$

$$\text{s. t.} \quad 0\leqslant \operatorname{sgn}(T_{id}-T_{i\delta})\sum_{j=1}^{10}\boldsymbol{\Psi}_{ij}u_j\leqslant (T_{id}-T_{i\delta})\operatorname{sgn}(T_{id}-T_{i\delta}) \tag{4.34}$$

式中，σ 为次级分配权重，且满足 $0<\sigma<0.5$；$W_i(i=1,2,3)$ 为与三个方向力矩的误差指标对应的三个权重。

注释 4.3：式(4.34) 中第二行的条件可以保证 RCS 系统产生的有效控制力矩不会超出期望控制力矩的量级[76]。在无故障状态下，在系统初期调节阶段，超调量可能较大，从而导致气动舵面控制力矩不够，此时 RCS 系统会开启；在气动舵面如襟翼发生故障时，若故障的偏差值较大，则需对故障进行补偿的力矩也会相应变大，此时也可能会使 RCS 系统开启。因此，RCS 作为辅助控制系统，既可以在无故障调节时发挥作用，也可以在出现故障时进行辅助调节。

4.5 仿真实验及结果分析

本节基于 Matlab/Simulink 软件分别对无故障和有故障的情况进行了一系列的对比性仿真实验，以论证所提自愈合控制方法的可行性和有效性。由于襟翼是为高超声速飞行器提供控制力矩最大的气动舵面之一，因此本节考虑了右侧襟翼发生故障的情况。高超声速飞行器姿态角系统的转动惯量矩阵 $\boldsymbol{J}$ 如下所示：

$$\boldsymbol{J}=\begin{bmatrix} 554486 & 0 & -23002 \\ 0 & 1136949 & 0 \\ -23002 & 0 & 1376853 \end{bmatrix}\mathrm{kg}\cdot\mathrm{m}^2 \tag{4.35}$$

系统给定的期望跟踪指令信号 $[\phi, \alpha, \beta]^{\mathrm{T}}$设定为 $[0.8^\circ, 2^\circ, 0^\circ]^{\mathrm{T}}$，外环非奇异终端滑模系统的参数选为 $k_{1i}=0.2$、$k_{2i}=0.5$，$\varepsilon_1=3$、$\varepsilon_2=2$ 以及 $\lambda_{1i}=10$。内环动态面系统的参数选为 $\lambda_{2i}=100$ 以及 $\gamma_i=1200$，假设外部扰动为 $d_1=d_2=10^3[\sin(t) \quad \cos(t) \quad \sin(t)]^{\mathrm{T}}$。为验证本章使用的自愈合控制器的性能，我们进行以下一系列对比性仿真实验。

(1) 仿真实验一：无故障情况下姿态系统响应

在这个仿真环节中，所有的气动舵面都是完好无损的。首先，我们假设系统所有的控制力矩都来自气动舵面，不使用 RCS 系统提供辅助力矩，以验证气动舵面能否产生足够的控制力矩使得系统稳定；作为对比，我们使用 10 个反作用喷射装置为系统提供辅助力矩，以验证在气动舵面和 RCS 共同作用下的系统稳定性。RCS 系统的力矩分配矩阵 $\boldsymbol{\Psi}$ 由文献 [76] 给出。两种情况下的系统状态响应曲线分别如图 4.2 与图 4.3 所示，气动舵面的偏转角由图 4.4 中实线给出。

$$
\boldsymbol{\Psi}=\begin{bmatrix} 0 & -1511 & 8574 & -5098 & 0 & 1515 & -8573 & 5098 & 0 & 0 \\ -367 & 0 & -6982 & 8702 & -367 & 0 & -6981 & 8702 & -367 & -367 \\ 14675 & -11597 & -6918 & -8702 & -14675 & 11597 & 6981 & 8702 & -14675 & 14675 \end{bmatrix} \tag{4.36}
$$

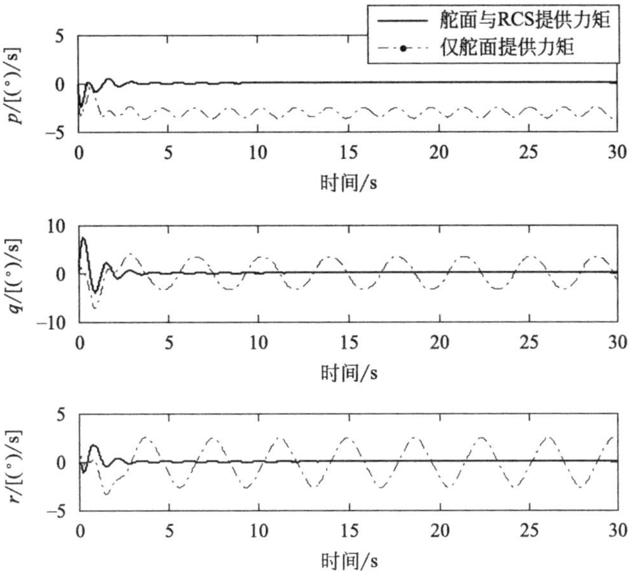

图 4.2　无故障情况下角速率响应曲线

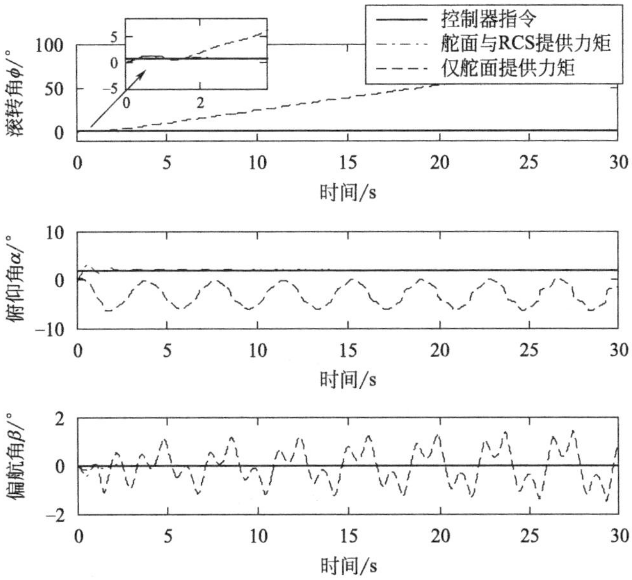

图 4.3　无故障情况下姿态角响应曲线

如图 4.2 与图 4.3 所示，仅依靠气动舵面提供的控制力矩是无法使得高超声速飞行器的姿态角跟踪给定指令信号的，而加入 RCS 产生的力矩后，系统可以在较短的时间内跟踪给定指令信号并达到稳定状态。

图 4.4 中的实线表明，气动舵面在仿真开始 5s 内的期间，偏转角多次达到了其饱和值，因此需要及时地启动 RCS 来产生并提供额外的辅助力矩。图 4.5 给出了 10 个反作用喷射装置的开启/关闭状态图，由图可知，当系统渐渐趋于稳定时，所需控制力矩也逐渐减小，RCS 系统也随即关闭。

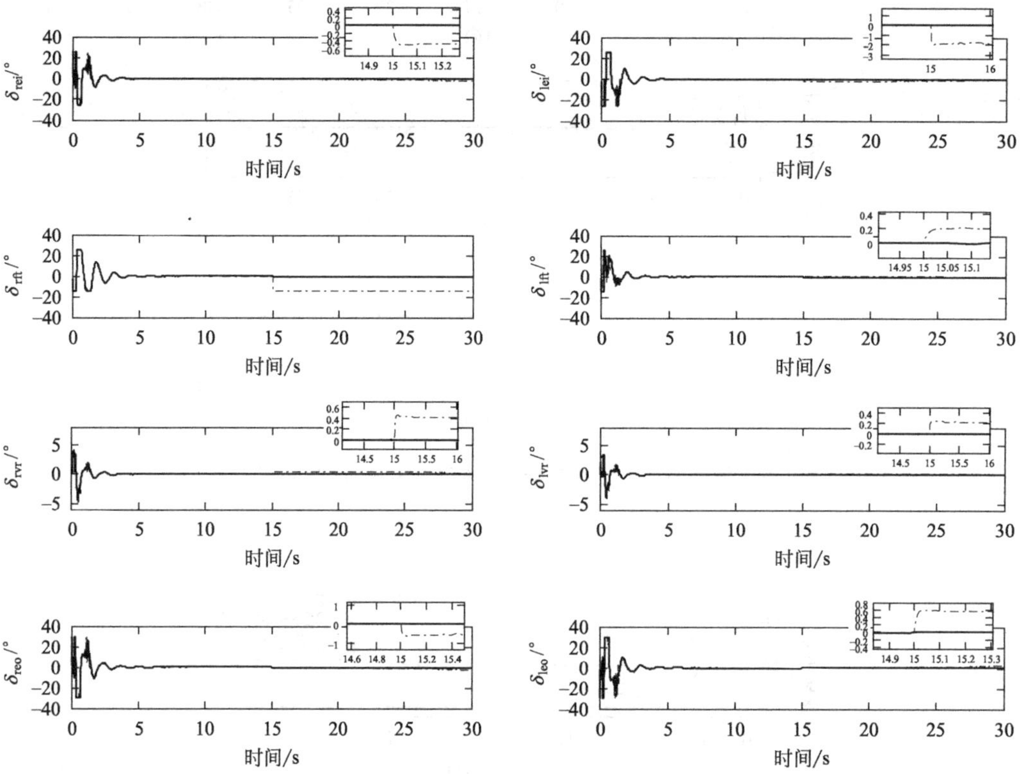

图 4.4 无故障下（实线）与故障情况（点画线）下的气动舵面偏转角响应图

(2) 仿真实验二：右襟翼故障情况下的姿态系统响应

由于右侧襟翼为姿态系统提供的力矩在八个舵面中较大，故而在这个仿真环节中，我们假设右侧襟翼发生了偏移故障。故障表达式如下：

$$\begin{cases} f_{\delta_3}=0, & t<15\text{s} \\ f_{\delta_3}=20, & t\geqslant 15\text{s} \end{cases} \tag{4.37}$$

在此故障情况下的仿真效果图由图 4.6～图 4.8 给出。

当右侧襟翼在仿真开始 15s 发生偏移故障时，式(4.20) 中的故障补偿项开始发挥作用。图 4.4 中的点划线给出了故障情况下的气动舵面偏转角响应图，我们可以发现在 15s 时，为补偿右襟翼发生的故障，各个舵面均产生了一定的偏转。图 4.6 给出

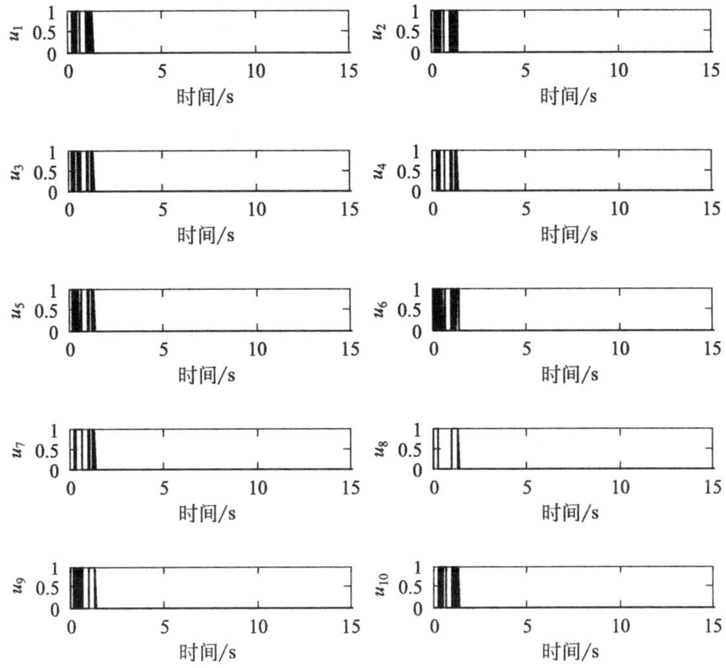

图 4.5　RCS 开启与关闭响应曲线（纵坐标表示反作用控制系统的 10 个开关信号）

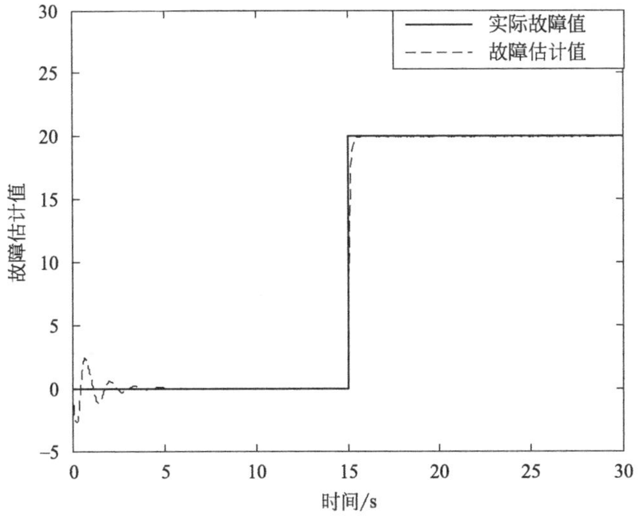

图 4.6　故障估计响应曲线

了故障估计响应曲线，由图可知，本章使用的估计算法可以使估计结果较快地逼近实际发生的故障值。图 4.7 与图 4.8 中针对不同控制器进行了对比性仿真，由图可知，利用本章使用的自愈合控制器，系统的六个状态量均可跟踪给定指令信号，而不对故

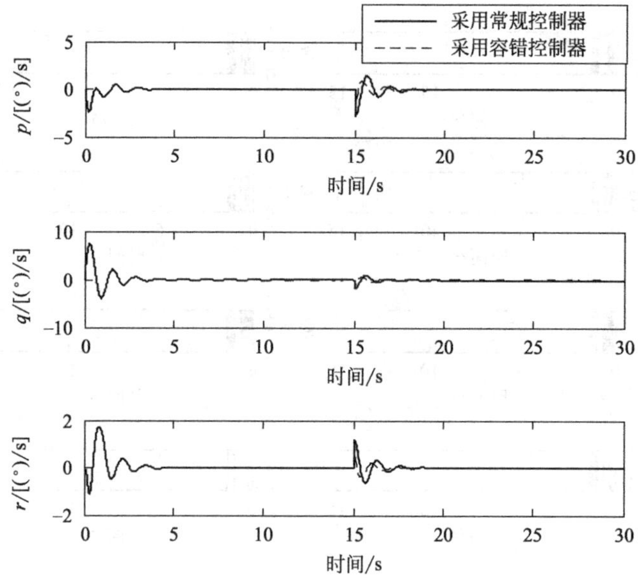

图 4.7　右襟翼故障情况下角速率响应曲线

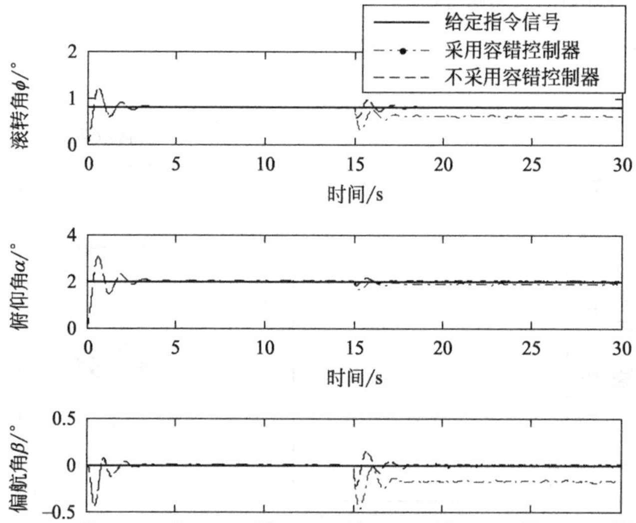

图 4.8　右襟翼故障情况下姿态角响应曲线

障进行补偿时，系统的三个姿态角虽然会趋于稳定，但会偏离给定的指令信号，无法实现姿态角跟踪性能。综上所述，本章所提自愈合控制方法可以成功消除襟翼故障带来的影响，保证姿态系统的稳定性。

本章针对襟翼故障下的高超声速飞行器姿态系统设计了气动舵面与 RCS 共同控

制的自愈合控制器。为减少抖振并简化控制器的设计，本章采用了非奇异终端滑模技术与动态面技术相结合的策略对姿态系统的内、外环路分别设计了控制器。系统可以根据状态量的误差值对故障幅值进行在线估计与补偿，避免了故障情况下姿态角偏移给定指令信号的情况。此外，RCS 系统作为辅助控制器，在气动舵面无法提供充足力矩时，10 个反作用喷射装置可以为系统提供辅助力矩，从而避免气动舵面因空气稀薄或故障无法产生足够力矩的情况。仿真实验环节使用 Matlab/Simulink 对无故障与故障情况分别作了对比性仿真，验证了本章所提方法的有效性。

第5章

基于模糊故障估计与布谷鸟优化分配的容错控制

5.1 引言

第 4 章针对高超声速飞行器再入阶段带有襟翼故障的姿态角系统进行了基于滑模技术和动态面技术的自愈合方法研究，对自适应故障估计得到的结果进行补偿，得到的气动力矩由气动舵面和 RCS 系统共同承担。为了应对建模误差的影响，并将所需控制力矩尽可能多地分配在气动舵面上，提高舵面利用率从而减少 RCS 装置的开启频率与能源消耗，本章继续对上一章中的自愈合方法进行改进，探讨研究基于二型模糊理论的参数摄动与故障融合估计方法，并采用布谷鸟寻优技术对控制力矩进行合理分配，使得系统在提高舵面利用率、节省 RCS 能源的同时，保证再入阶段的飞行器能按照给定姿态角指令信号平安返回。

自适应模糊估计方法具有以任意精度逼近未知非线性函数的特性[77]，故本章采用二型模糊估计方法来对内环系统建模时不确定性引起的输入摄动与执行器发生的加性故障融合在一起同时进行估计，并将估计信息应用于自愈合控制器，进一步计算得到使系统对抗输入摄动与故障所需的控制力矩。在将控制力矩分配给各个执行器时，常采用线性二次规划算法及链式递增等分配方法来寻找最优的分配策略。为了提高气动舵面的使用效率，本章使用线性二次规划与布谷鸟搜索方法对控制力矩进行优化分配，既可以减少搜索效率低和早熟收敛等问题[78-80]，也可以提高舵面的使用效率，减少 RCS 能源消耗。

本章内容结构如下：5.2 节给出了改进的带有故障的高超声速飞行器姿态系统模型及整体控制框图；5.3 节设计了区间二型模糊估计器，用来对舵面未知的加性故障和参数不确定性引起的未知摄动进行估计；5.4 节基于区间二型模糊估计器得到的估计结果，设计了自愈合控制器，用以获得使系统稳定的控制力矩；5.5 节设计了基于布谷鸟搜索算法和线性二次规划的控制分配方法，将所需力矩以最优形式分配给气动舵面；5.6 节对本章所提方法进行了仿真验证。

5.2 改进的姿态系统控制策略

本节在 4.2 节中介绍的高超声速飞行器再入段姿态系统模型的基础上，进一步考虑了输入通道上系统建模误差性带来的影响，并在内环系统增加自适应二型模糊估计环节；此外，针对控制力矩的分配问题，采用了布谷鸟搜索算法来寻找各气动舵面开合角度的最优解，以提高控制分配的速度和舵面使用效率。整体控制系统方案如图 5.1 所示。

本章考虑的高超声速飞行器姿态系统模型如下：

$$\dot{\boldsymbol{\omega}}=-\boldsymbol{J}^{-1}\boldsymbol{\Omega}\boldsymbol{J}\boldsymbol{\omega}+\boldsymbol{J}^{-1}\boldsymbol{T}+\boldsymbol{g}(\boldsymbol{\omega}(t))+\boldsymbol{J}^{-1}\boldsymbol{B}(\cdot)\boldsymbol{f}_{\delta} \tag{5.1}$$

$$\dot{\boldsymbol{\theta}}=\boldsymbol{R}\boldsymbol{\omega}+\boldsymbol{d}(\cdot) \tag{5.2}$$

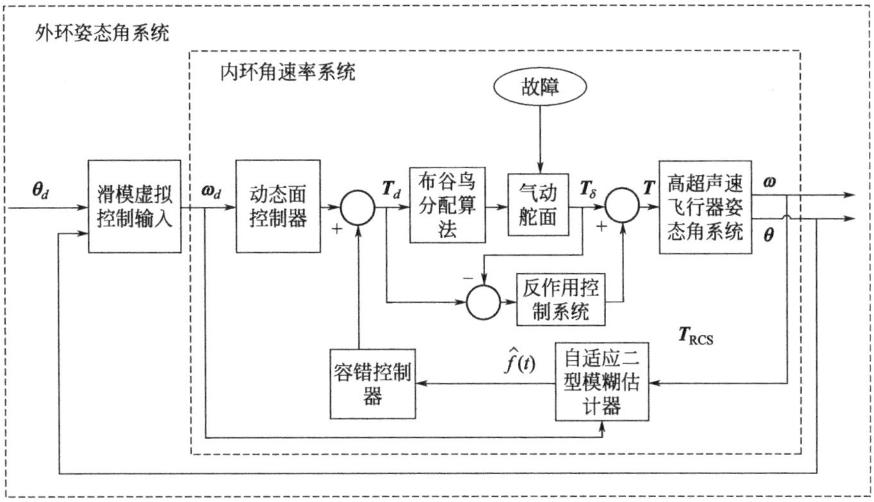

图 5.1　改进的高超声速飞行器姿态系统自愈合控制框图

$$\boldsymbol{y}=\boldsymbol{\theta} \tag{5.3}$$

式中，$\boldsymbol{g}(\boldsymbol{\omega}(t))$ 表示未知的非线性函数，用以代表建模时参数不确定性（如转动惯量等产生变化）对角速率通道产生的影响，其余各参数符号均与第 4 章相同。

本章的控制目标为：在系统受到建模误差引起的摄动与气动舵面故障产生的影响时，能够及时对不确定性函数和故障进行估计与自愈合控制，并快速得到所需力矩的最优分配解，最终使得高超声速飞行器的三个姿态角能够稳定跟踪期望的指令信号。

5.3 自适应二型模糊估计器设计

模糊估计方法是常见的非线性函数估计算法之一，理论上当模糊条件足够大时，该方法能够以任意精度逼近未知的非线性函数。而二型模糊方法则是采用一个数值区间来代替传统模糊估计方法中每个工作点所对应的固定隶属度，因此二型模糊估计可以有效减少模糊规则难以确定情况对逼近性能带来的影响。本节针对高超声速飞行器姿态系统建模时存在的参数误差带来的影响以及可能发生的气动舵面加性故障，设计基于二型模糊估计理论的自适应二型模糊估计器，其中模糊规则如下所示[81]：

$$\begin{aligned} &R^{(j)}:\text{If } x_1 \text{ is } \widetilde{F}_1^j \text{ and} \cdots x_n \text{ is } \widetilde{F}_n^j \\ &\text{then } h \text{ is } G_1^j, j=1,2,\cdots,M \end{aligned} \tag{5.4}$$

式中，x_1，x_2，…，x_n为输入变量；h 表示输出变量；M 为模糊规则的总数；$\widetilde{F}_i^j$ 与 G_i^j 分别为输入与输出的模糊集合。根据每条模糊规则的触发强度，二型模糊推理集完成从输入模糊集到输出模糊集合的非线性映射。此外，各个模糊规则中的触发强度的上、下界可以通过如下表达式计算：

$$\overline{f}^P=\overline{\mu}_{F_1^P}(x_1)\times\overline{\mu}_{F_2^P}(x_2)\times\cdots\times\overline{\mu}_{F_n^P}(x_n)$$
$$\underline{f}^P=\underline{\mu}_{F_1^P}(x_1)\times\underline{\mu}_{F_2^P}(x_2)\times\cdots\times\underline{\mu}_{F_n^P}(x_n) \tag{5.5}$$

式中，$\overline{\mu}_{F_i^P}(x_1)$ 和 $\underline{\mu}_{F_i^P}(x_1)$ 分别表示第 P 条模糊规则所对应的上、下隶属度函数。通过权重计算可得第 P 条规则所对应的上、下解模糊值为：

$$h_l=\frac{\sum_{P=1}^{M}\underline{f}^P h_l^P}{\sum_{P=1}^{M}\underline{f}^P} \tag{5.6}$$

$$h_u=\frac{\sum_{p=1}^{M}\overline{f}^P h_u^P}{\sum_{P=1}^{M}\overline{f}^P} \tag{5.7}$$

式中，h_l 与 h_u 利用线性回归形式可表示为如下表达式：

$$h_l=\boldsymbol{\varphi}_l^{\mathrm{T}}\boldsymbol{\xi}_l(\boldsymbol{x}) \tag{5.8}$$

$$h_u=\boldsymbol{\varphi}_u^{\mathrm{T}}\boldsymbol{\xi}_u(\boldsymbol{x}) \tag{5.9}$$

式中，$\boldsymbol{\varphi}_l=[h_l^1\ \ h_l^2\ \ \cdots\ \ h_l^M]^{\mathrm{T}}$；$\boldsymbol{\varphi}_u=[h_u^1\ \ h_u^2\ \ \cdots\ \ h_u^M]^{\mathrm{T}}$；$\boldsymbol{\xi}_l(\boldsymbol{x})=[\xi_l^1(\boldsymbol{x})\ \ \xi_l^2(\boldsymbol{x})\ \ \cdots\ \ \xi_l^M(\boldsymbol{x})]$，$\boldsymbol{\xi}_u(\boldsymbol{x})=[\xi_u^1(\boldsymbol{x})\ \ \xi_u^2(\boldsymbol{x})\ \ \cdots\ \ \xi_u^M(\boldsymbol{x})]$ 为通过如下方式计算得到的模糊基函数：

$$\xi_l^j(\boldsymbol{x})=\frac{\underline{f}^j}{\sum_{P=1}^{M}\underline{f}^P} \tag{5.10}$$

$$\xi_u^j(\boldsymbol{x})=\frac{\overline{f}^j}{\sum_{P=1}^{M}\overline{f}^P} \tag{5.11}$$

式中，$j=1$，…，M。考虑式(5.6) 与式(5.7)，得到最终的解模糊输出值为：

$$\begin{aligned}\boldsymbol{h}(\boldsymbol{x})&=[\boldsymbol{\varphi}_l^{\mathrm{T}}\boldsymbol{\xi}_l(\boldsymbol{x})+\boldsymbol{\varphi}_u^{\mathrm{T}}\boldsymbol{\xi}_u(x)]/2\\&=\boldsymbol{\varphi}_l^{\mathrm{T}}\boldsymbol{\xi}_l^*(\boldsymbol{x})+\boldsymbol{\varphi}_u^{\mathrm{T}}\boldsymbol{\xi}_u{}^*(\boldsymbol{x})\end{aligned} \tag{5.12}$$

式中，$\boldsymbol{\xi}_l^*(\boldsymbol{x})=\boldsymbol{\xi}_l(\boldsymbol{x})/2$，$\boldsymbol{\xi}_u^*(\boldsymbol{x})=\boldsymbol{\xi}_u(\boldsymbol{x})/2$。因此，在本章中对于高超声速飞行器姿态系统输入通道存在的未知函数，我们令 $\boldsymbol{G}_f(\boldsymbol{x})=\boldsymbol{g}(\boldsymbol{\omega}(t))+\boldsymbol{J}^{-1}\boldsymbol{B}(\cdot)\boldsymbol{f}_\delta$，则理论上对于任意给定常值 $\delta>0$，都可以得到如下逼近结果：

$$\hat{\boldsymbol{G}}_f(\boldsymbol{x})=\boldsymbol{\varphi}_{lf}^{*\mathrm{T}}\boldsymbol{\xi}_{lf}^*(\boldsymbol{x})+\boldsymbol{\varphi}_{uf}^{*\mathrm{T}}\boldsymbol{\xi}_{uf}^*(\boldsymbol{x}) \tag{5.13}$$

满足如下条件：

$$\sup_{x\in U}|\hat{\boldsymbol{G}}_f(\boldsymbol{x})-\boldsymbol{G}_f(\boldsymbol{x})|\leqslant\delta \tag{5.14}$$

式中，$\boldsymbol{\varphi}_{lf}^*$ 与 $\boldsymbol{\varphi}_{uf}^*$ 为最优参数矩阵，$\boldsymbol{\xi}_{lf}^*(\boldsymbol{x})$ 与 $\boldsymbol{\xi}_{uf}^*(\boldsymbol{x})$ 为模糊基函数向量。则 $\boldsymbol{G}_f(\boldsymbol{x})$ 可以改写为如下形式：

$$\boldsymbol{G}_f(\boldsymbol{x})=\boldsymbol{\varphi}_{lf}^{*\mathrm{T}}\boldsymbol{\xi}_{lf}^*(\boldsymbol{x})+\boldsymbol{\varphi}_{uf}^{*\mathrm{T}}\boldsymbol{\xi}_{uf}^*(\boldsymbol{x})+\boldsymbol{\varepsilon}_f \tag{5.15}$$

式中，$\boldsymbol{\varepsilon}_f$ 为使用最优参数矩阵得到的估计函数与原未知函数之间的误差。此外，本章利用二型模糊估计器计算得到的结果可表示为：

$$\hat{\boldsymbol{G}}_f(\boldsymbol{x})=\hat{\boldsymbol{\varphi}}_{lf}^{\mathrm{T}}\boldsymbol{\xi}_{lf}^{*}(\boldsymbol{x})+\hat{\boldsymbol{\varphi}}_{uf}^{\mathrm{T}}\boldsymbol{\xi}_{uf}^{*}(\boldsymbol{x}) \tag{5.16}$$

式中，$\hat{\boldsymbol{\varphi}}_{lf}$ 与 $\hat{\boldsymbol{\varphi}}_{uf}$ 为待设计的自适应参数矩阵，代表最优参数矩阵的估计值，其自适应更新律将在下一节中根据李雅普诺夫函数推导得出。

5.4 内环自愈合控制器设计

本章采用的控制结构中，外环控制律与第 4 章相同，内环控制律与 4.3.2 节类似，首先将角速率误差向量对时间进行求导，便可得如下表达式：

$$\begin{aligned}\dot{\tilde{\boldsymbol{\omega}}}&=\dot{\boldsymbol{\omega}}-\dot{\boldsymbol{\omega}}_d\\&=-\boldsymbol{J}^{-1}\boldsymbol{\Omega}\boldsymbol{J}\boldsymbol{\omega}+\boldsymbol{J}^{-1}\boldsymbol{T}+\boldsymbol{G}_f-\dot{\boldsymbol{\omega}}_d\end{aligned} \tag{5.17}$$

设计内环角速率自愈合控制律的表达式如下：

$$\boldsymbol{T}=-\boldsymbol{J}[\boldsymbol{\Lambda}^{*}\tilde{\boldsymbol{\omega}}-\boldsymbol{J}^{-1}\boldsymbol{\Omega}\boldsymbol{J}\boldsymbol{\omega}+\boldsymbol{R}^{\mathrm{T}}\tilde{\boldsymbol{\theta}}-\dot{\boldsymbol{\omega}}_d+(\hat{\boldsymbol{\varphi}}_{lf}^{\mathrm{T}}\boldsymbol{\xi}_{lf}^{*}+\hat{\boldsymbol{\varphi}}_{uf}^{\mathrm{T}}\boldsymbol{\xi}_{uf}^{*})] \tag{5.18}$$

式中，$\boldsymbol{\Lambda}^{*}=\mathrm{diag}\{\lambda_1^{*}\quad\lambda_2^{*}\quad\lambda_3^{*}\}$，($\lambda_i^{*}>0, i=1,2,3$) 是待设计的对角增益矩阵，则角速率误差向量的导数可以改写为：

$$\dot{\tilde{\boldsymbol{\omega}}}=-\boldsymbol{\Lambda}^{*}\tilde{\boldsymbol{\omega}}-\boldsymbol{R}^{\mathrm{T}}\boldsymbol{\theta}+\tilde{\boldsymbol{\varphi}}_{lf}^{\mathrm{T}}\boldsymbol{\xi}_{lf}^{*}+\tilde{\boldsymbol{\varphi}}_{uf}^{\mathrm{T}}\boldsymbol{\xi}_{uf}^{*}+\boldsymbol{\varepsilon}_f \tag{5.19}$$

式中，$\tilde{\boldsymbol{\varphi}}_{lf}=\boldsymbol{\varphi}_{lf}^{*}-\hat{\boldsymbol{\varphi}}_{lf}$，同理，$\tilde{\boldsymbol{\varphi}}_{uf}=\boldsymbol{\varphi}_{uf}^{*}-\hat{\boldsymbol{\varphi}}_{uf}$。

定义如下所示的 Lyapunov 函数：

$$V=\underbrace{\frac{1}{2}\tilde{\boldsymbol{\theta}}^{\mathrm{T}}\tilde{\boldsymbol{\theta}}+\frac{1}{2}\tilde{\boldsymbol{d}}^{\mathrm{T}}\boldsymbol{\Lambda}^{-1}\tilde{\boldsymbol{d}}+\frac{1}{2}\bar{\boldsymbol{\mu}}^{\mathrm{T}}\boldsymbol{\mu}}_{V_1}+\underbrace{\frac{1}{2}\tilde{\boldsymbol{\omega}}^{\mathrm{T}}\tilde{\boldsymbol{\omega}}+\frac{1}{2}\mathrm{tr}\{\tilde{\boldsymbol{\varphi}}_{lf}^{\mathrm{T}}\boldsymbol{\gamma}_{lf}^{-1}\tilde{\boldsymbol{\varphi}}_{lf}\}+\frac{1}{2}\mathrm{tr}\{\tilde{\boldsymbol{\varphi}}_{uf}^{\mathrm{T}}\boldsymbol{\gamma}_{uf}^{-1}\tilde{\boldsymbol{\varphi}}_{uf}\}}_{V_2} \tag{5.20}$$

式中，tr{ · } 表示求括号中矩阵的迹，$\boldsymbol{\gamma}_{lf}$ 与 $\boldsymbol{\gamma}_{uf}$ 为待设计的对称增益矩阵；式中前半部分 V_1 与第 4 章中的 V_1 完全相同，故此处略去其导数的推导过程。而求得 V_2 关于时间的导数如下所示：

$$\begin{aligned}\dot{V}_2&=\tilde{\boldsymbol{\omega}}^{\mathrm{T}}\dot{\tilde{\boldsymbol{\omega}}}+\mathrm{tr}\{\tilde{\boldsymbol{\varphi}}_{lf}^{\mathrm{T}}\boldsymbol{\gamma}_{lf}^{-1}\dot{\tilde{\boldsymbol{\varphi}}}_{lf}\}+\mathrm{tr}\{\tilde{\boldsymbol{\varphi}}_{uf}^{\mathrm{T}}\boldsymbol{\gamma}_{uf}^{-1}\dot{\tilde{\boldsymbol{\varphi}}}_{uf}\}\\&=\tilde{\boldsymbol{\omega}}^{\mathrm{T}}(-\boldsymbol{\Lambda}^{*}\tilde{\boldsymbol{\omega}}-\boldsymbol{R}^{\mathrm{T}}\boldsymbol{\theta}+\tilde{\boldsymbol{\varphi}}_{lf}^{\mathrm{T}}\boldsymbol{\xi}_{lf}^{*}+\tilde{\boldsymbol{\varphi}}_{uf}^{\mathrm{T}}\boldsymbol{\xi}_{uf}^{*}+\boldsymbol{\varepsilon}_f)+\mathrm{tr}\{\tilde{\boldsymbol{\varphi}}_{lf}^{\mathrm{T}}\boldsymbol{\gamma}_{lf}^{-1}(\dot{\boldsymbol{\varphi}}_{lf}^{*}-\dot{\hat{\boldsymbol{\varphi}}}_{lf})\}+\mathrm{tr}\{\tilde{\boldsymbol{\varphi}}_{uf}^{\mathrm{T}}\boldsymbol{\gamma}_{uf}^{-1}(\dot{\boldsymbol{\varphi}}_{uf}^{*}-\dot{\hat{\boldsymbol{\varphi}}}_{uf})\}\\&=-\tilde{\boldsymbol{\omega}}^{\mathrm{T}}\boldsymbol{\Lambda}^{*}\tilde{\boldsymbol{\omega}}-\tilde{\boldsymbol{\omega}}^{\mathrm{T}}\boldsymbol{R}^{\mathrm{T}}\tilde{\boldsymbol{\theta}}+\tilde{\boldsymbol{\omega}}^{\mathrm{T}}\tilde{\boldsymbol{\varphi}}_{lf}^{\mathrm{T}}\boldsymbol{\xi}_{lf}^{*}+\tilde{\boldsymbol{\omega}}^{\mathrm{T}}\tilde{\boldsymbol{\varphi}}_{uf}^{\mathrm{T}}\boldsymbol{\xi}_{uf}^{*}+\tilde{\boldsymbol{\omega}}^{\mathrm{T}}\boldsymbol{\varepsilon}_f-\mathrm{tr}\{\tilde{\boldsymbol{\varphi}}_{lf}^{\mathrm{T}}\boldsymbol{\gamma}_{lf}^{-1}\dot{\hat{\boldsymbol{\varphi}}}_{lf}\}-\mathrm{tr}\{\tilde{\boldsymbol{\varphi}}_{uf}^{\mathrm{T}}\boldsymbol{\gamma}_{uf}^{-1}\dot{\hat{\boldsymbol{\varphi}}}_{uf}\}\end{aligned} \tag{5.21}$$

为消去李雅普诺夫函数中的 $\tilde{\boldsymbol{\omega}}^{\mathrm{T}}\tilde{\boldsymbol{\varphi}}_{lf}^{\mathrm{T}}\boldsymbol{\xi}_{lf}^{*}$ 与 $\tilde{\boldsymbol{\omega}}^{\mathrm{T}}\tilde{\boldsymbol{\varphi}}_{uf}^{\mathrm{T}}\boldsymbol{\xi}_{uf}^{*}$，可设计模糊估计器中参数矩阵的自适应估计律为：

$$\dot{\hat{\boldsymbol{\varphi}}}_{lf}=\boldsymbol{\gamma}_{lf}\boldsymbol{\xi}_{lf}^{*}\tilde{\boldsymbol{\omega}}^{\mathrm{T}} \tag{5.22}$$

$$\dot{\hat{\boldsymbol{\varphi}}}_{uf}=\boldsymbol{\gamma}_{uf}\boldsymbol{\xi}_{uf}^{*}\tilde{\boldsymbol{\omega}}^{\mathrm{T}} \tag{5.23}$$

式中，$\boldsymbol{\gamma}_{lf}=\mathrm{diag}\{\gamma_{lf1}\quad\gamma_{lf2}\quad\gamma_{lf3}\}$，($\gamma_{lfi}>0$，$i=1,2,3$)，$\boldsymbol{\gamma}_{uf}=\mathrm{diag}\{\gamma_{uf1}\quad\gamma_{uf2}\quad\gamma_{uf3}\}$，($\gamma_{ufi}>0$，$i=1,2,3$)。于是 Lyapunov 函数式(5.20) 中 V_2 的导

数可以改写为如下形式：

$$
\begin{aligned}
\dot{V}_2 &= -\widetilde{\boldsymbol{\omega}}^{\mathrm{T}}\boldsymbol{\Lambda}^*\widetilde{\boldsymbol{\omega}} - \widetilde{\boldsymbol{\omega}}^{\mathrm{T}}\boldsymbol{R}^{\mathrm{T}}\boldsymbol{\theta} + \widetilde{\boldsymbol{\omega}}^{\mathrm{T}}\boldsymbol{\varepsilon}_f + \widetilde{\boldsymbol{\omega}}^{\mathrm{T}}\widetilde{\boldsymbol{\varphi}}_{lf}^{\mathrm{T}}\boldsymbol{\xi}_{lf}^* + \widetilde{\boldsymbol{\omega}}^{\mathrm{T}}\widetilde{\boldsymbol{\varphi}}_{uf}^{\mathrm{T}}\boldsymbol{\xi}_{uf}^* - \mathrm{tr}\{\widetilde{\boldsymbol{\varphi}}_{lf}^{\mathrm{T}}\boldsymbol{\xi}_{lf}^*\widetilde{\boldsymbol{\omega}}^{\mathrm{T}}\} - \mathrm{tr}\{\widetilde{\boldsymbol{\varphi}}_{uf}^{\mathrm{T}}\boldsymbol{\xi}_{uf}^*\widetilde{\boldsymbol{\omega}}^{\mathrm{T}}\} \\
&= -\widetilde{\boldsymbol{\omega}}^{\mathrm{T}}\boldsymbol{\Lambda}^*\widetilde{\boldsymbol{\omega}} - \widetilde{\boldsymbol{\omega}}^{\mathrm{T}}\boldsymbol{R}^{\mathrm{T}}\boldsymbol{\theta} + \widetilde{\boldsymbol{\omega}}^{\mathrm{T}}\boldsymbol{\varepsilon}_f \\
&\leqslant -\widetilde{\boldsymbol{\omega}}^{\mathrm{T}}\boldsymbol{\Lambda}^*\widetilde{\boldsymbol{\omega}} - \widetilde{\boldsymbol{\omega}}^{\mathrm{T}}\boldsymbol{R}^{\mathrm{T}}\boldsymbol{\theta} + \frac{1}{2}\widetilde{\boldsymbol{\omega}}^{\mathrm{T}}\widetilde{\boldsymbol{\omega}} + \|\boldsymbol{\varepsilon}_f\|^2 \\
&= -\widetilde{\boldsymbol{\omega}}^{\mathrm{T}}\left(\boldsymbol{\Lambda}^* - \frac{1}{2}\boldsymbol{I}\right)\widetilde{\boldsymbol{\omega}} - \widetilde{\boldsymbol{\omega}}^{\mathrm{T}}\boldsymbol{R}^{\mathrm{T}}\boldsymbol{\theta} + \|\boldsymbol{\varepsilon}_f\|^2
\end{aligned} \tag{5.24}
$$

将式(4.29）与式(5.24）代入李雅普诺夫函数式(5.20）的导数中，可得如下结果：

$$
\begin{aligned}
\dot{V} &= \dot{V}_1 + \dot{V}_2 \\
&\leqslant -\widetilde{\boldsymbol{\theta}}^{\mathrm{T}}\left(\boldsymbol{K}_1 - \frac{3}{2}\boldsymbol{I} - \frac{1}{2}\boldsymbol{R}\boldsymbol{R}^{\mathrm{T}}\right)\widetilde{\boldsymbol{\theta}} - \boldsymbol{K}_2\|\widetilde{\boldsymbol{\theta}}\|^{\frac{\eta_2+1}{2}} - \left(\frac{1}{\tau} - 1\right)\bar{\boldsymbol{\mu}}^{\mathrm{T}}\boldsymbol{\mu} + \frac{1}{2}(\varepsilon_1^2 + 1)\bar{\omega} + \frac{3}{2}\varepsilon_2^2\bar{\omega}^{\eta_3} + \widetilde{\boldsymbol{\theta}}^{\mathrm{T}}\boldsymbol{R}\widetilde{\boldsymbol{\omega}} \\
&\quad + \frac{1}{2}\boldsymbol{v}^{\mathrm{T}}\boldsymbol{v} + \widetilde{\boldsymbol{d}}^{\mathrm{T}}\widetilde{\boldsymbol{d}} + \frac{\kappa}{\lambda_{\min}(\boldsymbol{\Lambda}_1)} - \widetilde{\boldsymbol{\omega}}^{\mathrm{T}}\left(\boldsymbol{\Lambda}^* - \frac{1}{2}\boldsymbol{I}\right)\widetilde{\boldsymbol{\omega}} - \widetilde{\boldsymbol{\omega}}^{\mathrm{T}}\boldsymbol{R}^{\mathrm{T}}\boldsymbol{\theta} + \|\boldsymbol{\varepsilon}_f\|^2 \\
&= -\widetilde{\boldsymbol{\theta}}^{\mathrm{T}}\left(\boldsymbol{K}_1 - \frac{3}{2}\boldsymbol{I} - \frac{1}{2}\boldsymbol{R}\boldsymbol{R}^{\mathrm{T}}\right)\widetilde{\boldsymbol{\theta}} - \left(\frac{1}{\tau} - 1\right)\bar{\boldsymbol{\mu}}^{\mathrm{T}}\boldsymbol{\mu} - \widetilde{\boldsymbol{\omega}}^{\mathrm{T}}\left(\boldsymbol{\Lambda}^* - \frac{1}{2}\boldsymbol{I}\right)\widetilde{\boldsymbol{\omega}} + \|\boldsymbol{\varepsilon}_f\|^2
\end{aligned} \tag{5.25}
$$

然后根据参考文献［74］及4.3节内容可知，上述高超声速飞行器姿态系统所有信号都是一致有界的。

5.5 基于布谷鸟搜索算法的控制分配

在上一节中，通过自愈合控制律计算得到能够使高超声速飞行器姿态系统稳定所需的控制力矩，接下来的任务便是将三个方向的力矩分配至八个气动舵面。由于系统输入量个数多于输出量个数，因此相同的力矩可能对应多种气动舵面的开合角度，本节的目标便是寻找出在舵面开合角度范围内能使系统得到期望力矩的最优解。此外，由于舵面角的开合角度不同于 RCS 系统的离散式开关状态，其开合角度的组合远远超过 RCS 系统的 1024 种组合方式，因此普通的搜索算法会导致系统计算时间过长等问题，故而一个具有快速搜索能力的寻优方法便成为控制分配问题中的关键。

用来解决控制分配寻优问题的方法有很多，常见的有分段线性规划法、遗传算法以及粒子群算法等智能算法[82]，例如江未来、董朝阳教授[83]以及王晓霞、刘春生教授[84]等人将遗传算法和粒子群算法结合在一起，解决了执行机构饱和时的飞行器自愈合算法中的优化分配问题。近年来，布谷鸟搜索（Cuckoo Search，CS）算法逐渐进入人们的视线，该算法由剑桥大学的学者 Yang 和 Deb 在 2009 年提出[79]。相比于传统的智能搜索算法，该种用于模拟布谷鸟选巢产卵的仿生方法具有更快的搜索速度，并且具有更广阔的搜索空间，避免局部最优的能力较强[85-88]。综上，本节采用布谷鸟搜索算法来寻找舵面开合角度的最优解，从而解决控制力矩的最优分配问题。布谷鸟搜索算法需建立在以下三个理想条件的基础上进行[89]：

① 布谷鸟每次只产一个卵，且放置的鸟巢位置为随机选择产生；

② 处于最理想位置的鸟巢里面的卵会成功延续到下一代；

③ 鸟巢原主人发现布谷鸟的卵的概率为 p_a，一旦发现布谷鸟的卵，会丢弃该卵或重新筑巢。

本节中，布谷鸟搜索算法的目的是用来寻找气动舵面开合角度的一组解 $\boldsymbol{\delta}_e$，使得气动舵面产生的控制力矩与期望控制力矩的误差最小，即搜索如下整数规划问题的最优解：

$$\min J_T = \|\boldsymbol{Q}(\boldsymbol{T}-\boldsymbol{B}\boldsymbol{\delta}_e)\| \tag{5.26}$$

式中，J_T表示力矩误差指标；$\boldsymbol{Q}$ 为权值矩阵；$\boldsymbol{\delta}_e$为气动舵面的开合角度，其数值需处于表 4.1 中给定的范围。在本节采用布谷鸟算法对力矩分配时，每一代中的鸟巢位置就类比于控制分配优化过程中每一步对应的解。新一代鸟巢的位置由如下两种方式得到：

① 基于 lévy 飞行方式进行位置更新，其计算方式如下：

$$r_j^{d+1} = r_j^d + \alpha_j^* \otimes L(\lambda) \tag{5.27}$$

式中，r_j^d表示第 d 代中第 j 个鸟巢所处的位置；α_j^* 表示第 j 个鸟巢对应的搜索步长；$\otimes$为阿达马乘积运算；$L(\lambda)$ 表示 lévy 分布，代表了动物的一种随机运动路径。

② 基于布谷鸟的卵被该巢穴主人识别而孵化失败的概率 p_a进行位置更新：

$$r_j^{d+1} = r_j^d + \beta_j^* \cdot (r_m^d - r_n^d) \otimes H(p_a - h) \tag{5.28}$$

式中，$\beta_j^* \sim U(0,1)$ 表示搜索步长；r_m^d 和 r_n^d 为与 r_j^d 不同的两个随机鸟巢位置；h 为满足 0～1 之间均匀分布的随机数；$H(\cdot)$ 为赫维赛德函数，其作用是判断是否执行$r_j^d + \beta_j^*(r_m^d - r_n^d)$ 更新，若随机数 $h > p_a$，则不更新位置，反之更新鸟巢位置。

综上所述，使用布谷鸟搜索算法实现对高超声速飞行器姿态系统力矩进行优化分配的详细步骤如下所示：

步骤 1：初始化搜索参数，给定初始分配方案数量 N（即鸟巢数量），给定最大迭代次数 $d_{\max}$（即布谷鸟的卵最多延续至 $d_{\max}$代），给定控制力矩误差精度要求 ε_J（即鸟巢位置的适应度），给定淘汰概率 p_a（即布谷鸟卵被巢穴主人发现的概率）。

步骤 2：随机产生 N 组初始气动舵面的开合角度值 r_j^0，$(j=1,2,\cdots,N)$，即初代鸟巢位置，使之尽量覆盖表 4.1 中的给定范围，并根据式(5.26) 计算每组开合角度对应的适应度值。

步骤 3：采用第 1 种方式对上一代八个舵面的开合角度各自进行更新，分别计算更新后每组开合角度对应的适应度值，并与上一代开合角度对应的适应度值（力矩误差指标）进行比较，若新的适应度值更好，则保留更新后的开合角度，否则放弃此次更新。

步骤 4：模拟巢穴主人发现布谷鸟卵的行为，采用第 2 种更新方式进行进一步更新。随机产生一个满足 0～1 之间均匀分布的随机数 h，若 $h > p_a$，则放弃此步更新，反之则按照式(5.28) 对解进行更新，并将新开合角度所对应的适应度值与上一代的适应度值进行比较，若新的适应度值更好，则保留更新后的开合角度，否则放弃此次更新。

步骤 5：确定当前最优解（最佳鸟巢位置）及其误差指标，若满足迭代次数 $d>d_{\max}$或误差指标小于给定控制力矩误差精度要求 ε_J，则该组舵面开合角度即为当前最优解，否则返回执行步骤 2 进行迭代搜索最优值。

至此便完成了基于布谷鸟搜索算法的控制力矩分配方案设计，当气动舵面产生的控制力矩无法匹配期望控制力矩时，由 RCS 系统继续提供残余力矩，其分配算法同第 4 章。

5.6 仿真实验及结果分析

本节对上述模糊估计理论和布谷鸟分配算法进行基于 Matlab/Simulink 平台的仿真实验，以论证所提故障估计和控制分配方法的可行性和有效性。系统给定的期望跟踪指令信号 $[\phi, \alpha, \beta]^{\mathrm{T}}$ 仍然设定为 $[0.8°, 2°, 0°]^{\mathrm{T}}$，高超声速飞行器姿态系统的转动惯量 $\boldsymbol{J}$ 与 RCS 系统的控制力矩系数矩阵分别如下所示：

$$\boldsymbol{J}=\begin{bmatrix} 554486 & 0 & -23002 \\ 0 & 1136949 & 0 \\ -23002 & 0 & 1376853 \end{bmatrix} \mathrm{kg} \cdot \mathrm{m}^2 \tag{5.29}$$

$$\boldsymbol{\Psi}=\begin{bmatrix} 0 & -1511 & 8574 & -5098 & 0 & 1515 & -8573 & 5098 & 0 & 0 \\ -367 & 0 & -6982 & 8702 & -367 & 0 & -6981 & 8702 & -367 & -367 \\ 14675 & -11597 & -6918 & -8702 & -14675 & 11597 & 6981 & 8702 & -14675 & 14675 \end{bmatrix} \tag{5.30}$$

其中外环虚拟输入控制方法的参数与上一章相同，即非奇异终端滑模系统的参数选为 $k_{1i}=0.2$，$k_{2i}=0.5$，$\varepsilon_1=3$，$\varepsilon_2=2$ 以及 $\lambda_{1i}=10$。内环动态面系统的参数也选为 $\lambda_i^*=100$，模糊故障估计器中的参数选为 $\gamma_{lfi}=200$、$\gamma_{ufi}=100$。本章中假设八个舵面之中的右襟翼在 15s 的时候发生如下故障：

$$\begin{cases} f_{\delta_3}=0, & t<15\mathrm{s} \\ f_{\delta_3}=20, & t \geqslant 15\mathrm{s} \end{cases} \tag{5.31}$$

同时，假设系统误差对角速率环引起的影响为如下形式：

$$\boldsymbol{g}(\boldsymbol{\omega}(t))=\boldsymbol{J}^{-1}\begin{bmatrix} 1.8\times10^4\sin(t/5)+2\times10^4[p^2+\exp(q)]+1.5\times10^4 p \\ 5\times10^4+5\times10^3 q \\ 2\times10^4+5\times10^4\cos[(t-20)/4]-10^4 r \end{bmatrix} \tag{5.32}$$

经过多次调试，本章中二型模糊估计器的上、下隶属度函数选为如下形式：

$$\begin{cases} \bar{\mu}_{F_p}^1(p)=\exp[-80\times(p-0.11)^2], \underline{\mu}_{F_p}^1(p)=\exp[-80\times(p-0.09)^2] \\ \bar{\mu}_{F_p}^2(p)=\exp[-80\times(p-0.03)^2], \underline{\mu}_{F_p}^2(p)=\exp[-80\times(p-0.02)^2] \\ \bar{\mu}_{F_p}^3(p)=\exp[-80\times(p+0.09)^2], \underline{\mu}_{F_p}^3(p)=\exp[-80\times(p+0.11)^2] \end{cases} \tag{5.33}$$

$$\begin{cases}\bar{\mu}_{F_q}^1(q)=\exp[-80\times(q-0.11)^2],\underline{\mu}_{F_q}^1(q)=\exp[-80\times(q-0.09)^2]\\\bar{\mu}_{F_q}^2(q)=\exp[-80\times(q-0.03)^2],\underline{\mu}_{F_q}^2(q)=\exp[-80\times(q-0.02)^2]\\\bar{\mu}_{F_q}^3(q)=\exp[-80\times(q+0.09)^2],\underline{\mu}_{F_q}^3(q)=\exp[-80\times(q+0.11)^2]\end{cases}\tag{5.34}$$

$$\begin{cases}\bar{\mu}_{F_r}^1(r)=\exp[-80\times(r-0.11)^2],\underline{\mu}_{F_r}^1(r)=\exp[-80\times(r-0.09)^2]\\\bar{\mu}_{F_q}^2(r)=\exp[-80\times(r-0.03)^2],\underline{\mu}_{F_r}^2(r)=\exp[-80\times(r-0.02)^2]\\\bar{\mu}_{F_q}^3(r)=\exp[-80\times(r+0.09)^2],\underline{\mu}_{F_r}^3(r)=\exp[-80\times(r+0.11)^2]\end{cases}\tag{5.35}$$

接下来根据上述参数进行基于 Matlab/Simulink 平台的仿真验证，其中针对非线性未知函数 $\boldsymbol{G}_f(\boldsymbol{x})$ 的估计曲线如图 5.2 所示。

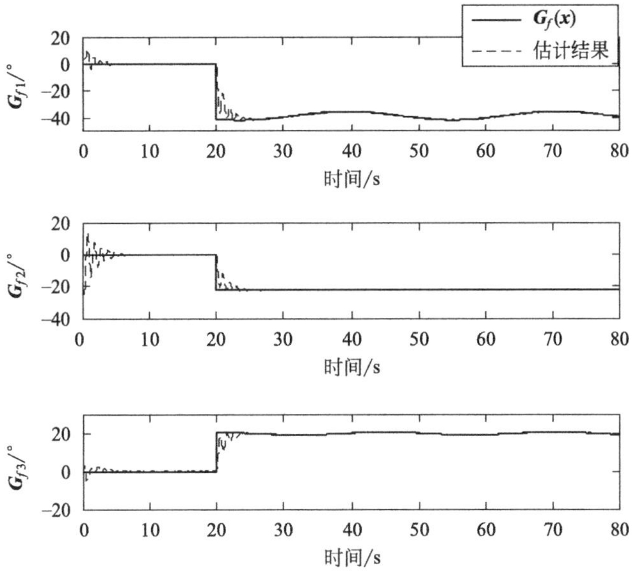

图 5.2　$\boldsymbol{G}_f(\boldsymbol{x})$ 及其估计结果

由图可见，在一定的调节时间后，从区间二型模糊估计器得到的估计结果成功逼近了原先设定的非线性未知函数 $\boldsymbol{G}_f(\boldsymbol{x})$。首先不考虑将力矩分配给气动舵面（即采用完全理想的力矩进行控制），将得到的故障估计结果反馈给自愈合控制器，并将仿真结果与常规控制器（无自愈合项）作用下的结果进行对比，结果如下。

由图 5.3 与图 5.4 可以看出，虽然姿态角速率在两种控制器下都可以达到稳定，但是发生故障后，常规控制器下的姿态角会偏离给定姿态角指令，当高超声速飞行器长期维持在错误姿态时便会逐渐偏离预定的飞行轨道，从而造成高超声速飞行器在返回时无法正常降落。而在动态面自愈合控制器的补偿效果下，故障信号导致舵面产生的力矩会被抵消掉，从而保证系统姿态角正常跟踪给定的期望值，使得飞行器能够在故障情况下仍然按照预定轨迹飞行。

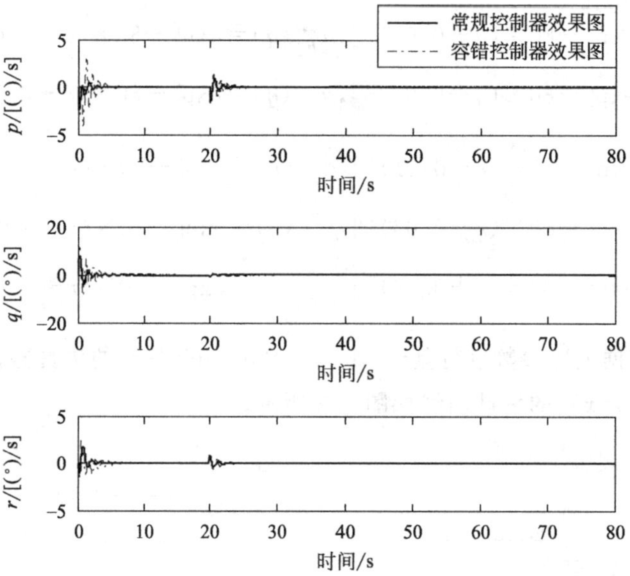

图 5.3　理想力矩下角速度响应曲线

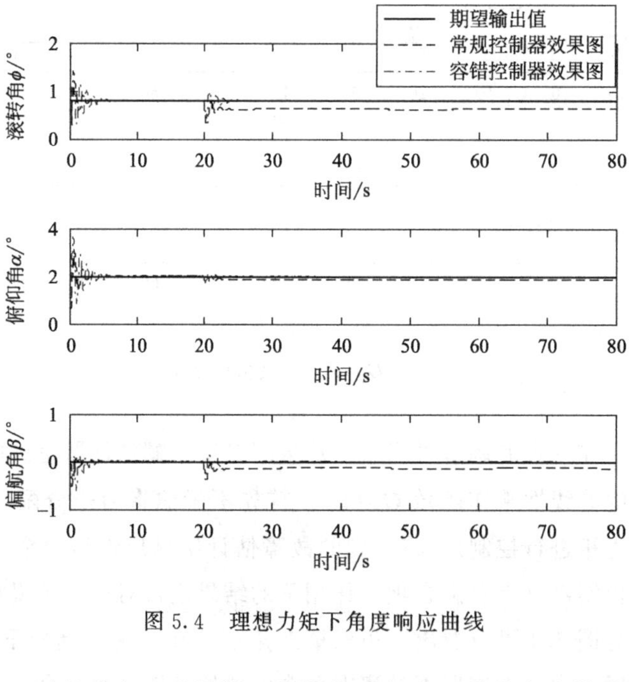

图 5.4　理想力矩下角度响应曲线

根据图 5.5 可以看出，采用第 4 章的分配方法，虽然发生故障时也可驱动相应舵面运动对故障与扰动进行补偿，但是舵面使用率低，例如左右方向舵在故障情况下仍然维持原状几乎没有补偿效果，而布谷鸟分配算法可以将力矩分配给更多的舵面，使得各个舵面尽可能发挥其最优效果。同时结合图 5.6 可看出，布谷鸟分配算法下 RCS 开启状态更加稳定，不会有过多的开启/关闭状态的切换，有利于 RCS 保证系

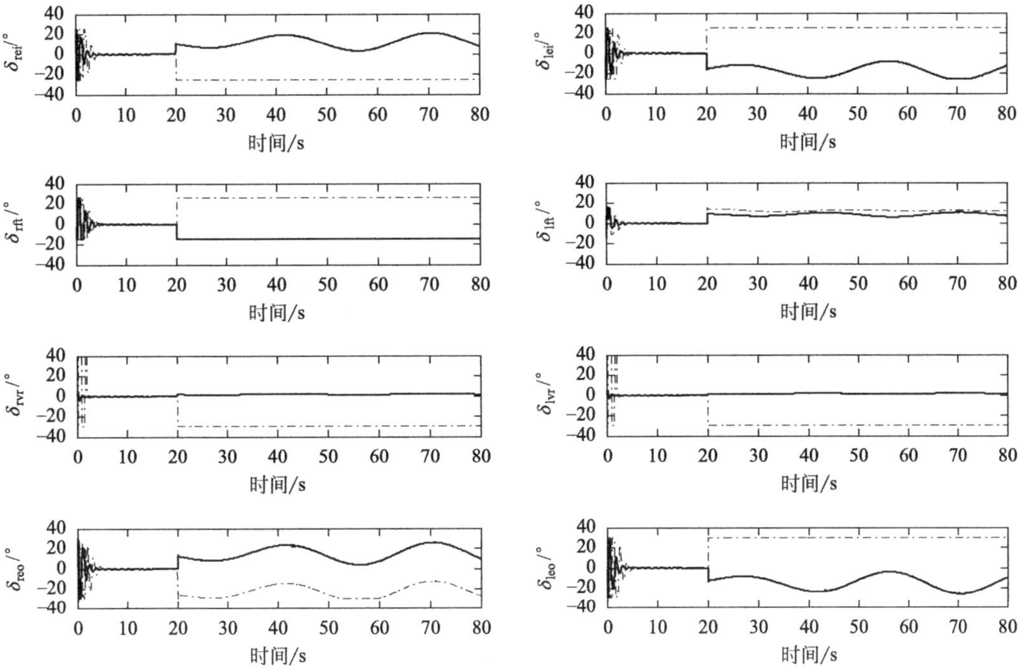

图 5.5　故障情况下布谷鸟分配效果（点画线）及第 4 章方法分配效果（实线）

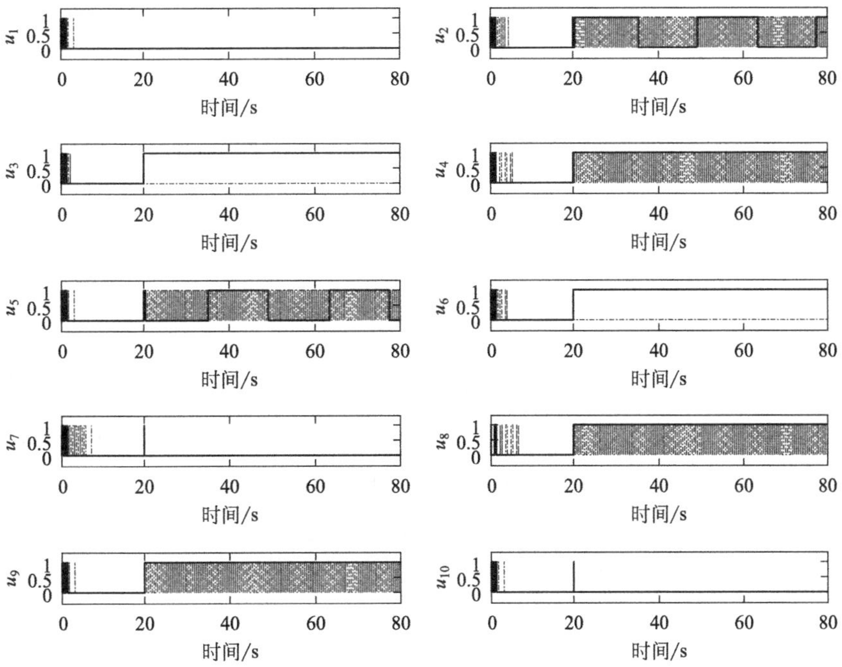

图 5.6　布谷鸟分配算法 RCS 状态（实线）及第 4 章方法效果（虚线）

［注：纵坐标表示反作用控制系统（RCS）的 10 个开关信号］

统的正常运作。

由图 5.7 可得，在故障和建模不确定的影响下，布谷鸟分配算法得到的力矩与第 4 章方法得到的力矩均可使高超声速飞行器的姿态系统跟踪给定指令信号，但是由于布谷鸟分配算法尽可能地使力矩效能发挥，因此其控制效果下的超调量要相对较小，控制效果也更好。

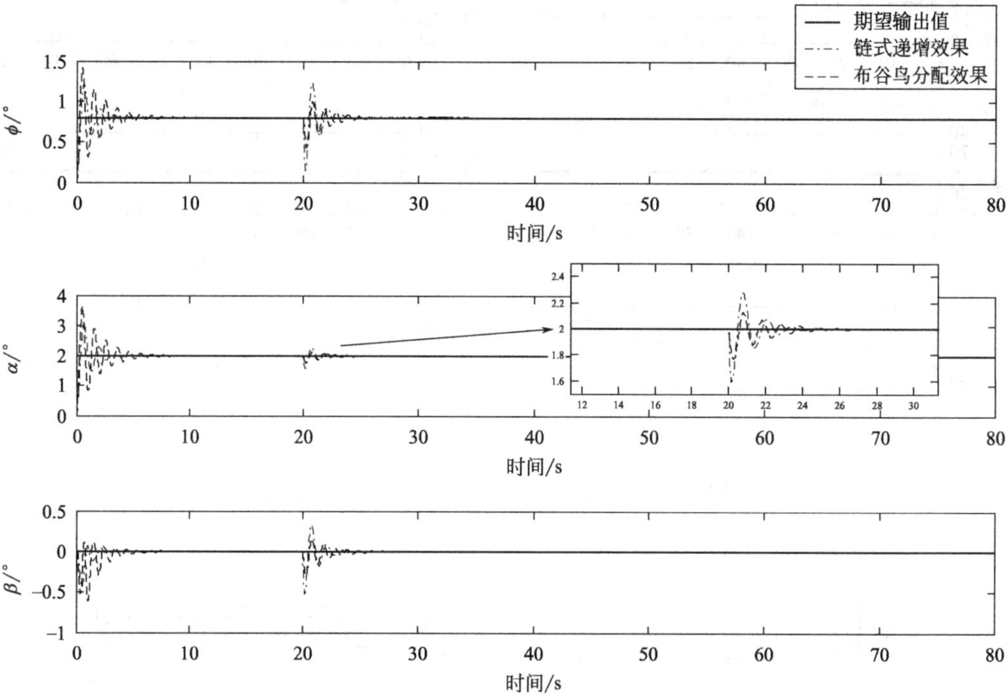

图 5.7　布谷鸟分配算法下控制效果图（虚线）及第 4 章方法效果图（点画线）

综上所述，一系列对比性仿真证明，本章所设计的二型模糊估计算法可以很好地逼近系统发生的舵面故障及建模误差产生的影响，并且可以通过布谷鸟分配算法获得舵面分配的最优效果，从而提高了高超声速飞行器的自愈合性能。

本章在 5.2 节中介绍的高超声速飞行器再入段姿态系统模型的基础上，进一步考虑了输入通道上系统建模误差带来的影响，采用自适应二型模糊估计方法对其和故障同时进行估计，并继续采用动态面自愈合控制器进行相应补偿。在控制分配环节，将布谷鸟搜索算法与线性二次规划结合起来，把线性二次规划指标当作布谷鸟搜索算法中的适应度值，从而将控制器计算得到的控制力矩以最优形式分配给八个气动舵面，从而在提高了各个气动舵面的使用效率的同时，保证再入阶段的飞行器能按照给定姿态角指令信号平安返回。

第6章

带有参数不确定和执行器故障的巡航系统自适应容错控制

6.1 引言

现代飞行器所处的飞行环境越来越复杂，控制系统结构变得越来越庞大，所涉及的物理组件变得越来越多，其中的执行器和传感器部件极有可能发生故障，这将导致系统性能的下降，甚至系统本身的不稳定。在实际工程中，传感器比较多且各个传感器之间有冗余，因此即使传感器发生了故障，也有足够的时间利用其他传感器来获得所需的信号。系统中的执行器往往是唯一的，一旦发生故障，将会产生严重的后果，本章只考虑纵向系统中存在执行器故障的情况。虽然文献中有关执行器故障研究很多，但是，大多数仅研究执行器偏置故障，而关于执行器增益故障的研究比较少，针对高超声速飞行器巡航阶段的非线性模型的研究就更少了。为了保障系统在执行器增益损失故障下的稳定性，故障诊断成为本章必不可少的部分。

由于飞行器飞行环境比较复杂，从而导致在建模时很容易出现参数不确定，一般来说参数不确定由以下几个方面引起：由于 HFV 在 5 倍马赫数飞行时所产生的实际气体效应将会导致其周围分布的气动压力产生变化，继而影响到整个飞行系统控制所需的各项参数不确定性；飞行器的一体化结构，可能会导致机身结构的微量变化，引起不确定性；飞行器配备的有些能源会随着飞行不断减少，引起不确定性。因而在设计控制系统时，需要考虑参数不确定对控制器的影响。自适应技术是处理不确定系统的一种有效方法，它能使得参数自动地适应被控对象的变化特性，与模糊、神经网络等先进控制技术的结合，使得自适应控制成为具有参数不确定的非线性控制的一种重要方法。

综上，本章考虑执行器故障和参数不确定，针对 HFV 纵向模型提出了一种自适应故障估计方案和自适应 FTC 方案。首先，通过反馈线性化将 HFV 变为仿射非线性形式，并建立执行器增益损失故障模型。通过设计观测器和自适应算法对执行器故障进行检测与估计。由于参数不确定，采用模糊系统对未知变量进行建模，构建其参数化模型。最后，考虑故障和参数不确定，设计了一个自适应 FTC 使得系统的输出能够稳定的跟踪给定的参考指令信号，并通过参数投影的方法避免控制器发生奇异的情况。本章的内容结构如下：6.2 节介绍了 HFV 的纵向模型以及执行器故障模型；6.3 节针对执行器故障设计了故障检测与故障估计算法；6.4 节为 HFV 的仿射非线性模式设计了自适应 FTC 方案；6.5 节给出了设计方案的仿真分析结果。

6.2 带有执行器故障的纵向系统模型

本章研究的纵向动力学模型是由 NASA 提出的一组非线性动态方程[90,91]：

$$\dot{V}=\frac{T\cos\alpha-D}{m}-\frac{\mu\sin\gamma}{r^2}$$
$$\dot{\gamma}=\frac{L+T\sin\alpha}{mV}-\frac{(\mu-V^2r)\cos\gamma}{Vr^2} \tag{6.1}$$

$$\dot{h}=V\sin\gamma$$
$$\dot{\alpha}=q-\dot{\gamma}$$
$$\dot{q}=\frac{M_{yy}}{I_{yy}}$$

式中，V、γ、h、α、q 分别代表速度、偏航角、高度、迎角和俯仰角速率；$T=0.5\rho V^2 SC_T$；升力 $L=0.5\rho V^2 SC_L$；阻力 $D=0.5\rho V^2 SC_D$；俯仰力矩 $M_{yy}=0.5\rho V^2 S\bar{c}[C_M(\alpha)+C_M(\delta_e)+C_M(q)]$。其中力和力矩的系数可以表示为：

$$\begin{cases} C_T=\begin{cases}0.02576\beta_T, & \beta_T<1\\ 0.0224+0.00336\beta_T, & \beta_T\geqslant 1\end{cases}\\ C_L=0.6203\alpha \\ C_D=0.6450\alpha^2+0.004337\alpha+0.003772 \\ C_M(\alpha)=-0.035\alpha^2+0.004337\alpha+5.3261\times10^{-6} \\ C_M(\delta_e)=c_e(\delta_e-\alpha) \\ C_M(q)=(\bar{c}/2V)q(-6.796\alpha^2+0.3015\alpha-0.2289)\end{cases} \tag{6.2}$$

式中，$\bar{c}=80\text{ft}$ 是参考长度；$c_e=0.0292$；μ 是引力常数；ρ 是空气密度；β_T 是发动机油门设定值；δ_e 是升降舵偏转；其他的参数可以在参考文献［92］中找到。

其中飞行器发动机的模型可以表示为如下的二阶系统[93]：

$$\ddot{\beta}_T=-2\xi_n\omega_n\dot{\beta}_T-\omega_n^2\beta_T+\omega_n^2\beta_{Tc} \tag{6.3}$$

式中，ω_n 和 ξ_n 分别是发动机系统的频率和阻尼；β_{Tc} 是期望的油门设定值。

综上，系统的控制输入是期望的发动机油门设定 β_{Tc} 和舵面偏转 δ_e，即 $\boldsymbol{\mu}=[\beta_{Tc}\quad\delta_e]^{\mathrm{T}}$。系统输出是速度和高度，即 $\boldsymbol{y}=[V\quad h]^{\mathrm{T}}$。

(1) 参数不确定模型

飞行器随着飞行环境的变化，如燃料消耗、不确定的大气，显著的参数不确定能够影响飞行器的模型。因此，应该考虑系统中存在如下的参数不确定[94]：

$$\begin{cases} m=m_0(1+\Delta m)\\ I_{yy}=I_{yy0}(1+\Delta I_{yy})\\ S=S_0(1+\Delta S)\\ c_e=c_{e0}(1+\Delta c_e)\\ \bar{c}=\bar{c}_0(1+\Delta\bar{c})\\ \mu=\mu_0(1+\Delta\mu)\\ C_M(\alpha)=C_{M0}(\alpha)[1+\Delta C_M(\alpha)]\end{cases} \tag{6.4}$$

式中，$\cdot_0$ 代表 $\cdot$ 的标称值，$\Delta\cdot$ 定义为不确定的参数。

注释 6.1： 式(6.4) 中的参数不确定满足以下条件：

$|\Delta m|\leqslant 0.03$，$|\Delta I_{yy}|\leqslant 0.02$，$|\Delta S|\leqslant 0.03$，$|\Delta c_e|\leqslant 0.02$，$|\Delta\bar{c}|\leqslant 0.02$，$|\Delta\mu|\leqslant$

0.02，$|\Delta C_M(\alpha)\leqslant 0.1|$

(2) 执行器故障模型

通常，飞行器的升降舵被认为是最重要的执行器之一，一旦该执行器发生故障将会导致飞行器发生严重事故，而增益损失故障是在实际中经常发生的执行器故障，它将导致飞行器的舵面效率降低，系统难以快速跟踪给定指令。本章考虑的舵面增益损失故障模型可以描述为：

$$\delta_{er}=\lambda\delta_e,\quad \lambda\in[\lambda_{\min},\lambda_{\max}]\in(0,1],\qquad t\geqslant t_f \tag{6.5}$$

式中，δ_e 是期望舵面输出；λ 是增益损失系数；δ_{er} 是舵面的实际输出值；t_f 是故障发生时间；$\lambda_{\min}$ 和 $\lambda_{\max}$ 是已知的常数，表示故障可能的大小范围。

注释 6.2：增益损失可表示为执行器效率的损失。通常，执行器的效率损失是恒定值或分段固定值。因此，增益损失故障的导数满足 $\dot{\lambda}=0$。

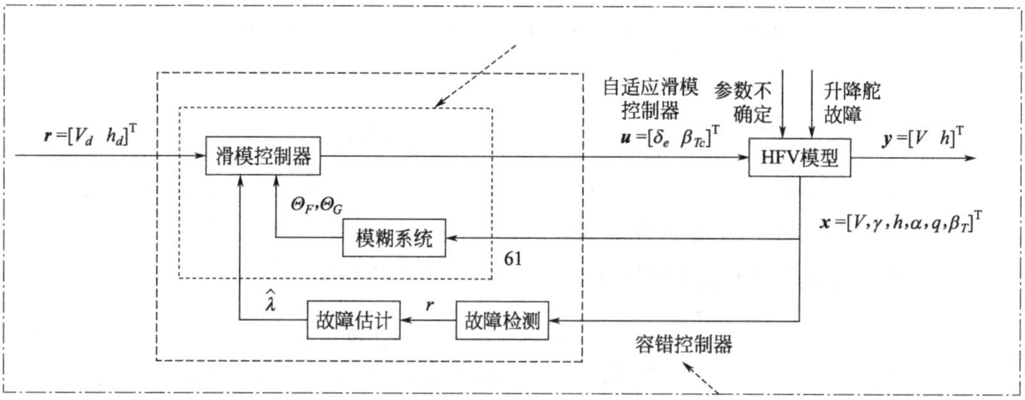

图 6.1 纵向系统的整体控制结构框图

6.3 执行器故障检测与估计

本节分为两个部分，首先给出系统的反馈线性化模型，然后提出故障检测方法和自适应故障估计算法。图 6.1 所示为纵向系统的整体控制结构框图。

6.3.1 反馈线性化模型建立

式(6.1) 中描述的 HFV 模型是高度非线性和强耦合的，为方便设计，本节首先采用输入输出线性化的方法对模型进行处理。根据非线性系统理论和李导数方法，通过对 V 和 h 进行微分，可以得出系统输入 β_{Tc} 和 δ_e 出现在具有非零系数的仿射非线性运动方程中[93]。

选择参数中 $\boldsymbol{z}^{\mathrm{T}}=[V,\gamma,\alpha,\beta_T,h]$ 对 V 和 h 进行微分，得到：

$$
\begin{cases}
\dot{V}=\dfrac{T\cos\alpha-D}{m}-\dfrac{\mu\sin\gamma}{r^2} \\
\ddot{V}=\dfrac{\omega_1\dot{z}}{m} \\
\dddot{V}=\dfrac{\omega_1\ddot{z}+\dot{z}^{\mathrm{T}}\omega_2\dot{z}}{m} \\
\dot{h}=V\sin\gamma \\
\ddot{h}=\dot{V}\sin\gamma+V\dot{\gamma}\cos\gamma \\
\dddot{h}=\ddot{V}\sin\gamma+2\dot{V}\dot{\gamma}\cos\gamma-V\dot{\gamma}^2\sin\gamma+V\ddot{\gamma}\cos\gamma \\
h^{(4)}=\dddot{V}\sin\gamma+3\ddot{V}\dot{\gamma}\cos\gamma+3\dot{V}\dot{\gamma}^2\sin\gamma+3\dot{V}\ddot{\gamma}\cos\gamma \\
\qquad -3V\ddot{\gamma}\dot{\gamma}\sin\gamma-V\dot{\gamma}^3\cos\gamma+V\dddot{\gamma}\cos\gamma
\end{cases}
\tag{6.6}
$$

式中，参数 ω_1 和 ω_2 可以在参考文献［93］中找到。

控制输入 δ_e 和 β_{Tc} 分别出现在 h 的四阶微分表达式和 V 的三阶微分表达式中。因此，HFV 系统的相对阶为 7，即 $r=3+4=7$。其中整个系统的阶次也为 7，即 $n=5+2=7$。该结果表明非线性纵向模型可以完全反馈线性化，因此经过变换系统可以仿射形式写成如下：

$$
\begin{bmatrix} \dddot{V} \\ h^{(4)} \end{bmatrix}=\begin{bmatrix} F_v \\ F_h \end{bmatrix}+\begin{bmatrix} g_{11} & g_{12} \\ g_{21} & g_{22} \end{bmatrix}\begin{bmatrix} \beta_{Tc} \\ \delta_e \end{bmatrix}=\boldsymbol{F}(\boldsymbol{x})+\boldsymbol{G}(\boldsymbol{x})\boldsymbol{u} \tag{6.7}
$$

式中，$\boldsymbol{x}=[V,\gamma,h,\alpha,q,\beta_T]$。

假设 6.1：矩阵 $\boldsymbol{G}(\boldsymbol{x})$ 是非奇异的。

具有舵面增益损失故障的 HFV 模型描述为：

$$
\begin{bmatrix} \dddot{V} \\ h^{(4)} \end{bmatrix}=\boldsymbol{F}(\boldsymbol{x})+\boldsymbol{G}(\boldsymbol{x})\begin{bmatrix} \beta_{Tc} \\ \delta_e \end{bmatrix}=\boldsymbol{F}(\boldsymbol{x})+\boldsymbol{G}(\boldsymbol{x})\boldsymbol{\Gamma}\boldsymbol{u} \tag{6.8}
$$

式中，$\boldsymbol{\Gamma}=\mathrm{diag}(1,\lambda)$ 代表故障值。

6.3.2 故障检测方法设计

反馈线性化实现了 HFV 的高度和速度的解耦。而舵面主要影响的是 HFV 的高度。因此，通过其高度信息估计舵面故障。根据式(6.8) 可知，高度子系统可以表示为：

$$
h^{(4)}=F_h+g_{21}\beta_{Tc}+g_{22}\delta_{er} \tag{6.9}
$$

引入变量 $x_1=h$，然后带有故障的高度子系统可以表示为：

$$
\dot{x}_1=F_{h+}g_{21}\beta_{Tc}+g_{22}\delta_e \tag{6.10}
$$

为了检测系统是否发生故障 λ，设计如下观测器：

$$
\dot{\hat{x}}_1=F_h+g_{21}\beta_{Tc}+g_{22}\delta_e-l(x_1-\hat{x}_1) \tag{6.11}
$$

用于故障检测的残差设计为：

$$\begin{cases} e = x_1 - \hat{x}_1 \\ \dot{e} = le + f(1-\lambda)\delta_e \\ r = |e| \end{cases} \tag{6.12}$$

式中，$l<0$。

当系统中不存在故障时，误差系统为 $\dot{e}=le$，因此得到残差 r 趋于零，当系统发生故障时，可以得到残差 r 大于零。在工程实践中，即使系统没有发生故障，有参数不确定的影响或者外界干扰噪声的影响，残差 r 也不会趋于零，因此在应用过程中，往往取一个阈值 η，$\eta>0$，即当 $r<\eta$ 时，系统没有故障，当 $r>\eta$ 时，系统发生故障。

6.3.3 自适应故障估计方法设计

为了估计故障 λ，设计一个如下观测器：

$$\dot{\hat{x}}_1 = F_h + g_{21}\beta_{Tc} + g_{22}\hat{\lambda}\delta_e + v_c \tag{6.13}$$

式中，ν_c 是待设计的一个额外的控制信号；$\hat{\lambda}$ 是故障 λ 的估计值。定义状态和故障的估计误差分别为：$e_1 = x_1 - \hat{x}_1$，$\tilde{\lambda} = \lambda - \hat{\lambda}$。然后根据式(6.10) 和式(6.13) 可得误差动态系统为：

$$\dot{e}_1 = g_{22}\delta_e\tilde{\lambda} - v_c \tag{6.14}$$

定理 6.1：对于式(6.14) 表示的误差系统，通过控制变量式(6.15) 和故障估计式(6.16) 能够保证闭环系统稳定，故障估计误差有界。

$$v_c = ke_1, k>0 \tag{6.15}$$

$$\dot{\hat{\lambda}} = \mathrm{Proj}_{[\lambda\min,\lambda\max]}\{z_4 g_{22}\delta_e\} \tag{6.16}$$

式中，Proj{} 是投影算子，将故障估计值 $\hat{\lambda}$ 映射到区间 $[\lambda_{\min}，\lambda_{\max}]$ 中。

证明：关于误差系统的 Lyapunov 函数设计为：

$$V = \frac{1}{2}e_1^2 + \frac{1}{2}\tilde{\lambda}_h^2 \tag{6.17}$$

把式(6.15) 和式(6.16) 代入可得：

$$\begin{aligned} \dot{V} &= e_1\dot{e}_1 - \tilde{\lambda}\dot{\hat{\lambda}} \\ &= e_1 g_{22}\delta_e\tilde{\lambda} - e_1 v_c - \tilde{\lambda}\dot{\hat{\lambda}} \\ &= -ke_1^2 \\ &\leqslant 0 \end{aligned} \tag{6.18}$$

综上所述，可以得到 $\dot{V}\leqslant 0$ 即闭环系统是稳定的，保证了状态误差和故障估计误差的有界。

6.4 自适应容错控制器设计

本节主要分为三个部分，首先给出标称滑模控制方案以帮助了解控制器基本结构，然后考虑系统中存在未知参数给出自适应滑模控制方案，最后考虑故障设计容错控制器完成控制目标。

6.4.1 标称 SMC 设计方案

两个滑模面 s_V 和 s_h 分别设计为：

$$s_V=\left(\frac{\mathrm{d}}{\mathrm{d}t}+\lambda\right)^3\int_0^t e_V\mathrm{d}\tau;\quad e_V=V-V_d \tag{6.19}$$

$$s_h=\left(\frac{\mathrm{d}}{\mathrm{d}t}+\kappa\right)^3\int_0^t e_h\mathrm{d}\tau;\quad e_h=h-h_d \tag{6.20}$$

式中，λ 和 κ 是已知的两个正数。定义 $\boldsymbol{s}^{\mathrm{T}}=[s_V\quad s_h]$。滑模面 $\boldsymbol{s}$ 对时间求导得到：

$$\dot{\boldsymbol{s}}=\begin{bmatrix}\dot{s}_V\\ \dot{s}_h\end{bmatrix}=\begin{bmatrix}\dddot{V}+\boldsymbol{\psi}_V\\ h^{(4)}+\boldsymbol{\psi}_h\end{bmatrix}=\boldsymbol{F}(\boldsymbol{x})+\boldsymbol{G}(\boldsymbol{x})\boldsymbol{u}+\boldsymbol{\psi} \tag{6.21}$$

其中

$$\boldsymbol{\psi}=\begin{bmatrix}-\dddot{V}_d+3\lambda\ddot{e}_V+3\lambda^2\dot{e}_V+\lambda^3 e_V\\ -h_d^{(4)}+4\kappa e_h^{(3)}+6\kappa^2\ddot{e}_h+4\kappa^3\dot{e}_h+\kappa^4 e_h\end{bmatrix} \tag{6.22}$$

假设系统参数全部已知，则该系统的控制结构使用如下形式的标称 SMC：

$$\boldsymbol{u}=\boldsymbol{G}(\boldsymbol{x})^{-1}[-\boldsymbol{F}(\boldsymbol{x})-\boldsymbol{\psi}-\boldsymbol{K}\mathrm{sgn}(\boldsymbol{s})-\boldsymbol{G}\boldsymbol{s}] \tag{6.23}$$

式中，$\boldsymbol{K}\in\boldsymbol{R}^{3\times 3}$，$\boldsymbol{G}\in\boldsymbol{R}^{3\times 3}$ 是待设计的正定对称矩阵，$\mathrm{sgn}(\boldsymbol{s})=[\mathrm{sgn}(s_V);\mathrm{sgn}(s_h)]$ 是符号函数。

定理 6.2：假设系统式(6.7) 参数全部已知，且满足假设 6.1，则标称滑模控制器式(6.23) 能够保证系统闭环渐进稳定。

证明：选取如下 Lyapunov 函数：

$$V=\frac{1}{2}\boldsymbol{s}^{\mathrm{T}}\boldsymbol{s} \tag{6.24}$$

对 V 求导，并把控制信号式(6.23) 代入可得：

$$\begin{aligned}\dot{V}&=\boldsymbol{s}^{\mathrm{T}}\dot{\boldsymbol{s}}=\boldsymbol{s}^{\mathrm{T}}[\boldsymbol{F}(\boldsymbol{x})+\boldsymbol{G}(\boldsymbol{x})\boldsymbol{u}+\boldsymbol{\psi}]\\ &=\boldsymbol{s}^{\mathrm{T}}\{\boldsymbol{F}(\boldsymbol{x})+[-\boldsymbol{F}(\boldsymbol{x})-\boldsymbol{\psi}-\boldsymbol{K}\mathrm{sgn}(\boldsymbol{s})]-\boldsymbol{G}\boldsymbol{s}+\boldsymbol{\psi}\}\\ &=-\boldsymbol{s}^{\mathrm{T}}\boldsymbol{K}\mathrm{sgn}(\boldsymbol{s})-\boldsymbol{s}^{\mathrm{T}}\boldsymbol{G}\boldsymbol{s}\\ &\leqslant 0\end{aligned} \tag{6.25}$$

通过式(6.24) 和式(6.25)，我们发现滑模面式(6.19) 和式(6.20) 的滑动模态是可以实现的，系统式(6.7) 渐进稳定可以由式(6.23) 来保证。

6.4.2 T-S 模糊系统描述

考虑关于 $\boldsymbol{x}(t)\in\boldsymbol{R}^n$ 的连续函数 $f(\boldsymbol{x}(t)):\boldsymbol{R}^n\rightarrow\boldsymbol{R}$，其中 $\boldsymbol{x}(t)=[x_1(t),x_2(t),\cdots,x_n(t)]^{\mathrm{T}}\in\boldsymbol{R}^n$，$t$ 是时间变量。假定 $f(x)$ 是定义在闭集 $\boldsymbol{R}^n$ 上，下面给出模糊逼近的建模过程。

(1) 局部 T-S 模糊线性化模型

首先在闭集上确定一些关于 $\boldsymbol{x}(t)$ 的合适的工作点，记为 x_{0i}，$i=1,2,\cdots,N$。选取的工作点需要具有代表性，可以有效地体现函数在整个集合中的特性。然后确定如下关键因素：

① x_1，x_2，…，x_n 候选变量，选取其中的全部或者部分变量 $z_1(t),z_2(t),\cdots,z_L(t)$ 用于构造模糊规则的先验变量；

② $\mathscr{F}_1^i$，$\mathscr{F}_2^i$，…，$\mathscr{F}_L^i$，$i=1,2,\cdots,N$ 是先验变量的存在区间；

③ F_1^i，F_2^i，…，F_L^i，$i=1,2,\cdots,N$ 是先验变量的隶属度函数，且 $F_j^i\in[0,1]$，$j=1,\cdots,L$；

④ R_i，$i=1,2,\cdots,N$ 是模糊逻辑规则，N 是规则数量，其规则确定为：

$$\begin{aligned}&R_i:\text{If}\quad z_1(t)\in\mathscr{F}_1^i\quad\text{and}\quad z_2(t)\in\mathscr{F}_2^i\cdots\text{and}\quad z_L(t)\in\mathscr{F}_L^i,\\&\text{Then}:\hat{f}(\boldsymbol{x}(t))=a_{i1}x_1(t)+a_{i2}x_2(t)+\cdots+a_{in}x_n(t)=\boldsymbol{a}_i\boldsymbol{x}(t)\end{aligned}\tag{6.26}$$

式中，$\boldsymbol{a}_i=[a_{i1},a_{i2},\cdots,a_{in}]\in\boldsymbol{R}^{1\times n}$ 是实常向量。

(2) 全局 T-S 模糊线性化模型

基于标准的模糊推理方法[95]，可以得到一个全局的 T-S 模糊模型：

$$\hat{f}(\boldsymbol{x}(t))=\sum_{i=1}^{n}\mu_i\boldsymbol{a}_i\boldsymbol{x}(t)\tag{6.27}$$

其中：

$$\mu_i=\frac{\prod_{j=1}^{L}F_j^i}{\sum_{i=1}^{n}\left(\prod_{j=1}^{L}F_j^i\right)},i=1,2,\cdots,N\tag{6.28}$$

下面的结果就是 T-S 模糊系统的函数逼近定理。

定理 6.3[96]：任一连续函数 $f(\boldsymbol{x}(t))$：$\boldsymbol{R}^n\rightarrow\boldsymbol{R}$，可由 T-S 模糊系统模型式(6.27) 逼近至任意精度，即对于任给的 $\boldsymbol{\kappa}>0$，存在 N 和实值常向量 $\boldsymbol{a}_i$ 满足：

$$|f(\boldsymbol{x})-\hat{f}(\boldsymbol{x})|\leqslant\boldsymbol{\kappa}\tag{6.29}$$

由于参数不确定式(6.4)，导致标称 SMC 包含未知函数，因此该控制器不再适用，此时 T-S 模糊模型逼近未知函数，进行参数估计和自适应参数更新设计是很有必要的。

6.4.3 自适应滑模控制器设计

自适应设计的第一步就是基于仿射非线性模型结构式(6.7) 导出其参数化模型。首先变量 $\boldsymbol{x}(t)=[V,\gamma,h,\alpha,q,\beta_T]$，选取 V、h、α 作为先验变量，选取的工作点分别为 $V=15000$、15060、15100、$h=109900$、110000、110100，$\alpha=0$、0.0315、0.06。隶属度函数 F_j^i，$j=1$，2，…，3，$i=1$，2，3 选为高斯形式，如表 6.1 所示。因此未知函数 $\boldsymbol{F}_V$、$\boldsymbol{F}_h$、$\boldsymbol{g}_{11}$、$\boldsymbol{g}_{12}$、$\boldsymbol{g}_{21}$、$\boldsymbol{g}_{22}$ 可以分别表示为：

表 6.1 模糊变量对应的隶属度函数

先验变量 V	先验变量 h	先验变量 α
$F_1^1=\mathrm{e}^{-0.001(V-15000)^2}$	$F_2^1=\mathrm{e}^{-0.005(h-109900)^2}$	$F_3^1=\mathrm{e}^{-800(\alpha-0)^2}$
$F_1^2=\mathrm{e}^{-0.001(V-15060)^2}$	$F_2^2=\mathrm{e}^{-0.005(h-110000)^2}$	$F_3^2=\mathrm{e}^{-800(\alpha-0.0315)^2}$
$F_1^3=\mathrm{e}^{-0.001(V-15100)^2}$	$F_2^3=\mathrm{e}^{-0.005(h-110100)^2}$	$F_3^3=\mathrm{e}^{-800(\alpha-0.06)^2}$

$$\boldsymbol{F}_V(x)=\sum_{i=1}^{N}\mu_i^{F_V}\boldsymbol{a}_i^{F_V}\boldsymbol{x}(t)=\boldsymbol{\theta}_V^{*\mathrm{T}}\boldsymbol{\omega}_V$$
$$\boldsymbol{\theta}_V^{*\mathrm{T}}=[a_1^{F_V},\cdots,a_N^{F_V}]\in\boldsymbol{R}^{1\times nN},\boldsymbol{\omega}_V=[\mu_1^{F_V}x,\cdots,\mu_N^{F_V}x]\in\boldsymbol{R}^{nN} \tag{6.30}$$

$$\boldsymbol{F}_h(x)=\sum_{i=1}^{N}\mu_i^{F_h}\boldsymbol{a}_i^{F_h}\boldsymbol{x}(t)=\boldsymbol{\theta}_h^{*\mathrm{T}}\boldsymbol{\omega}_h$$
$$\boldsymbol{\theta}_h^{*\mathrm{T}}=[a_1^{F_h},\cdots,a_N^{F_h}]\in\boldsymbol{R}^{1\times nN},\boldsymbol{\omega}_h=[\mu_1^{F_h}x,\cdots,\mu_N^{F_h}x]\in\boldsymbol{R}^{nN} \tag{6.31}$$

$$\boldsymbol{g}_{11}(\boldsymbol{x})=\sum_{i=1}^{N}\mu_i^{g_{11}}\boldsymbol{a}_i^{g_{11}}\boldsymbol{x}(t),g_{11}(\boldsymbol{x})u_1=\boldsymbol{\theta}_{g_{11}}^{*\mathrm{T}}\boldsymbol{\omega}_{g_{11}}$$
$$\boldsymbol{\theta}_{g_{11}}^{*\mathrm{T}}=[a_1^{g_{11}},a_2^{g_{11}},\cdots,a_3^{g_{11}}]\in\boldsymbol{R}^{1\times nN},\boldsymbol{\omega}_{g_{11}}=[\mu_1^{g_{11}}\boldsymbol{x}u_1,\cdots,\mu_N^{g_{11}}\boldsymbol{x}u_1]\in\boldsymbol{R}^{nN} \tag{6.32}$$

$$\boldsymbol{g}_{12}(\boldsymbol{x})=\sum_{i=1}^{N}\mu_i^{g_{12}}\boldsymbol{a}_i^{g_{12}}\boldsymbol{x}(t),g_{12}(\boldsymbol{x})u_2=\boldsymbol{\theta}_{g_{12}}^{*\mathrm{T}}\boldsymbol{\omega}_{g_{12}}$$
$$\boldsymbol{\theta}_{g_{12}}^{*\mathrm{T}}=[a_1^{g_{12}},a_2^{g_{12}},\cdots,a_3^{g_{12}}]\in\boldsymbol{R}^{1\times nN},\boldsymbol{\omega}_{g_{12}}=[\mu_1^{g_{12}}\boldsymbol{x}u_2,\cdots,\mu_N^{g_{12}}\boldsymbol{x}u_2]\in\boldsymbol{R}^{nN} \tag{6.33}$$

$$\boldsymbol{g}_{21}(\boldsymbol{x})=\sum_{i=1}^{N}\mu_i^{g_{21}}\boldsymbol{a}_i^{g_{21}}\boldsymbol{x}(t),g_{21}(\boldsymbol{x})u_1=\boldsymbol{\theta}_{g_{21}}^{*\mathrm{T}}\boldsymbol{\omega}_{g_{21}}$$
$$\boldsymbol{\theta}_{g_{21}}^{*\mathrm{T}}=[a_1^{g_{21}},a_2^{g_{21}},\cdots,a_3^{g_{21}}]\in\boldsymbol{R}^{1\times nN},\boldsymbol{\omega}_{g_{21}}=[\mu_1^{g_{21}}\boldsymbol{x}u_1,\cdots,\mu_N^{g_{21}}\boldsymbol{x}u_1]\in\boldsymbol{R}^{nN} \tag{6.34}$$

$$\boldsymbol{g}_{22}(\boldsymbol{x})=\sum_{i=1}^{N}\mu_i^{g_{22}}\boldsymbol{a}_i^{g_{22}}\boldsymbol{x}(t),g_{22}(\boldsymbol{x})u_2=\boldsymbol{\theta}_{g_{22}}^{*\mathrm{T}}\boldsymbol{\omega}_{g_{22}}$$
$$\boldsymbol{\theta}_{g_{22}}^{*\mathrm{T}}=[a_1^{g_{22}},a_2^{g_{22}},\cdots,a_3^{g_{22}}]\in\boldsymbol{R}^{1\times nN},\boldsymbol{\omega}_{g_{22}}=[\mu_1^{g_{22}}\boldsymbol{x}u_2,\cdots,\mu_N^{g_{22}}\boldsymbol{x}u_2]\in\boldsymbol{R}^{nN} \tag{6.35}$$

利用上述方法，可以导出系统式(6.7) 的参数化模型：

$$\begin{bmatrix}\dddot{V}\\ h^{(4)}\end{bmatrix}=\boldsymbol{\Theta}_1^{*\mathrm{T}}\boldsymbol{\Xi}_1+\boldsymbol{\Theta}_2^{*\mathrm{T}}\boldsymbol{\Xi}_2 \tag{6.36}$$

$$\boldsymbol{\Theta}_1^{*\mathrm{T}}=\begin{bmatrix}\boldsymbol{\theta}_V^{*\mathrm{T}} & \\ & \boldsymbol{\theta}_h^{*\mathrm{T}}\end{bmatrix}\in\boldsymbol{R}^{2\times 2nN},\boldsymbol{\Theta}_2^{*\mathrm{T}}=\begin{bmatrix}\boldsymbol{\theta}_{g_{11}}^{*\mathrm{T}},\boldsymbol{\theta}_{g_{12}}^{*\mathrm{T}} & \\ & \boldsymbol{\theta}_{g_{21}}^{*\mathrm{T}},\boldsymbol{\theta}_{g_{22}}^{*\mathrm{T}}\end{bmatrix}\in\boldsymbol{R}^{2\times 4nN} \tag{6.37}$$

$$\boldsymbol{\Xi}_1=[\boldsymbol{\omega}_V;\boldsymbol{\omega}_h]\in\boldsymbol{R}^{2nN},\boldsymbol{\Xi}_2=[\boldsymbol{\omega}_{g_{11}};\boldsymbol{\omega}_{g_{12}};\boldsymbol{\omega}_{g_{21}};\boldsymbol{\omega}_{g_{22}}]\in\boldsymbol{R}^{4nN} \tag{6.38}$$

式中，$\boldsymbol{\Theta}_1^{*\mathrm{T}}$、$\boldsymbol{\Theta}_2^{*\mathrm{T}}$是未知的参数向量，$\boldsymbol{\Xi}_1$、$\boldsymbol{\Xi}_2$是已知的向量。

基于参数化模型式(6.36)，自适应 SMC 设计如下：

$$u=[\hat{\boldsymbol{G}}(x)]^{-1}[-\hat{\boldsymbol{F}}(x)-\boldsymbol{\psi}-\boldsymbol{K}\mathrm{sgn}(\boldsymbol{s})-\boldsymbol{G}\boldsymbol{s}] \tag{6.39}$$

式中，$\hat{\boldsymbol{F}}(x)=\boldsymbol{\Theta}_1^{\mathrm{T}}\boldsymbol{\Xi}_1$，$\hat{\boldsymbol{G}}(x)=\boldsymbol{\Theta}_2^{\mathrm{T}}\boldsymbol{\Omega}_2$ 且满足 $\boldsymbol{\Omega}_2\boldsymbol{u}(t)=\boldsymbol{\Xi}_2$。参数 $\boldsymbol{\Theta}_1$、$\boldsymbol{\Theta}_2$分别是 $\boldsymbol{\Theta}_1^*$、$\boldsymbol{\Theta}_2^*$ 的估计。其中

$$\boldsymbol{\Omega}=\begin{bmatrix}\boldsymbol{E}_1 & & \boldsymbol{E}_3 & \\ & \boldsymbol{E}_2 & & \boldsymbol{E}_4\end{bmatrix}^{\mathrm{T}} \tag{6.40}$$

$$\begin{aligned}\boldsymbol{E}_1&=[\mu_1^{g_{11}}\boldsymbol{x}^{\mathrm{T}},\cdots,\mu_N^{g_{11}}\boldsymbol{x}^{\mathrm{T}}]\\ \boldsymbol{E}_2&=[\mu_1^{g_{12}}\boldsymbol{x}^{\mathrm{T}},\cdots,\mu_N^{g_{12}}\boldsymbol{x}^{\mathrm{T}}]\\ \boldsymbol{E}_3&=[\mu_1^{g_{21}}\boldsymbol{x}^{\mathrm{T}},\cdots,\mu_N^{g_{21}}\boldsymbol{x}^{\mathrm{T}}]\\ \boldsymbol{E}_4&=[\mu_1^{g_{22}}\boldsymbol{x}^{\mathrm{T}},\cdots,\mu_N^{g_{22}}\boldsymbol{x}^{\mathrm{T}}]\end{aligned} \tag{6.41}$$

选用式(6.19) 和式(6.20) 的滑模面，对滑模面求导可得：

$$\begin{aligned}\dot{\boldsymbol{s}}&=\boldsymbol{\Theta}_1^{*\mathrm{T}}\boldsymbol{\Xi}_1+\boldsymbol{\Theta}_2^{*\mathrm{T}}\boldsymbol{\Xi}_2+\boldsymbol{\psi}\\ &=\boldsymbol{\Theta}_1^{*\mathrm{T}}\boldsymbol{\Xi}_1+\boldsymbol{\Theta}_2^{*\mathrm{T}}\boldsymbol{\Xi}_2-[\boldsymbol{\Theta}_2^{\mathrm{T}}\boldsymbol{\Omega}_2\boldsymbol{u}+\boldsymbol{\Theta}_1^{\mathrm{T}}\boldsymbol{\Xi}_1+\boldsymbol{K}\mathrm{sgn}(\boldsymbol{s})+\boldsymbol{G}\boldsymbol{s}]\\ &=\widetilde{\boldsymbol{\Theta}}_1^{\mathrm{T}}\boldsymbol{\Xi}_1+\widetilde{\boldsymbol{\Theta}}_2^{\mathrm{T}}\boldsymbol{\Xi}_2-\boldsymbol{K}\mathrm{sgn}(\boldsymbol{s})-\boldsymbol{G}\boldsymbol{s}\end{aligned} \tag{6.42}$$

式中，参数误差为 $\widetilde{\boldsymbol{\Theta}}_1=\boldsymbol{\Theta}_1^*-\boldsymbol{\Theta}_1$，$\widetilde{\boldsymbol{\Theta}}_2=\boldsymbol{\Theta}_2^*-\boldsymbol{\Theta}_2$。自适应参数更新律设计如下：

$$\dot{\boldsymbol{\Theta}}_1=\boldsymbol{\gamma}_1\boldsymbol{\Xi}_1\boldsymbol{s}^{\mathrm{T}},\dot{\boldsymbol{\Theta}}_2=\boldsymbol{\gamma}_2\boldsymbol{\Xi}_2\boldsymbol{s}^{\mathrm{T}} \tag{6.43}$$

式中，$\boldsymbol{\gamma}_1\in\boldsymbol{R}^{2nN\times 2nN}$、$\boldsymbol{\gamma}_2\in\boldsymbol{R}^{4nN\times 4nN}$是对称正定矩阵，表示自适应学习率。

引理 6.4[97]：如果 $\dot{\boldsymbol{f}}(t)\in L^{\infty}$ 和 $\boldsymbol{f}(t)\in L^2$，那么 $\lim\limits_{t\to\infty}\boldsymbol{f}(t)=0$。其中连续信号空间 L^2定义为：$L^2=\left\{\boldsymbol{f}(t)\in\boldsymbol{R}^n:\int_0^{\infty}\boldsymbol{f}^{\mathrm{T}}(t)\boldsymbol{f}(t)<\infty\right\}$，连续信号空间 L^{∞} 定义为：$L^{\infty}=\{\boldsymbol{f}(t)\in\boldsymbol{R}^n:\sup\limits_{t\geqslant 0}\max\limits_{1\leqslant i\leqslant n}|f_i(t)|<\infty\}$

定理 6.5：考虑非线性系统式(6.7) 存在参数未知的情形，在自适应 SMC 式(6.39) 和参数更新律式(6.43) 的作用下，系统闭环稳定且满足渐进输出跟踪。

证明：选取如下 Lyapunov 函数：

$$V=\frac{1}{2}\boldsymbol{s}^{\mathrm{T}}\boldsymbol{s}+\frac{1}{2}\mathrm{tr}(\widetilde{\boldsymbol{\Theta}}_1^{\mathrm{T}}\boldsymbol{\gamma}_1^{-1}\widetilde{\boldsymbol{\Theta}}_1)+\frac{1}{2}\mathrm{tr}(\widetilde{\boldsymbol{\Theta}}_2^{\mathrm{T}}\boldsymbol{\gamma}_2^{-1}\widetilde{\boldsymbol{\Theta}}_2) \tag{6.44}$$

Lyapunov 函数对时间求导可得：

$$\dot{V}=\boldsymbol{s}^{\mathrm{T}}[\widetilde{\boldsymbol{\Theta}}_1^{\mathrm{T}}\boldsymbol{\Xi}_1+\widetilde{\boldsymbol{\Theta}}_2^{\mathrm{T}}\boldsymbol{\Xi}_2-\boldsymbol{K}\mathrm{sgn}(\boldsymbol{s})-\boldsymbol{G}\boldsymbol{s}]+\mathrm{tr}(\widetilde{\boldsymbol{\Theta}}_1^{\mathrm{T}}\boldsymbol{\gamma}_1^{-1}\dot{\widetilde{\boldsymbol{\Theta}}}_1)+\mathrm{tr}(\widetilde{\boldsymbol{\Theta}}_2^{\mathrm{T}}\boldsymbol{\gamma}_2^{-1}\dot{\widetilde{\boldsymbol{\Theta}}}_2)$$
$$=-\boldsymbol{s}^{\mathrm{T}}\boldsymbol{K}\mathrm{sgn}(\boldsymbol{s})-\boldsymbol{s}^{\mathrm{T}}\boldsymbol{G}\boldsymbol{s}+\boldsymbol{s}^{\mathrm{T}}\widetilde{\boldsymbol{\Theta}}_1^{\mathrm{T}}\boldsymbol{\Xi}_1+\boldsymbol{s}^{\mathrm{T}}\widetilde{\boldsymbol{\Theta}}_2^{\mathrm{T}}\boldsymbol{\Xi}_2-\mathrm{tr}(\widetilde{\boldsymbol{\Theta}}_1^{\mathrm{T}}\boldsymbol{\gamma}_1^{-1}\dot{\widetilde{\boldsymbol{\Theta}}}_1)-\mathrm{tr}(\widetilde{\boldsymbol{\Theta}}_2^{\mathrm{T}}\boldsymbol{\gamma}_2^{-1}\dot{\widetilde{\boldsymbol{\Theta}}}_2) \tag{6.45}$$

把式(6.43) 代入式(6.45) 得：

$$\dot{V}=-\boldsymbol{s}^{\mathrm{T}}\boldsymbol{K}\mathrm{sgn}(\boldsymbol{s})-\boldsymbol{s}^{\mathrm{T}}\boldsymbol{G}\boldsymbol{s}+\boldsymbol{s}^{\mathrm{T}}\widetilde{\boldsymbol{\Theta}}_1^{\mathrm{T}}\boldsymbol{\Xi}_1+\boldsymbol{s}^{\mathrm{T}}\widetilde{\boldsymbol{\Theta}}_2^{\mathrm{T}}\boldsymbol{\Xi}_2-\mathrm{tr}(\widetilde{\boldsymbol{\Theta}}_1^{\mathrm{T}}\boldsymbol{\Xi}_1\boldsymbol{s}^{\mathrm{T}})-\mathrm{tr}(\widetilde{\boldsymbol{\Theta}}_2^{\mathrm{T}}\boldsymbol{\Xi}_2\boldsymbol{s}^{\mathrm{T}}) \tag{6.46}$$

基于迹的性质：对任意的适当维数的 M_1、M_2、M_3，有 $\mathrm{tr}[\boldsymbol{M}_1]=\mathrm{tr}[\boldsymbol{M}_1^{\mathrm{T}}]$，$\mathrm{tr}[\boldsymbol{M}\boldsymbol{M}_2\boldsymbol{M}_3]=\mathrm{tr}[\boldsymbol{M}_3\boldsymbol{M}_2]$，得到：

$$\dot{V}=-\boldsymbol{s}^{\mathrm{T}}\boldsymbol{K}\mathrm{sgn}(\boldsymbol{s})-\boldsymbol{s}^{\mathrm{T}}\boldsymbol{G}\boldsymbol{s}\leqslant-\lambda_g\|\boldsymbol{s}\|^2,\lambda_g=\mathrm{eig}(\boldsymbol{G})>0 \tag{6.47}$$

所以 V 单调不增，且 $\int_0^{\infty}\boldsymbol{s}^{\mathrm{T}}\boldsymbol{s}<1/\lambda_g[V(0)-V(\infty)]<\infty$，因此可知 $\boldsymbol{s}$、$\widetilde{\boldsymbol{\Theta}}_1$、$\widetilde{\boldsymbol{\Theta}}_2$是有界的，$\dot{\boldsymbol{s}}$ 是有界的，因此由引理 6.4 可以得到$\lim\limits_{t\to\infty}\boldsymbol{s}=0$ 。综上所述，我们发现滑模面式(6.19) 和式(6.20) 的滑动模态是可以实现的。存在未知参数的系统式(6.7) 闭环稳定和渐进输出跟踪可以由式(6.39) 来保证。

矩阵 $\hat{\boldsymbol{G}}(\boldsymbol{x})$ 的非奇异性。为了实现控制器式(6.39)，需要满足 $\forall\boldsymbol{x}\in\boldsymbol{R}^n$，$t\geqslant0$，矩阵 $\hat{\boldsymbol{G}}(\boldsymbol{x})=\boldsymbol{\Theta}_2^{\mathrm{T}}\boldsymbol{\Omega}_2$是非奇异的。定义 $\boldsymbol{\Theta}_2^*=\{\theta_{2ij}^*\},i=1,2,\cdots,4nN;j=1,2$，提出如下假设。

假设 6.2[98]：考虑已知的参数 θ_{2ij}^a 和 θ_{2ij}^b，满足 $\theta_{2ij}^*\in[\theta_{2ij}^a,\theta_{2ij}^b]$，对于任意 $\theta_{2ij}\in[\theta_{2ij}^a,\theta_{2ij}^b]$，使得矩阵 $\boldsymbol{\Theta}_2=\{\theta_{2ij}\},i=1,2,\cdots,4nN;j=1,2$ 能够保证 $\forall\boldsymbol{x}\in\boldsymbol{R}^n$，$t\geqslant0$，矩阵 $\hat{\boldsymbol{G}}(\boldsymbol{x})=\boldsymbol{\Theta}_2^{\mathrm{T}}\boldsymbol{\Omega}_2$是非奇异的。

因此根据投影定理,参数 $\boldsymbol{\Theta}_2$的自适应律可以改写设计为：

$$\dot{\boldsymbol{\Theta}}_2=\boldsymbol{\gamma}_2\boldsymbol{\Xi}_2\boldsymbol{s}^{\mathrm{T}}+\boldsymbol{P}_2(t) \tag{6.48}$$

式中，$\boldsymbol{P}_2(t)=\{p_{2ij}\}\in\boldsymbol{R}^{4nN\times2},i=1,2,\cdots,4nN;j=1,2$。定义 $\boldsymbol{\gamma}_2\boldsymbol{\Xi}_2\boldsymbol{s}^{\mathrm{T}}=\{g_{2ij}(t)\},i=1,2,\cdots,4nN;j=1,2,$。我们设计参数 p_{2ij} 如下：

$$p_{2ij}=\begin{cases}0\begin{cases}\text{if}\quad \theta_{2ij}\in[\theta_{2ij}^a,\theta_{2ij}^b],\ \text{or}\\ \text{if}\quad \theta_{2ij}=\theta_{2ij}^a,g_{2ij}(t)>0,\ \text{or}\\ \text{if}\quad \theta_{2ij}=\theta_{2ij}^b,g_{2ij}(t)<0\end{cases}\\ -g_{2ij}(t)\quad \text{otherwise}\end{cases} \tag{6.49}$$

通过以上方法就能保证矩阵 $\hat{\boldsymbol{G}}(\boldsymbol{x})$ 是非奇异的。

6.4.4 自适应容错控制器设计

由于我们已经在 6.3.3 节中获得了舵面的故障估计值，接下来我们将针对带有故障的参数化系统模型设计一个自适应 FTC 使得系统输出能够稳定跟踪参考指令，其中参数化模型为：

$$\begin{bmatrix}\dddot{V}\\ h^{(4)}\end{bmatrix}=\boldsymbol{\Theta}_1^{*\mathrm{T}}\boldsymbol{\Xi}_1+\boldsymbol{\Theta}_2^{*\mathrm{T}}\boldsymbol{\Omega}_2\boldsymbol{\Gamma}\boldsymbol{u}(t) \tag{6.50}$$

当系统发生故障时，FTC 设计为：

$$\boldsymbol{u}_{\mathrm{FTC}}=\hat{\boldsymbol{\Gamma}}^{-1}\boldsymbol{u}_n \tag{6.51}$$

式中，$\boldsymbol{u}_n$是无故障时的自适应 SMC，$\hat{\boldsymbol{\Gamma}}=\mathrm{diag}(1,\hat{\lambda})$。

把式(6.51) 代入式(6.8)，得到：

$$\begin{aligned}\begin{bmatrix}\dddot{V}\\ h^{(4)}\end{bmatrix}&=\boldsymbol{\Theta}_1^{*\mathrm{T}}\boldsymbol{\Xi}_1+\boldsymbol{\Theta}_2^{*\mathrm{T}}\boldsymbol{\Omega}_2\boldsymbol{\Gamma}\boldsymbol{u}_{\mathrm{FTC}}\\&=\boldsymbol{\Theta}_1^{*\mathrm{T}}\boldsymbol{\Xi}_1+\boldsymbol{\Theta}_2^{*\mathrm{T}}\boldsymbol{\Omega}_2\boldsymbol{\Gamma}\boldsymbol{u}_{\mathrm{FTC}}-\boldsymbol{\Theta}_2^{*\mathrm{T}}\boldsymbol{\Omega}_2\hat{\boldsymbol{\Gamma}}\hat{\boldsymbol{\Gamma}}^{-1}\boldsymbol{u}_n+\boldsymbol{\Theta}_2^{*\mathrm{T}}\boldsymbol{\Omega}_2\hat{\boldsymbol{\Gamma}}\hat{\boldsymbol{\Gamma}}^{-1}\boldsymbol{u}_n\\&=\boldsymbol{\Theta}_1^{*\mathrm{T}}\boldsymbol{\Xi}_1+\boldsymbol{\Theta}_2^{*\mathrm{T}}\boldsymbol{\Omega}_2\boldsymbol{\Gamma}\boldsymbol{u}_{\mathrm{FTC}}-\boldsymbol{\Theta}_2^{*\mathrm{T}}\boldsymbol{\Omega}_2\hat{\boldsymbol{\Gamma}}\boldsymbol{u}_{\mathrm{FTC}}+\boldsymbol{\Theta}_2^{*\mathrm{T}}\boldsymbol{\Omega}_2\boldsymbol{u}_n\\&=\boldsymbol{\Theta}_1^{*\mathrm{T}}\boldsymbol{\Xi}_1+\boldsymbol{\Theta}_2^{*\mathrm{T}}\boldsymbol{\Omega}_2\boldsymbol{u}_n+\boldsymbol{\Theta}_2^{*\mathrm{T}}\boldsymbol{\Omega}_2\tilde{\boldsymbol{\Gamma}}\boldsymbol{u}_{\mathrm{FTC}}\end{aligned} \tag{6.52}$$

基于定理 6.1 成立，然后式(6.52) 变成：

$$\begin{bmatrix}\dddot{V}\\ h^{(4)}\end{bmatrix}=\boldsymbol{\Theta}_1^{*\mathrm{T}}\boldsymbol{\Xi}_1+\boldsymbol{\Theta}_2^{*\mathrm{T}}\Omega_2\boldsymbol{u}_n(t) \tag{6.53}$$

因此，容错控制器式(6.51) 可以自动补偿执行器增益损失故障。这种补偿方法可确保系统在出现故障时表现为一个健康的系统。

注释 6.3：容错控制器式(6.51) 用到了故障估计值的倒数，因此当故障估计值接近于零时，容错控制器不再适用，需要增加一个很小的正数，确保故障估计值不为零，避免控制器的奇异性。

6.5 仿真分析

本章基于 Matlab/Simulink 仿真来表明所提出的控制方案的有效性，对无故障的正常情况、故障检测与估计和处于执行器故障这三种情况进行仿真分析。

HFV 纵向系统一般处于巡航阶段，即稳定的状态量为：$V=15060\mathrm{ft/s}$，$h=110000\mathrm{ft}$，$\alpha=0.0315\mathrm{rad}$，$\gamma=0\mathrm{rad}$，$q=0\mathrm{rad/s}$。

初始条件为$V=15160\mathrm{ft/s}$，$h=110200\mathrm{ft}$，$\alpha=0\mathrm{rad}$，$\gamma=0\mathrm{rad}$，$q=0\mathrm{rad/s}$。参考指令为$V_d=15060\mathrm{ft/s}$，$h_d=110000\mathrm{ft}$。

参数不确定性采用如下形式：

$m=m_0(1+0.03\times\mathrm{WGN})$，$I_{yy}=I_{yy0}(1+0.02\times\mathrm{WGN})$，$S=S_0(1+0.03\times\mathrm{WGN})$，$c_e=c_{e0}(1+0.02\times\mathrm{WGN})$，$\bar{c}=\bar{c}_0(1+0.02\times\mathrm{WGN})$，$\mu=\mu_0(1+0.02\times\mathrm{WGN})$，$C_M(\alpha)=C_{M0}(\alpha)(1+0.1\times\mathrm{WGN})$。其中 WGN 表示高斯白噪声。

(1) 仿真实验一：无故障

自适应 SMC 的仿真结果如图 6.2 和图 6.3 所示。图 6.2(a) 和图 6.2(b) 分别显示速度和高度跟踪曲线。速度和高度在大约 15s 能够完成跟踪参考指令。图 6.3 显示系统的输入响应曲线。从图 6.3 中可以看出，舵面的最大偏转角约为 3.7°，输入信号都在允许范围内并最终收敛到稳定状态。

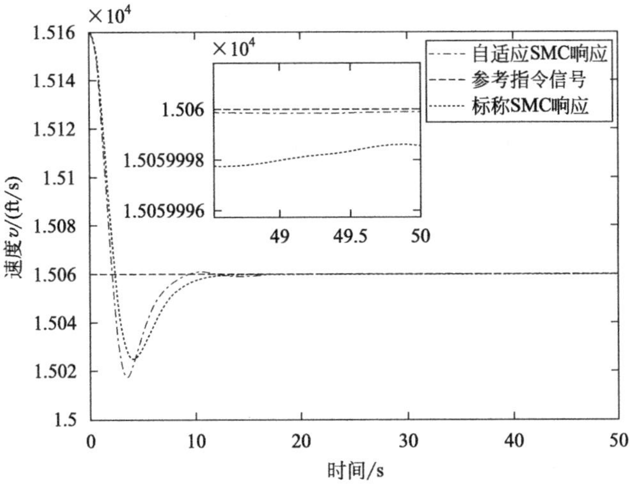

(a) 速度响应曲线

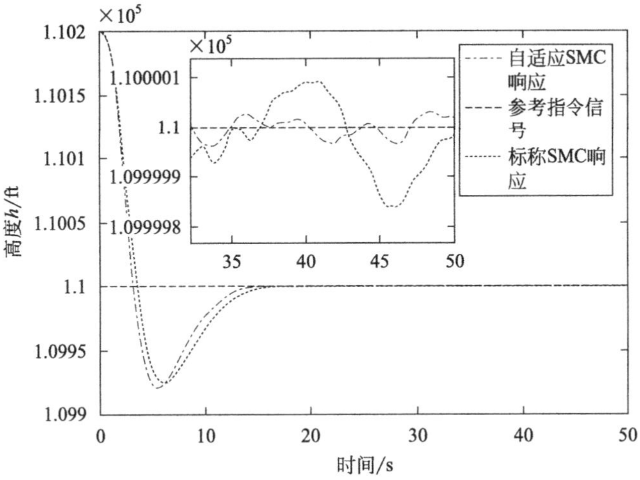

(b) 高度响应曲线

图 6.2 自适应 SMC 与标称 SMC 作用下的系统输出响应曲线

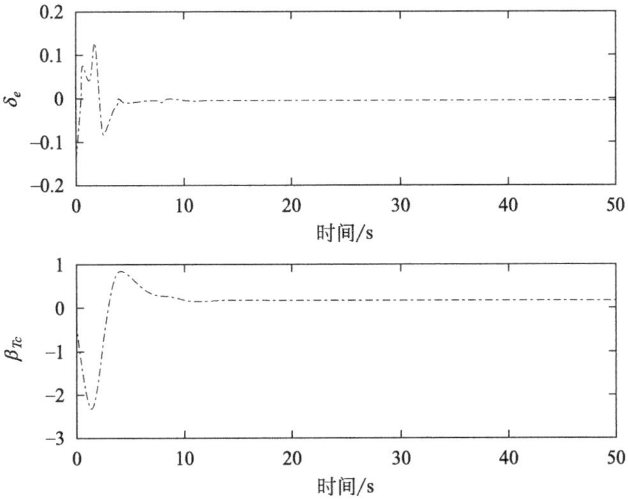

图 6.3 自适应 SMC 作用下输入响应曲线

由于系统存在参数不确定性，与标称 SMC 相比，自适应 SMC 受参数不确定影响较小，虽然设计过程烦琐一些，但是输出响应的效果比标称 SMC 的输出效果好，从图中可以看出，自适应 SMC 的调节时间比较短，且最终稳定时，与参考指令信号的整体误差比较小，标称 SMC 所需要的调节时间长，且稳定误差较大。

(2) 仿真实验二：故障检测与估计

这个仿真环节，主要考虑的是升降舵乘性故障，即升降舵效率损失的情况，采用如下两种形式的增益损失故障：

① 常值故障：

$$\lambda=\begin{cases}1, & 0<t<30\text{s}\\0.6, & t\geqslant 30\text{s}\end{cases}$$

② 分段常值故障：

$$\lambda=\begin{cases}1, & 0<t<30\text{s}\\0.6, & 30\text{s}<t<50\text{s}\\0.4, & t>50\text{s}\end{cases}$$

设置参数 $l=-0.3$，针对以上两种故障的故障检测结果显示在图 6.4 中，从图中可以看出，无故障时输出残差 r 很小，而故障发生时，输出残差信号 r 明显变大，根据工程经验取检测阈值 $\eta=5$，可以得到很好的故障检测效果。

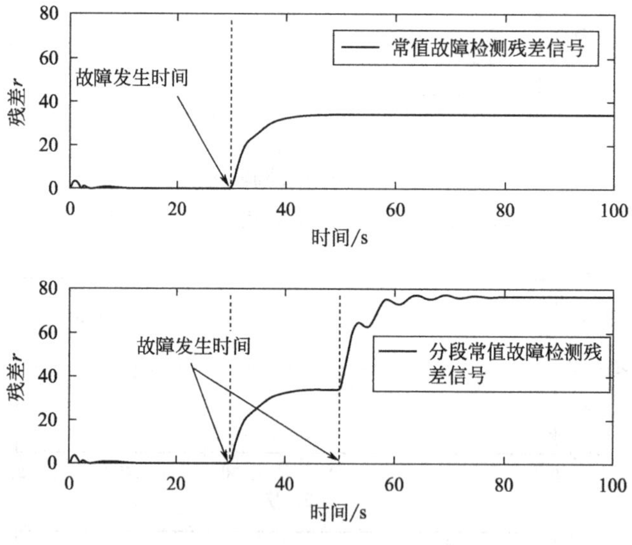

图 6.4 故障检测输出残差响应

故障估计的仿真结果显示在图 6.5 和图 6.6 中，无论是常值故障还是分段常值故障，故障估计方案可以很好地估计增益损失故障的大小。但是这里需要注意的是，本章在设计故障检测算法和故障估计算法时，并没有考虑到参数不确定对系统造成的影响，因而设计的方案仍然存在缺陷，虽然检测算法和估计算法的结果满足要求，但是

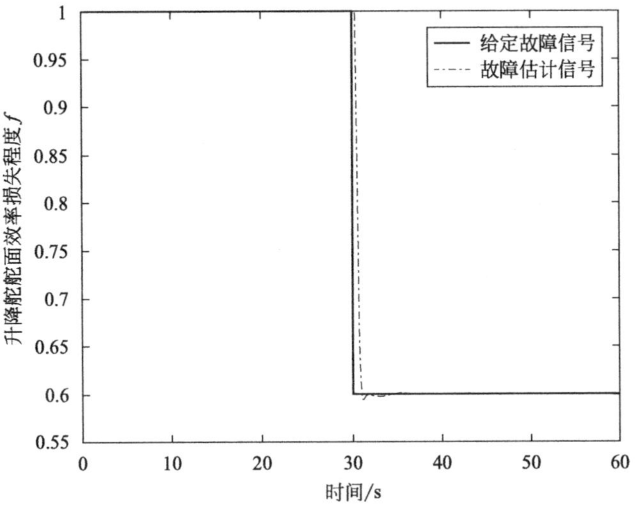

图 6.5 常值故障估计

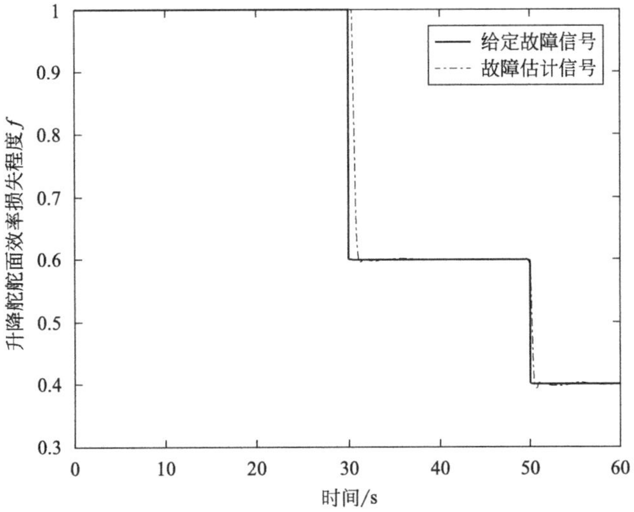

图 6.6 分段常值故障估计

不可忽视当不确定性较大时是否仍能满足，关于这方面的工作，在以后将会继续深入研究。

(3) 仿真实验三：FTC 仿真

在这一节，针对不同数值的故障进行 FTC 的仿真验证，考虑如下两种增益执行器故障：

① 第一种故障：

$$\lambda=\begin{cases}1, & 0<t<30\text{s}\\ 0.5, & t\geqslant 30\text{s}\end{cases}$$

② 第二种故障：

$$\lambda=\begin{cases}1, & 0<t<30\text{s}\\0.44, & t>30\text{s}\end{cases}$$

这两种故障仅仅是幅值大小不同。图 6.7(a) 和图 6.7(b) 表示系统在自适应 SMC 作用下的速度和高度的响应曲线。从响应曲线可以看出，当执行器效率损失不超过 60%时，系统仍然可以处于闭环稳定状态，只是需要经过一段调节时间，且发生故障时出现的波动比较大。但是当执行器效率损失超过 60%时，系统最终无法在自适应 SMC 作用下保持稳定，慢慢发散变得不稳定。因此当执行器的增益损失故障较大时，自适应 SMC 不能保证系统的稳定，FTC 的设计与应用是很有必要的。

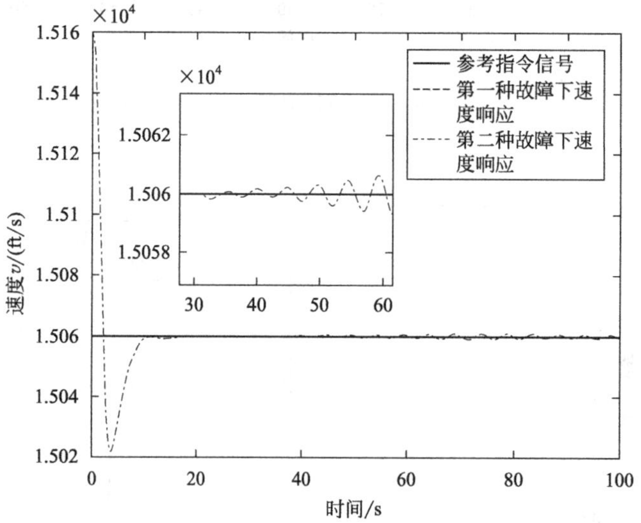

(a) 速度响应曲线

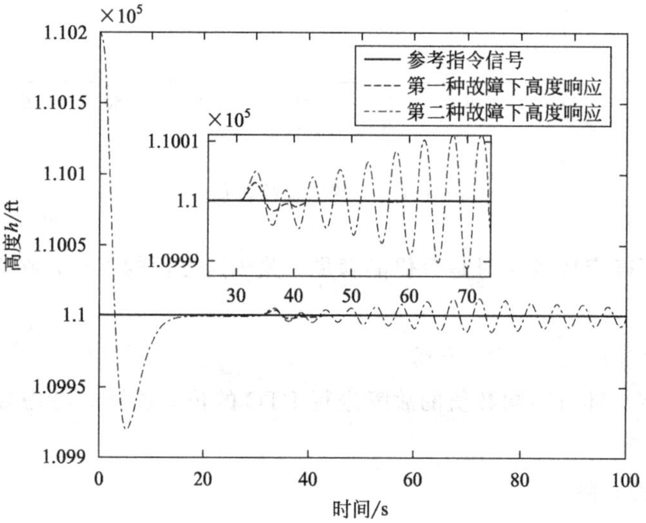

(b) 高度响应曲线

图 6.7 带有故障的系统在自适应 SMC 作用下响应曲线

图 6.8(a) 和图 6.8(b) 表示系统在自适应 FTC 下的速度和高度的响应曲线。从图中可以看出不论执行器发生故障大或小，系统的输出仅发生轻微扰动，最终仍能稳定地跟踪参考指令信号，展现良好的控制性能。从速度和高度响应曲线可以看出，速度响应受到故障的影响很小，而高度响应受到故障的影响较大，这是由于升降舵主要影响系统的高度，油门主要影响系统的速度。

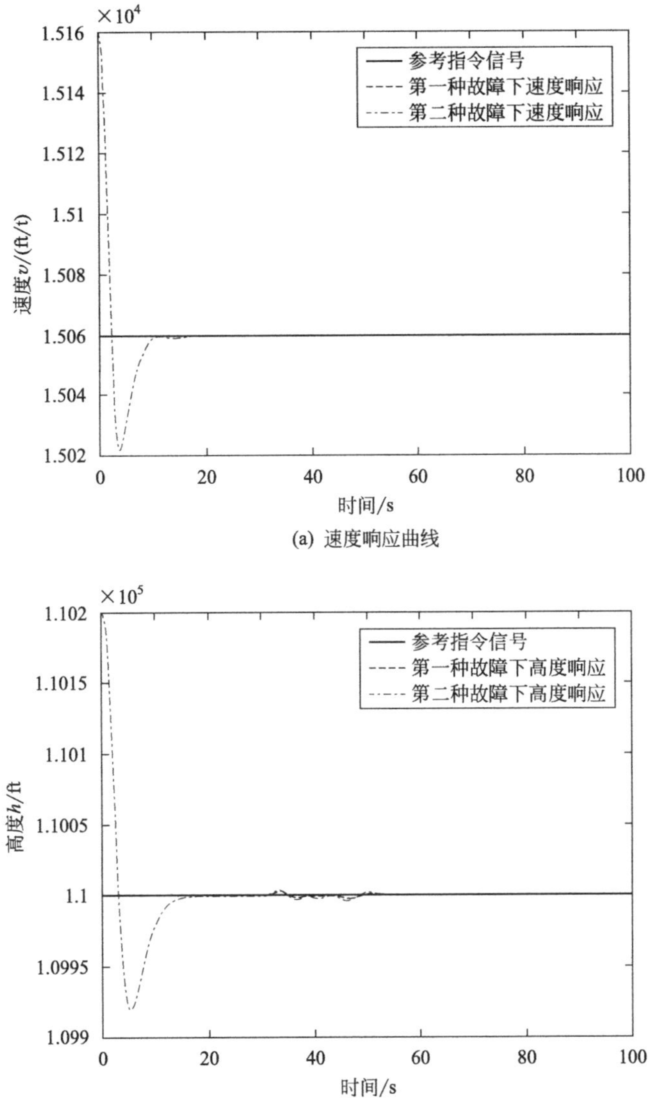

(a) 速度响应曲线

(b) 高度响应曲线

图 6.8　带有故障的系统在自适应 FTC 作用下响应曲线

本章研究了受参数不确定性和执行器故障影响的高超声速飞行器纵向非线性系统的高度和速度跟踪控制问题。首先通过反馈线性化理论，将复杂的非线性系统转变为仿射线性系统并建立执行器故障模型。考虑执行器发生增益损失故障的，设计的残差信号能够及时有效地检测故障，自适应估计算法能够对故障的大小进行估计。针对系统存在未知参数，利用模糊系统来逼近未知函数进而构建参数化模型，在标称SMC的基础上，设计了自适应SMC和参数更新律，与标称SMC相比，自适应SMC作用下的系统具有更好的输出跟踪性能。得到的故障估计结果被用于后续的容错算法设计中，设计的自适应FTC可以有效地保证带有执行器故障系统是闭环稳定的。最后本章对所提出的算法进行了仿真分析，通过对比性的结果也证实了算法的有效性。

第7章

带有间歇故障的再入姿态系统故障诊断与容错控制器设计

7.1 引言

关于 HFV 控制技术研究主要分为两个方面，分别是纵向巡航阶段控制和再入姿态控制。在第 6 章已经给出了纵向系统的容错控制设计方案，本章将针对高超声速飞行器再入段姿态系统，并考虑系统中存在故障情况，设计一个故障诊断与容错控制方案。

随着数字电路和计算机技术的发展，很多应用领域中大部分故障的表现形式都是一种间歇性的故障[99]。对于系统中可能发生的间歇故障如果没有进行及时的检测和修复，那么故障的发生频率就会逐渐增加并且最终演变成永久性故障。间歇故障具有随机幅值、随机发生和随机消失等特性，因此它的诊断有两个目的，一种是检测故障出现时间和消失时间，另一个是估计故障的幅值。需要注意的是，故障持续时间可能很短，这就对检测算法造成很大的困难，即在故障发生之后要及时地检测它的消失时间，在故障消失之后及时检测它的下一次发生时间，这就使得传统故障检测算法难以适用。间歇故障的表现形式多样化，如时变间歇故障、固定幅值间歇故障、周期性间歇故障与非周期性间歇故障。目前关于 HFV 的研究文献中，大多是关于永久性故障的处理方法，很少见到解决 HRV 系统中存在间歇故障的问题，然而间歇故障由于其本身特性，传统的故障诊断方法难以完全适用，因此本章考虑非周期固定幅值的间歇故障形式，设计改进的残差信号来进行故障检测。

综上，本章提出了一种带有一般性干扰、高斯白噪声和间歇性故障的 HRV 系统的故障诊断和容错控制算法。首先给出了再入姿态系统模型以及间歇故障模型。然后基于研究的非周期固定幅值故障模式对角速率系统中的一般性干扰进行预处理，根据处理结果，引入滑动时间窗口设计了一种残差信号。由于系统中存在白噪声，则根据噪声分布特性并基于改进的残差信号提出了两个假设检验，进而设计检测故障的两个阈值区间来检测间歇故障的发生和消失时间。与传统残差设计方法相比，改进的残差信号对于出现和消失的时间检测更加准确。基于扩张系统设计了一个自适应估计律用于估计故障并使得估计误差满足 L_2-增益干扰抑制。最后提出了一个 FTC 设计方案使得系统的姿态角输出跟踪给定的参考信号。

本章的内容结构安排如下：7.2 节描述了 HRV 系统的动力学模型以及间歇故障模型；7.3 节引入滑动时间窗口，设计了一个改进残差信号，并提出一种间歇性故障检测方案；7.4 节给出了再入姿态系统的 FTC 设计方案；7.5 节针对再入模型进行了仿真分析，验证所提算法的有效性。

7.2 再入姿态及间歇故障模型

本节简要介绍了带有不同形式干扰的 HRV 姿态模型以及间歇故障模型。

HRV 的动力学描述如下[100]：

$$\begin{cases}\dot{\boldsymbol{\gamma}}=\boldsymbol{R}\boldsymbol{\omega}+v(t)+\boldsymbol{d}_1(t)\\ \dot{\boldsymbol{\omega}}=-\boldsymbol{J}^{-1}\boldsymbol{\Omega}\boldsymbol{J}\boldsymbol{\omega}+\boldsymbol{J}^{-1}\boldsymbol{T}+\tilde{\boldsymbol{\omega}}(t)+\boldsymbol{d}_2(t)\end{cases} \tag{7.1}$$

式中，$\boldsymbol{\gamma}=[\phi,\beta,\alpha]^{\mathrm{T}}$是姿态角向量，$\phi$、$\beta$、$\alpha$ 分别是倾斜角、侧滑角和迎角；$\boldsymbol{\omega}=[p,q,r]^{\mathrm{T}}$是角速率向量，$p$、$q$、$r$ 分别是滚转角速率、俯仰角速率和偏航角速率；$\boldsymbol{J}\in\boldsymbol{R}^{3\times3}$是对称正定惯性矩阵；$\boldsymbol{T}\in\boldsymbol{R}^3$是力矩向量同时也是系统的输入信号；$\boldsymbol{d}_1(t)$，$\boldsymbol{d}_2(t)\in\boldsymbol{R}^3$代表一般性的外部干扰信号；$\boldsymbol{v}(t)$，$\tilde{\boldsymbol{\omega}}(t)\in\boldsymbol{R}^3$表示独立的高斯噪声信号且均值为零。矩阵 $\boldsymbol{\Omega}$、$\boldsymbol{R}$ 如下所示：

$$\boldsymbol{\Omega}=\begin{bmatrix}0 & -r & q\\ r & 0 & -p\\ -q & p & 0\end{bmatrix},\boldsymbol{R}=\begin{bmatrix}\cos\alpha & 0 & \sin\alpha\\ \sin\alpha & 0 & -\cos\alpha\\ 0 & 1 & 0\end{bmatrix} \tag{7.2}$$

假设 7.1：高斯噪声干扰 $\tilde{\boldsymbol{\omega}}(t)$ 和 $\boldsymbol{v}(t)$ 是有界的，即满足：$\|\tilde{\omega}\|\leqslant M_{\tilde{\omega}}$，$\|v\|\leqslant M_v$。同时$\|\dot{\tilde{\omega}}\|\leqslant M_{\dot{\tilde{\omega}}}$。参数 $M_{\tilde{\omega}}$、M_v、$M_{\dot{\tilde{\omega}}}$是已知常数。

假设 7.2：这里研究的所谓一般性的干扰即常见的恒定、正弦和非正弦扰动，干扰 $\boldsymbol{d}_1(t)$ 和 $\boldsymbol{d}_2(t)$ 是有界的，即满足：$\|\boldsymbol{d}_1(t)\|\leqslant M_{d_1}$，$\|\boldsymbol{d}_2(t)\|\leqslant M_{d_2}$。$\boldsymbol{d}_1(t)$ 和 $\boldsymbol{d}_2(t)$有一阶和二阶导数，且满足$\|\dot{\boldsymbol{d}}_1(t)\|\leqslant M_{\dot{d}_1}$，$\|\dot{\boldsymbol{d}}_2(t)\|\leqslant M_{\dot{d}_2}$，$\|\ddot{d}_2(t)\|\leqslant M_{\ddot{d}_2}$。$M_{d_1}$、$M_{d_2}$、$M_{\dot{d}_1}$、$M_{\dot{d}_2}$和 $M_{\ddot{d}_2}$是已知常数。

本节主要研究非周期固定幅值间歇故障，故障 $F_i(t)$ 的数学模型为[99]：

$$F_i(t)=\sum_{s=1}^{\infty}[\Gamma(t-\tau_{i,s})-\Gamma(t-v_{i,s})]\cdot f_i(s) \tag{7.3}$$

式中，$\tau_{i,s}$和$v_{i,s}$分别代表第 s 个故障随机发生时间和随机消失时间，并满足 $\tau_{i,s}<v_{i,s}<\tau_{i,s+1}$，$\Gamma(t)$ 是阶跃函数，$f_i(s)$：$N^+\rightarrow\boldsymbol{R}$ 是第 s 个故障的随机常数幅值。第 s 个故障的持续时间和间隔时间定义为 $\varepsilon_{i,s}^{\mathrm{dur}}=v_{i,s}-\tau_{i,s}$，$\varepsilon_{i,s}^{\mathrm{int}}=\tau_{i,s+1}-v_{i,s}$。间歇故障的曲线如图 7.1 所示。

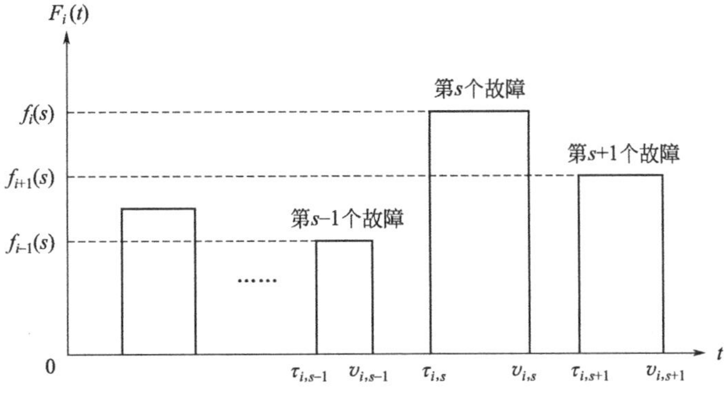

图 7.1　间歇故障曲线

假设 7.3：$\varepsilon_{i,s}^{\text{dur}}$和$\varepsilon_{i,s}^{\text{int}}$的最小值分别定义为$\tilde{\varepsilon}_i^{\text{dur}}=\inf_{s\in N^+}\varepsilon_{i,s}^{\text{dur}}$，$\tilde{\varepsilon}_i^{\text{int}}=\inf_{s\in N^+}\varepsilon_{i,s}^{\text{int}}$。我们定义$\vartheta_i=\min\{\tilde{\varepsilon}_i^{\text{dur}},\tilde{\varepsilon}_i^{\text{int}}\}$，并且假设最小值$\vartheta_i$是已知的。

假设 7.4：存在常数ρ_i，使得故障幅值$f_i(s)$满足$|f_i(s)|\geqslant\rho_i>0$，$i\in\{1,2,3\}$。

综上，带有间歇故障的 HRV 动力学表示为：

$$\begin{cases}\dot{\boldsymbol{\gamma}}=\boldsymbol{R\omega}+\boldsymbol{v}(t)+\boldsymbol{d}_1(t)\\\dot{\boldsymbol{\omega}}=\boldsymbol{J}^{-1}\boldsymbol{T}-\boldsymbol{J}^{-1}\boldsymbol{\Omega J\omega}+\sum_{i=1}^{3}b_iF_i(t)+\tilde{\boldsymbol{\omega}}(t)+\boldsymbol{d}_2(t)\end{cases}\tag{7.4}$$

式中，$b_i\in\boldsymbol{R}^3$是$\boldsymbol{J}^{-1}$的第i列，定义变量$\boldsymbol{F}(t)=[F_1(t),F_2(t),F_3(t)]$。

本章主要研究的是带有间歇故障的 HRV 控制问题，通过设计控制输入力矩信号$\boldsymbol{T}$使得式(7.1) 闭环稳定，且姿态跟踪给定参考信号$\boldsymbol{\gamma}_d$为实现控制目标，需要解决如下几个技术问题：①由于干扰的存在，如何设计故障检测算法来对干扰进行隔离；②考虑间歇故障具有发生时间和消失时间的特性，如何设计故障检测阈值能够更加准确地检测两个时间；③考虑系统存在的故障，如何设计容错控制方案保证系统的闭环稳定。从图 7.2 中可以清楚地了解整个控制系统的结构，接下来的内容将围绕整个结构展开，最终完成控制目标。

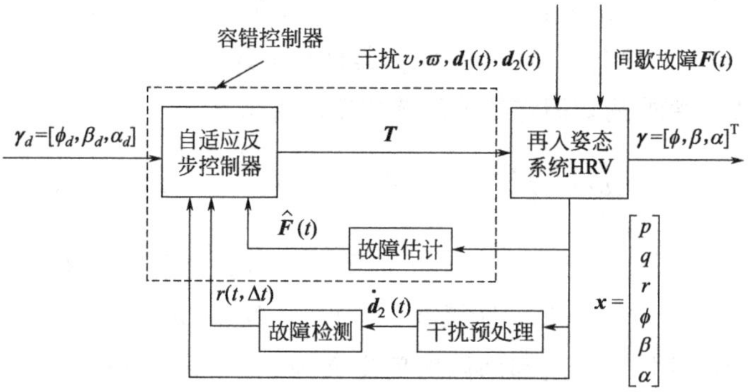

图 7.2　整体控制结构框图

假设 7.5：给定的参考信号$\boldsymbol{\gamma}_d$是连续的，并且存在一阶和二阶导数。

7.3 间歇故障诊断方法设计

考虑如下带有间歇故障的角速率通道模型：

$$\dot{\boldsymbol{\omega}}=f(\boldsymbol{\omega})+\boldsymbol{J}^{-1}\boldsymbol{T}+\sum_{i=1}^{3}b_iF_i(t)+\tilde{\boldsymbol{\omega}}(t)+\boldsymbol{d}_2(t)\tag{7.5}$$

式中，$f(\boldsymbol{\omega})=-\boldsymbol{J}^{-1}\boldsymbol{\Omega J\omega}$。通常的故障检测方法是通过设计观测器来构造残差。当系统不考虑干扰情况，残差定义为：

$$\begin{cases}\dot{\boldsymbol{x}}=f(\boldsymbol{\omega})+\boldsymbol{J}^{-1}\boldsymbol{T}-\boldsymbol{K}(\boldsymbol{\omega}-\boldsymbol{x})\\ \dot{r}=\|\boldsymbol{\omega}-\boldsymbol{x}\|\end{cases}\Rightarrow\begin{cases}\dot{\boldsymbol{e}}=\boldsymbol{K}\boldsymbol{e}+\sum_{i=1}^{3}b_iF_i(t)\\ r=\|\boldsymbol{e}\|\end{cases}\tag{7.6}$$

从式(7.6) 可以看出，如果发生故障，则残差不为零，如果没有故障，则残差趋于零。如果系统考虑干扰，则残差变为

$$\begin{cases}\dot{\boldsymbol{e}}=\boldsymbol{K}\boldsymbol{e}+\sum_{i=1}^{3}b_iF_i(t)+\tilde{\boldsymbol{\omega}}(t)+\boldsymbol{d}_2(t)\\ r=\|\boldsymbol{e}\|\end{cases}\tag{7.7}$$

可以看出扰动和间歇故障对误差系统 $\boldsymbol{e}$ 的影响是线性相关的，即扰动和故障不能用几何方法来隔离。因此当系统考虑一般性干扰时，首先需要对干扰进行预处理，然后才能更加准确地检测故障发生和消失。

在本节中，我们主要研究非周期固定幅度的间歇故障。根据式(7.3) 和式(7.5) 可以得到：

$$\ddot{\boldsymbol{\omega}}=\dot{f}(\boldsymbol{\omega})+\boldsymbol{J}^{-1}\dot{\boldsymbol{T}}+\dot{\tilde{\boldsymbol{\omega}}}(t)+\dot{\boldsymbol{d}}_2(t)\tag{7.8}$$

根据式(7.8)，我们发现系统与间歇性故障 $\boldsymbol{F}(t)$ 无关，只与干扰 $\boldsymbol{d}_2(t)$ 有关。因此针对此系统对干扰进行预处理，设计如下的观测器：

$$\dot{\boldsymbol{x}}=\dot{f}(\boldsymbol{\omega})+\boldsymbol{J}^{-1}\dot{\boldsymbol{T}}+\dot{\hat{\boldsymbol{d}}}_2-\boldsymbol{H}(\dot{\boldsymbol{\omega}}-\boldsymbol{x})\tag{7.9}$$

式中，$\boldsymbol{x}\in\boldsymbol{R}^3$ 是观测器的状态量，$\boldsymbol{H}\in\boldsymbol{R}^{3\times3}$ 是需要设计的参数矩阵，$\hat{\boldsymbol{d}}_2(t)$ 是 $\boldsymbol{d}_2(t)$ 的估计值。定义 $\boldsymbol{e}=\dot{\boldsymbol{\omega}}-\boldsymbol{x}$，然后可以得到误差系统动态方程为：

$$\dot{\boldsymbol{e}}=\boldsymbol{H}\boldsymbol{e}+\dot{\tilde{\boldsymbol{\omega}}}(t)+\boldsymbol{e}_d\tag{7.10}$$

式中，$\boldsymbol{e}_d=\dot{\boldsymbol{d}}_2-\dot{\hat{\boldsymbol{d}}}_2$。选取如下参数自适应律：

$$\ddot{\hat{\boldsymbol{d}}}_2=-\boldsymbol{\Gamma}_d\boldsymbol{W}(\boldsymbol{e}+\dot{\boldsymbol{e}})\tag{7.11}$$

式中，$\boldsymbol{W}\in\boldsymbol{R}^{3\times3}$ 是待设计的参数矩阵，$\boldsymbol{\Gamma}_d\in\boldsymbol{R}^{3\times3}$ 是自适应学习率。

引理 7.1[101]：对于任意正数 χ 和正定对称矩阵 $\boldsymbol{P}$，以下不等式成立：

$$2\boldsymbol{x}^{\mathrm{T}}\boldsymbol{P}\boldsymbol{y}\leqslant\chi\boldsymbol{x}^{\mathrm{T}}\boldsymbol{P}\boldsymbol{x}+\chi^{-1}\boldsymbol{y}^{\mathrm{T}}\boldsymbol{P}\boldsymbol{y},\boldsymbol{x},\boldsymbol{y}\in\boldsymbol{R}^n\tag{7.12}$$

定理 7.2：对于式(7.10)，如果存在矩阵 $\boldsymbol{W}$、$\boldsymbol{H}$ 和正定对称矩阵 $\boldsymbol{P}\in\boldsymbol{R}^{3\times3}$ 和 $\boldsymbol{G}_1\in\boldsymbol{R}^{3\times3}$，$\boldsymbol{G}_2\in\boldsymbol{R}^{3\times3}$，$\boldsymbol{G}_3\in\boldsymbol{R}^{3\times3}$，满足以下矩阵不等式，那么状态估计误差和干扰估计误差是有界的：

$$\boldsymbol{\Pi}_z=\begin{bmatrix}\boldsymbol{H}^{\mathrm{T}}\boldsymbol{P}+\boldsymbol{P}\boldsymbol{H}+\boldsymbol{G}_1 & \boldsymbol{P}+\boldsymbol{W}^{\mathrm{T}}+\boldsymbol{H}^{\mathrm{T}}\boldsymbol{W}^{\mathrm{T}}\\ * & \boldsymbol{G}_2+\boldsymbol{G}_3+2\boldsymbol{W}\end{bmatrix}<0\tag{7.13}$$

证明：采用如下 Lyapunov 函数：

$$V=\boldsymbol{e}^{\mathrm{T}}\boldsymbol{P}\boldsymbol{e}+\boldsymbol{e}_d^{\mathrm{T}}\boldsymbol{\Gamma}_d^{-1}\boldsymbol{e}_d\tag{7.14}$$

然后可以得到 Lyapunov 函数的导数为：

$$
\begin{aligned}
\dot{V} &= [\boldsymbol{He}+\dot{\tilde{\boldsymbol{\omega}}}(t)+\boldsymbol{e}_d]^{\mathrm{T}}\boldsymbol{Pe}+\boldsymbol{e}^{\mathrm{T}}\boldsymbol{P}[\boldsymbol{He}+\dot{\tilde{\boldsymbol{\omega}}}(t)+\boldsymbol{e}_d]+2\boldsymbol{e}_d^{\mathrm{T}}\boldsymbol{\Gamma}_d^{-1}\dot{\boldsymbol{e}}_d \\
&= \boldsymbol{e}^{\mathrm{T}}(\boldsymbol{H}^{\mathrm{T}}\boldsymbol{P}+\boldsymbol{PH})\boldsymbol{e}+2\boldsymbol{e}^{\mathrm{T}}\boldsymbol{Pe}_d+2\boldsymbol{e}^{\mathrm{T}}\boldsymbol{P}\dot{\tilde{\boldsymbol{\omega}}}(t)+2\boldsymbol{e}_d^{\mathrm{T}}\boldsymbol{\Gamma}_d^{-1}\ddot{\boldsymbol{d}}_2 \\
&\quad +2\boldsymbol{e}_d^{\mathrm{T}}(\boldsymbol{W}+\boldsymbol{WH})\boldsymbol{e}+2\boldsymbol{e}_d^{\mathrm{T}}\boldsymbol{We}_d+2\boldsymbol{e}_d^{\mathrm{T}}\boldsymbol{W}\dot{\tilde{\boldsymbol{\omega}}}(t)
\end{aligned} \tag{7.15}
$$

根据引理 7.1，存在对称正定矩阵 $\boldsymbol{G}_1$、$\boldsymbol{G}_2$、$\boldsymbol{G}_3$，可使如下不等式成立：

$$
\begin{aligned}
& 2[\boldsymbol{e}^{\mathrm{T}}\boldsymbol{P}\dot{\tilde{\boldsymbol{\omega}}}(t)+\boldsymbol{e}_d^{\mathrm{T}}\boldsymbol{W}\dot{\tilde{\boldsymbol{\omega}}}(t)+\boldsymbol{e}_d^{\mathrm{T}}\boldsymbol{\Gamma}_d^{-1}\ddot{\boldsymbol{d}}_2] \\
\leqslant & \boldsymbol{e}^{\mathrm{T}}\boldsymbol{G}_1\boldsymbol{e}+\boldsymbol{e}_d^{\mathrm{T}}\boldsymbol{G}_2\boldsymbol{e}_d+\boldsymbol{e}_d^{\mathrm{T}}\boldsymbol{G}_3\boldsymbol{e}_d+\dot{\tilde{\boldsymbol{\omega}}}^{\mathrm{T}}(\boldsymbol{PG}_1^{-1}\boldsymbol{P}+\boldsymbol{WG}_2^{-1}\boldsymbol{W})\dot{\tilde{\boldsymbol{\omega}}}+\ddot{\boldsymbol{d}}_2^{\mathrm{T}}\boldsymbol{\Gamma}_d^{-1}\boldsymbol{G}_3^{-1}\boldsymbol{\Gamma}_d^{-1}\ddot{\boldsymbol{d}}_2 \\
\leqslant & \boldsymbol{e}^{\mathrm{T}}\boldsymbol{G}_1\boldsymbol{e}+\boldsymbol{e}_d^{\mathrm{T}}\boldsymbol{G}_2\boldsymbol{e}_d+\boldsymbol{e}_d^{\mathrm{T}}\boldsymbol{G}_3\boldsymbol{e}_d+\boldsymbol{\Delta}
\end{aligned} \tag{7.16}
$$

式中，$\boldsymbol{\Delta}=\dot{\tilde{\boldsymbol{\omega}}}^{\mathrm{T}}(\boldsymbol{PG}_1^{-1}\boldsymbol{P}+\boldsymbol{WG}_2^{-1}\boldsymbol{W})\dot{\tilde{\boldsymbol{\omega}}}+\ddot{\boldsymbol{d}}_2^{\mathrm{T}}\boldsymbol{\Gamma}_d^{-1}\boldsymbol{G}_3^{-1}\boldsymbol{\Gamma}_d^{-1}\ddot{\boldsymbol{d}}_2$。

把式(7.16) 代入式(7.15) 可得：

$$
\begin{aligned}
\dot{V} &\leqslant \boldsymbol{e}^{\mathrm{T}}(\boldsymbol{H}^{\mathrm{T}}\boldsymbol{P}+\boldsymbol{PH}+\boldsymbol{G}_1)\boldsymbol{e}+2\boldsymbol{e}^{\mathrm{T}}(\boldsymbol{P}+\boldsymbol{W}^{\mathrm{T}}+\boldsymbol{H}^{\mathrm{T}}\boldsymbol{W}^{\mathrm{T}})\boldsymbol{e}_d+\boldsymbol{e}_d^{\mathrm{T}}(\boldsymbol{G}_3+\boldsymbol{G}_3+2\boldsymbol{W})\boldsymbol{e}_d+\boldsymbol{\Delta} \\
&= \boldsymbol{z}^{\mathrm{T}}\boldsymbol{\Pi}_z\boldsymbol{z}+\boldsymbol{\Delta} \\
&= -\sigma_z\|\boldsymbol{z}\|^2+\boldsymbol{\Delta}
\end{aligned} \tag{7.17}
$$

其中：

$$
\boldsymbol{z}=\begin{bmatrix}\boldsymbol{e}\\ \boldsymbol{e}_d\end{bmatrix},\boldsymbol{\Pi}_z=\begin{bmatrix}\boldsymbol{H}^{\mathrm{T}}\boldsymbol{P}+\boldsymbol{PH}+\boldsymbol{G}_1 & \boldsymbol{P}+\boldsymbol{W}^{\mathrm{T}}+\boldsymbol{H}^{\mathrm{T}}\boldsymbol{W}^{\mathrm{T}}\\ * & \boldsymbol{G}_2+\boldsymbol{G}_3+2\boldsymbol{W}\end{bmatrix},\sigma_z=\lambda_{\min}(-\boldsymbol{\Pi}_z) \tag{7.18}
$$

如果式(7.13) 成立，则当$\|\boldsymbol{z}\|^2>\dfrac{\boldsymbol{\Delta}}{\sigma_z}$，即$\|\boldsymbol{z}\|$收敛到区间$\left\{\boldsymbol{z}:\|\boldsymbol{z}\|^2>\dfrac{\boldsymbol{\Delta}}{\sigma_z}\right\}$，可得状态估计误差和干扰估计误差一致最终有界。也就是说，当参数 σ_z 足够大，$\boldsymbol{e}_d$ 可以无限接近零。

假设 7.6：假设扰动的初始估计误差 $\boldsymbol{d}_2(t)-\hat{\boldsymbol{d}}_2(t)$ 等于零，即 $\boldsymbol{d}_2(t)-\hat{\boldsymbol{d}}_2(t)=0$。

针对式(7.4)，我们设计了一个残差向量 $\boldsymbol{r}$ 使得每个残差元素 r_i 仅对 $F_i(t)$ 敏感而与 $F_j(t)$，$j\neq i$ 无关。残差生成器结构设计如下：

$$
\begin{cases}
\dot{\hat{\boldsymbol{\omega}}}=\boldsymbol{J}^{-1}\boldsymbol{T}-\boldsymbol{J}^{-1}\boldsymbol{\Omega J\omega}+\boldsymbol{J}^{-1}\boldsymbol{DJ}(\hat{\boldsymbol{\omega}}-\boldsymbol{\omega})+\hat{\boldsymbol{d}}_2(t)\\
\boldsymbol{r}(t)=\boldsymbol{DJ}\hat{\boldsymbol{\omega}}-\boldsymbol{DJ\omega}
\end{cases} \tag{7.19}
$$

式中，$\hat{\boldsymbol{\omega}}\in\boldsymbol{R}^3$残差生成器的状态向量，$\boldsymbol{D}=\mathrm{diag}(\lambda_1,\lambda_2,\lambda_3)$，$\lambda_i<0$。定义 $\boldsymbol{\varepsilon}(t)=\boldsymbol{J}\hat{\boldsymbol{\omega}}-\boldsymbol{J\omega}$，然后得到：

$$
\begin{cases}
\dot{\boldsymbol{\varepsilon}}(t)=\boldsymbol{D\varepsilon}(t)-\boldsymbol{F}(t)-\boldsymbol{J}\tilde{\boldsymbol{\omega}}(t)-\boldsymbol{J}[\boldsymbol{d}_2(t)-\hat{\boldsymbol{d}}_2(t)]\\
\boldsymbol{r}(t)=\boldsymbol{D\varepsilon}(t)
\end{cases} \tag{7.20}
$$

根据定理 7.2 和假设 7.6，可以假设$\boldsymbol{d}_2(t)-\hat{\boldsymbol{d}}_2(t)=\boldsymbol{d}_2(0)-\hat{\boldsymbol{d}}_2(0)+\int_0^t\boldsymbol{e}_d\mathrm{d}t\approx 0$。因此在干扰预处理之后，对于每个故障 $F_i(t)$，相应的残差可以表示为：

$$
\begin{cases}
\dot{\varepsilon}_i(t)=\lambda_i\varepsilon_i(t)-F_i(t)-\boldsymbol{J}_i\tilde{\boldsymbol{\omega}}(t)\\
r_i(t)=\lambda_i\varepsilon_i(t)
\end{cases} \tag{7.21}
$$

式中，$\varepsilon_i(t)$ 是 $\boldsymbol{\varepsilon}(t)$ 的第 i 个元素，$\boldsymbol{J}_i$是$\boldsymbol{J}$ 的第 i 行。

与永久性故障检测方法相比，由于间歇故障在检测时不仅需要检测故障发生时间，还需检测故障消失时间，因此引入了滑动时间窗口，通过滚动旧数据来包含新的信息，减少前一时刻信号数据对残差的影响，提高检测的精度[102,103]。基于滑动时间窗口 $[t-\Delta t_i, t]$ 的改进残差生成器可以表示为：

$$\begin{cases} \varepsilon_i(t,\Delta t_i)=\varepsilon_i(t)-e^{\lambda_i \Delta t_i}\varepsilon_i(t-\Delta t_i) \\ r_i(t,\Delta t_i)=\lambda_i\varepsilon_i(t,\Delta t_i) \end{cases} \tag{7.22}$$

式中，$\Delta t_i \in (0,\vartheta_i)$ 是滑动时间窗的长度。

注释 7.1： $\varepsilon_i(t,\Delta t_i)$ 仅与滑动时间窗口 $[t-\Delta t_i, t]$ 期间的间歇性故障 $F_i(t)$ 相关。因此，与 $\varepsilon_i(t)$ 相比，$\varepsilon_i(t,\Delta t_i)$ 对 $F_i(t)$ 的出现和消失时间更敏感。

残差 $r_i(t,\Delta t_i)$ 可以表示为：

$$r_i(t,\Delta t_i)=r_{i1}(t,\Delta t_i)+r_{i2}(t,\Delta t_i) \tag{7.23}$$

其中：

$$r_{i1}(t,\Delta t_i)=-\lambda_i\int_{t-\Delta t_i}^{t} e^{\lambda_i(t-\tau)}F_i(\tau)d\tau$$

$$r_{i2}(t,\Delta t_i)=-\lambda_i\int_{t-\Delta t_i}^{t} e^{\lambda_i(t-\tau)}\boldsymbol{J}_i\tilde{\boldsymbol{\omega}}(\tau)d\tau \tag{7.24}$$

由于 $\tilde{\boldsymbol{\omega}}(t)$ 是服从高斯分布的信号，因此 $r_{i2}(t,\Delta t_i)$ 也属于高斯信号，均值为 $E[r_{i2}(t,\Delta t_i)]=0$，$r_{i2}(t,\Delta t_i)$ 的方差 ι_i^2 为：

$$\begin{aligned} \iota_i^2 &= \lambda_i^2 E\left\{\int_{t-\Delta t_i}^{t} e^{\lambda_i(t-\tau)}\boldsymbol{J}_i\tilde{\boldsymbol{\omega}}(\tau)d\tau\int_{t-\Delta t_i}^{t} e^{\lambda_i(t-\tau)}[\boldsymbol{J}_i\tilde{\boldsymbol{\omega}}(\tau)]^{T}d\tau\right\} \\ &= \lambda_i^2 E\left\{\int_{t-\Delta t_i}^{t}\int_{t-\Delta t_i}^{t} e^{\lambda_i(2t-\tau_1-\tau_2)}\boldsymbol{J}_i\tilde{\boldsymbol{\omega}}(\tau)[\boldsymbol{J}_i\tilde{\boldsymbol{\omega}}(\tau)]^{T}d\tau_1 d\tau_2\right\} \\ &= \lambda_i^2\int_{t-\Delta t_i}^{t}\int_{t-\Delta t_i}^{t} e^{\lambda_i(2t-\tau_1-\tau_2)}\boldsymbol{J}_i\boldsymbol{R}_{\tilde{\omega}}\boldsymbol{J}_i^{T}d\tau_1 d\tau_2 \\ &= (1-e^{\lambda_i\Delta t_i})^2\boldsymbol{J}_i\boldsymbol{R}_{\tilde{\omega}}\boldsymbol{J}_i^{T} \end{aligned} \tag{7.25}$$

式中，$\boldsymbol{R}_{\tilde{\omega}}=E(\tilde{\boldsymbol{\omega}}\tilde{\boldsymbol{\omega}}^{T})$，因此 $r_{i2}(t,\Delta t_i)\sim\Phi(0,\iota_i^2)$，其中 $\Phi(\cdot)$ 表示高斯分布。

$r_{i1}(t,\Delta t_i)$ 具有如下特征：

- 当 $v_{i,s-1}<t-\Delta t_i<t<\tau_{i,s}$，$r_{i1}(t,\Delta t_i)=0$；
- 当 $t-\Delta t_i<\tau_{i,s}<t$，$r_{i1}(t,\Delta t_i)=f_i(s)[1-e^{\lambda_i(t-\tau_{i,s})}]$；
- 当 $\tau_{i,s}<t-\Delta t_i<t<v_{i,s-1}$，$r_{i1}(t,\Delta t_i)=f_i(s)(1-e^{\lambda_i\Delta t_i})$；
- 当 $t-\Delta t_i<v_{i,s}<t$，$r_{i1}(t,\Delta t_i)=f_i(s)[e^{\lambda_i(t-v_{i,s})}-e^{\lambda_i\Delta t_i}]$。

通过分析残差 $r_i(t,\Delta t_i)$ 的特征，接下来提出了两个假设检验来确定所有故障发生和消失的时间。

根据残差的属性分析，当 $v_{i,s-1}<t-\Delta t_i<t<\tau_{i,s}$，$r_{i1}(t,\Delta t_i)=0$。当第 s 个间歇性故障发生时（即 $t>\tau_{i,s}$），$r_{i1}(t,\Delta t_i)$ 不等于零。因此，我们引入以下假设检验来检测第 s 个故障发生时间 $\tau_{i,s}$：

$$H_{i,0}^{A}:E[r_i(t,\Delta t_i)]=0, H_{i,1}^{A}:E[r_i(t,\Delta t_i)]\neq 0 \tag{7.26}$$

对于给定的置信水平 ρ_{i1}，我们可以获得式(7.26) 的接受区间如下所示[103]：

$$\Omega_i=(-h_{\frac{\rho_{i1}}{2}}\iota_i, h_{\frac{\rho_{i1}}{2}}\iota_i) \tag{7.27}$$

式中，$h_{\frac{\rho_{i1}}{2}}$意味着标准高斯分布变量有$\frac{\rho_{i1}}{2}$的可能性落在区间［$h_{\frac{\rho_{i1}}{2}}$，∞）中。

把检测到的 $F_i(t)$ 的第 s 个故障发生时间定义为以下随机变量 $\tau_{i,s}^d$：

$$\tau_{i,s}^d=\min\{\inf[t>\tau_{i,s}:r_i(t,\Delta t_i)\notin\Omega_i]\} \tag{7.28}$$

对于给定的 Δt_i，我们可以总结检测到的发生时间变量 $\tau_{i,s}^d$ 存在以下规则：

- $\tau_{i,s}<\tau_{i,s}^d<v_{i,s}$；
- $r_i(t,\Delta t_i)\in\Omega_i$，$\forall t\in(\tau_{i,s},\tau_{i,s}^d)$；
- $r_i(\tau_{i,s}^d,\Delta t_i)\notin\Omega_i$，$\forall t\in(\tau_{i,s}^d,v_{i,s})$。

当 $\tau_{i,s}<t-\Delta t_i<t<v_{i,s}$，$|r_{i1}(t,\Delta t_i)|\geqslant\rho_i(1-e^{\lambda_i\Delta t_i})=\kappa_i$。当第 s 个间歇故障消失后，$|r_{i1}(t,\Delta t_i)|$ 逐渐减少到零。检测消失时间的假设检验如下：

$$H_{i,0}^D:|E[r_i(t,\Delta t_i)]|\geqslant\kappa_i,H_{i,1}^D:|E[r_i(t,\Delta t_i)]|<\kappa_i \tag{7.29}$$

对于给定的置信水平 ρ_{i2}，我们能够得到假设检验式(7.29) 的接受区域为：

$$\Theta_i=(-\infty,-\kappa_i+h_{\rho_{i2}}\iota_i]\cup[\kappa_i-h_{\rho_{i2}}\iota_i,+\infty) \tag{7.30}$$

把检测到的 $F_i(t)$ 的第 s 个故障消失时间定义为以下随机变量 $v_{i,s}^d$：

$$v_{i,s}^d=\min\{\inf[t>v_{i,s}:r_i(t,\Delta t)\notin\Theta_i]\} \tag{7.31}$$

对于给定 Δt_i，我们能总结关于确定检测到的故障消失时间 $v_{i,s}^d$ 存在以下的一些规则：

- $v_{i,s}<v_{i,s}^d<\tau_{i,s+1}$；
- $r_i(t,\Delta t_i)\in\Theta_i$，$\forall t\in(v_{i,s},v_{i,s}^d)$；
- $r_i(v_{i,s}^d,\Delta t_i)\notin\Theta_i$，$\forall t\in(v_{i,s}^d,\tau_{i,s+1})$。

注释 7.2：为了使检测到的故障发生时间在故障消失时间之前，故障检测区间应该满足：$\Pi=\{\Delta t_i:\Omega_i\cap\Theta_i=\varnothing,0<\Delta t_i<\vartheta_i\}$。这里 Π 是检测间歇故障所允许的 Δt_i 的集合。它不仅代表滑动时间窗口的长度，还代表允许的最大延迟。

当 $t\in[\tau_s,v_s)$，系统发生间歇故障，设计如下的间歇故障估计观测器以估计 $\boldsymbol{F}(t)$：

$$\dot{\boldsymbol{x}}=-\boldsymbol{J}^{-1}\boldsymbol{\Omega}\boldsymbol{J}\boldsymbol{\omega}+\boldsymbol{J}^{-1}\boldsymbol{T}-\boldsymbol{K}(\boldsymbol{\omega}-\boldsymbol{x})+\boldsymbol{J}^{-1}\hat{\boldsymbol{F}}(t)+\hat{\boldsymbol{d}}_2(t) \tag{7.32}$$

式中，$\boldsymbol{x}\in\boldsymbol{R}^3$是观测器的状态量，$\boldsymbol{K}\in\boldsymbol{R}^{3\times3}$是待设计的增益矩阵，$\hat{\boldsymbol{F}}(t)$ 是 $\boldsymbol{F}(t)$ 的估计值。根据定理 7.2 和假设 7.6，误差动态系统为：

$$\dot{\boldsymbol{e}}_\omega=\boldsymbol{K}\boldsymbol{e}_\omega+\boldsymbol{J}^{-1}\tilde{\boldsymbol{F}}+\tilde{\boldsymbol{\omega}}(t) \tag{7.33}$$

式中，$\tilde{\boldsymbol{F}}=\boldsymbol{F}-\hat{\boldsymbol{F}}$ 是故障估计误差，$\boldsymbol{e}_\omega=\boldsymbol{\omega}-\boldsymbol{x}$ 是状态误差，设计如下的自适应故障估计律：

$$\dot{\hat{\boldsymbol{F}}}=-\boldsymbol{G}(\boldsymbol{e}_\omega+\dot{\boldsymbol{e}}_\omega) \tag{7.34}$$

式中，$\boldsymbol{G}\in\boldsymbol{R}^{3\times3}$。然后得到：

$$\dot{\tilde{\boldsymbol{F}}}=(\boldsymbol{G}+\boldsymbol{G}\boldsymbol{K})\boldsymbol{e}_\omega+\boldsymbol{G}\boldsymbol{J}^{-1}\tilde{\boldsymbol{F}}+\boldsymbol{G}\tilde{\boldsymbol{\omega}} \tag{7.35}$$

为了抑制干扰对故障估计的影响，设计如下的扩张系统：

$$\dot{\boldsymbol{\zeta}}=\begin{bmatrix}\boldsymbol{K} & \boldsymbol{J}^{-1}\\ \boldsymbol{G}+\boldsymbol{GK} & \boldsymbol{GJ}^{-1}\end{bmatrix}\boldsymbol{\zeta}+\begin{bmatrix}\boldsymbol{I}\\ \boldsymbol{G}\end{bmatrix}\tilde{\boldsymbol{\omega}}=\bar{\boldsymbol{A}}\boldsymbol{\zeta}+\bar{\boldsymbol{B}}\tilde{\boldsymbol{\omega}} \tag{7.36}$$

式中，$\boldsymbol{\zeta}=[\boldsymbol{e}_{\omega};\ \widetilde{\boldsymbol{F}}]$。

引理 7.3:[98,104]如果从 $\tilde{\boldsymbol{\omega}}$ 到 $\widetilde{\boldsymbol{F}}$ 的 L_2-增益小于 $\gamma_{\tilde{\omega}}$，即满足以下条件：

$$\int_0^t \widetilde{\boldsymbol{F}}^{\mathrm{T}}\widetilde{\boldsymbol{F}}\mathrm{d}t-\gamma_{\tilde{\omega}}^2\int_0^t \tilde{\boldsymbol{\omega}}^{\mathrm{T}}\tilde{\boldsymbol{\omega}}\mathrm{d}t<0 \tag{7.37}$$

即可认为误差 $\widetilde{\boldsymbol{F}}$ 满足干扰 $\tilde{\boldsymbol{\omega}}$ 抑制水平。

定理 7.4: 对于式(7.36) 和给定正数 $\gamma_{\tilde{\omega}}$，如果存在正定对称矩阵 $\boldsymbol{P}_1\in\boldsymbol{R}^{3\times 3}$，$\boldsymbol{P}_2\in\boldsymbol{R}^{3\times 3}$，$\boldsymbol{P}=\mathrm{diag}(P_1,P_2)$，使得如下矩阵不等式成立，故障估计误差 $\widetilde{\boldsymbol{F}}$ 最终有界并且满足干扰抑制水平 $\gamma_{\tilde{\omega}}$。

$$\begin{bmatrix}\boldsymbol{K}^{\mathrm{T}}\boldsymbol{P}_1+\boldsymbol{P}_1\boldsymbol{K} & \boldsymbol{G}^{\mathrm{T}}\boldsymbol{P}_2+\boldsymbol{K}^{\mathrm{T}}\boldsymbol{G}^{\mathrm{T}}\boldsymbol{P}_2+\boldsymbol{P}_1\boldsymbol{J}^{-1} & \boldsymbol{P}_1\\ * & \boldsymbol{P}_2\boldsymbol{GJ}^{-1}+\boldsymbol{J}^{-\mathrm{T}}\boldsymbol{G}^{\mathrm{T}}\boldsymbol{P}_2+\boldsymbol{I} & \boldsymbol{P}_2\boldsymbol{G}\\ * & * & -\gamma_{\tilde{\omega}}^2\boldsymbol{I}\end{bmatrix}<0 \tag{7.38}$$

证明: 取如下 Lyapunov 函数为: $V_{\zeta}=\boldsymbol{\zeta}^{\mathrm{T}}\boldsymbol{P}\boldsymbol{\zeta}$，求导得:

$$\begin{aligned}\dot{V}_{\zeta}&=(\bar{\boldsymbol{A}}\boldsymbol{\zeta}+\bar{\boldsymbol{B}}\tilde{\boldsymbol{\omega}})^{\mathrm{T}}\boldsymbol{P}\boldsymbol{\zeta}+\boldsymbol{\zeta}^{\mathrm{T}}\boldsymbol{P}(\bar{\boldsymbol{A}}\boldsymbol{\zeta}+\bar{\boldsymbol{B}}\tilde{\boldsymbol{\omega}})\\ &=\boldsymbol{\zeta}^{\mathrm{T}}(\bar{\boldsymbol{A}}^{\mathrm{T}}\boldsymbol{P}+\boldsymbol{P}\bar{\boldsymbol{A}})\boldsymbol{\zeta}+2\boldsymbol{\zeta}^{\mathrm{T}}\boldsymbol{P}\bar{\boldsymbol{B}}\tilde{\boldsymbol{\omega}}\end{aligned} \tag{7.39}$$

取 $V=V_{\zeta}+\int_0^t \widetilde{\boldsymbol{F}}^{\mathrm{T}}\widetilde{\boldsymbol{F}}\mathrm{d}t-\int_0^t \gamma_{\tilde{\omega}}^2\tilde{\boldsymbol{\omega}}^{\mathrm{T}}\tilde{\boldsymbol{\omega}}\mathrm{d}t$，对时间求导可得:

$$\begin{aligned}\dot{V}&=\dot{V}_{\zeta}+\widetilde{F}^{\mathrm{T}}\widetilde{\boldsymbol{F}}-\gamma_{\tilde{\omega}}^2\tilde{\boldsymbol{\omega}}^{\mathrm{T}}\tilde{\boldsymbol{\omega}}\\ &=\dot{V}_{\zeta}+\zeta^{\mathrm{T}}\boldsymbol{H}^{\mathrm{T}}\boldsymbol{H}\boldsymbol{\zeta}-\gamma_{\tilde{\omega}}^2\tilde{\boldsymbol{\omega}}^{\mathrm{T}}\tilde{\boldsymbol{\omega}}\\ &=\zeta^{\mathrm{T}}(\bar{\boldsymbol{A}}^{\mathrm{T}}\boldsymbol{P}+\boldsymbol{P}\bar{\boldsymbol{A}}+\boldsymbol{H}^{\mathrm{T}}\boldsymbol{H})\boldsymbol{\zeta}+2\boldsymbol{\zeta}^{\mathrm{T}}\boldsymbol{P}\bar{\boldsymbol{B}}\tilde{\boldsymbol{\omega}}-\gamma_{\tilde{\omega}}^2\tilde{\boldsymbol{\omega}}^{\mathrm{T}}\tilde{\boldsymbol{\omega}}\\ &=[\boldsymbol{\zeta}^{\mathrm{T}}\quad \tilde{\boldsymbol{\omega}}^{\mathrm{T}}]\begin{bmatrix}\bar{\boldsymbol{A}}^{\mathrm{T}}\boldsymbol{P}+\boldsymbol{P}\bar{\boldsymbol{A}}+\boldsymbol{H}^{\mathrm{T}}\boldsymbol{H} & \boldsymbol{P}\bar{\boldsymbol{B}}\\ * & -\gamma_{\tilde{\omega}}^2\boldsymbol{I}\end{bmatrix}\begin{bmatrix}\boldsymbol{\zeta}\\ \tilde{\boldsymbol{\omega}}\end{bmatrix}\end{aligned} \tag{7.40}$$

式中，$\boldsymbol{H}=[0_{3\times 3}\quad I_{3\times 3}]$。根据 Schur 补集定理，如果式(7.38) 成立，则 $\dot{V}<0$，因此 $V=\int_0^t \dot{V}\mathrm{d}t<0$。由于 $V_{\zeta}>0$，然后式(7.37) 成立。因此我们可以得到 $\|\widetilde{\boldsymbol{F}}\|_2\leqslant\gamma_{\tilde{\omega}}\|\tilde{\boldsymbol{\omega}}\|_2$。因此 $\widetilde{F}$ 是有界的且满足干扰抑制水平。

7.4 容错控制器设计

在本节中，针对无故障动态系统［式(7.1)］，设计了一个标称控制器，产生所需的控制力矩 $\boldsymbol{T}$，使得姿态角可以跟踪给定命令。

定理 7.5：针对无故障系统［式(7.1)］，在式(7.41) 表示的标称控制器 $\boldsymbol{T}$ 的作用下可以保证闭环系统稳定并且姿态跟踪误差 $\boldsymbol{\gamma}-\boldsymbol{\gamma}_d$ 有界。

$$\boldsymbol{T}=\boldsymbol{J}(\dot{\boldsymbol{v}}_d+\boldsymbol{J}^{-1}\boldsymbol{\Omega}\boldsymbol{J}\boldsymbol{\omega}-\boldsymbol{R}^{\mathrm{T}}\boldsymbol{z}_1-c_2\boldsymbol{z}_2) \tag{7.41}$$

$$v_d=\boldsymbol{R}^{-1}(-c_1\boldsymbol{z}_1+\dot{\boldsymbol{\gamma}}_d) \tag{7.42}$$

式中，跟踪误差 $\boldsymbol{z}_1=\boldsymbol{\gamma}-\boldsymbol{\gamma}_d$，$\boldsymbol{z}_2=\boldsymbol{\omega}-\boldsymbol{v}_d$，$c_1>0$，$c_2>0$。

证明：① 取如下 Lyapunov 函数：

$$V_1=\frac{1}{2}\boldsymbol{z}_1^{\mathrm{T}}\boldsymbol{z}_1 \tag{7.43}$$

V_1 对时间求导：

$$\dot{V}_1=\boldsymbol{z}_1^{\mathrm{T}}(\boldsymbol{R}\boldsymbol{\omega}+\boldsymbol{v}+\boldsymbol{d}_1(t)-\dot{\boldsymbol{\gamma}}_d) \tag{7.44}$$

引入跟踪误差 $\boldsymbol{z}_2$，然后得到：

$$\begin{aligned}\dot{V}_1&=\boldsymbol{z}_1^{\mathrm{T}}[\boldsymbol{R}(\boldsymbol{z}_2+\boldsymbol{v}_d)+\boldsymbol{v}+\boldsymbol{d}_1(t)-\dot{\boldsymbol{\gamma}}_d]\\&=-c_1\boldsymbol{z}_1^{\mathrm{T}}\boldsymbol{z}_1+\boldsymbol{z}_1^{\mathrm{T}}\boldsymbol{R}\boldsymbol{z}_2+\boldsymbol{z}_1^{\mathrm{T}}\boldsymbol{v}+\boldsymbol{z}_1^{\mathrm{T}}\boldsymbol{d}_1(t)\\&\leqslant-c_1 z_1^{\mathrm{T}}\boldsymbol{z}_1+\boldsymbol{z}_1^{\mathrm{T}}\boldsymbol{R}\boldsymbol{z}_2+2\boldsymbol{z}_1^{\mathrm{T}}\boldsymbol{z}_1+\frac{1}{4}\boldsymbol{v}^{\mathrm{T}}\boldsymbol{v}+\frac{1}{4}\boldsymbol{d}_1^{\mathrm{T}}\boldsymbol{d}_1\\&\leqslant-(c_1-2)\boldsymbol{z}_1^{\mathrm{T}}\boldsymbol{z}_1+\boldsymbol{z}_1^{\mathrm{T}}\boldsymbol{R}\boldsymbol{z}_2+\frac{1}{4}\|\boldsymbol{v}\|^2+\frac{1}{4}\|\boldsymbol{d}_1\|^2\end{aligned} \tag{7.45}$$

② Lyapunov 函数取为：

$$V=V_1+\frac{1}{2}\boldsymbol{z}_2^{\mathrm{T}}\boldsymbol{z}_2 \tag{7.46}$$

对 V 求导可得：

$$\begin{aligned}\dot{V}&\leqslant-(c_1-2)z_1^{\mathrm{T}}\boldsymbol{z}_1+\boldsymbol{z}_1^{\mathrm{T}}\boldsymbol{R}\boldsymbol{z}_2+\frac{1}{4}\|\boldsymbol{v}\|^2+\frac{1}{4}\|\boldsymbol{d}_1\|^2+\boldsymbol{z}_2^{\mathrm{T}}\dot{\boldsymbol{z}}_2\\&=-c_2\boldsymbol{z}_2^{\mathrm{T}}\boldsymbol{z}_2-(c_1-2)\boldsymbol{z}_1^{\mathrm{T}}\boldsymbol{z}_1+\frac{1}{4}\|\boldsymbol{v}\|^2+\frac{1}{4}\|\boldsymbol{d}_1\|^2+\boldsymbol{z}_2^{\mathrm{T}}\tilde{\boldsymbol{\omega}}+\boldsymbol{z}_2^{\mathrm{T}}\boldsymbol{d}_2\\&\leqslant-c_2\boldsymbol{z}_2^{\mathrm{T}}\boldsymbol{z}_2-(c_1-2)\boldsymbol{z}_1^{\mathrm{T}}\boldsymbol{z}_1+\frac{1}{4}\|\boldsymbol{v}\|^2+\frac{1}{4}\|\boldsymbol{d}_1\|^2+2\boldsymbol{z}_2^{\mathrm{T}}\boldsymbol{z}_2+\frac{1}{4}\tilde{\boldsymbol{\omega}}^{\mathrm{T}}\tilde{\boldsymbol{\omega}}+\frac{1}{4}\boldsymbol{d}_2^{\mathrm{T}}\boldsymbol{d}_2\\&=-(c_1-2)z_1^{\mathrm{T}}\boldsymbol{z}_1-(c_2-2)\boldsymbol{z}_2^{\mathrm{T}}\boldsymbol{z}_2+\frac{1}{4}(\|\tilde{\boldsymbol{\omega}}\|^2+\|\boldsymbol{v}\|^2+\|\boldsymbol{d}_1\|^2+\|\boldsymbol{d}_2\|^2)\\&\leqslant-\eta_1V+\boldsymbol{\Pi}_1\end{aligned} \tag{7.47}$$

式中，$\eta_1=2\min(c_1-2,c_2-2)$；$\Pi_1=\frac{1}{4}(M_{\tilde{\omega}}^2+M_v^2+M_{d_1}^2+M_{d_2}^2)$。

因此可得：

$$V\leqslant\left[V(0)-\frac{\Pi_1}{\eta_1}\right]\mathrm{e}^{-\eta_1 t}+\frac{\Pi_1}{\eta_1} \tag{7.48}$$

最终可得跟踪误差满足：

$$\lim_{t\to\infty}\sup\|\gamma-\gamma_d\|\leqslant\sqrt{\frac{2\Pi_1}{\eta_1}} \tag{7.49}$$

因此，闭环系统是稳定的，姿态向量跟踪误差 z_1 是有界的。

定理 7.6： 考虑带有间歇故障和干扰的姿态动态系统［式(7.4)］，在 FTC［式(7.50)］作用下，可以保证闭环系统稳定且姿态跟踪误差有界。

$$\boldsymbol{T}=\boldsymbol{J}(\dot{\boldsymbol{v}}_d+\boldsymbol{J}^{-1}\boldsymbol{\Omega}\boldsymbol{J}\boldsymbol{\omega}-\boldsymbol{R}^{\mathrm{T}}\boldsymbol{z}_1-c_2\boldsymbol{z}_2)-\hat{\boldsymbol{F}}(t) \tag{7.50}$$

$$\boldsymbol{v}_d=\boldsymbol{R}^{-1}(-c_1\boldsymbol{z}_1+\dot{\boldsymbol{\gamma}}_d) \tag{7.51}$$

式中，跟踪误差 $\boldsymbol{z}_1=\boldsymbol{\gamma}-\boldsymbol{\gamma}_d$，$\boldsymbol{z}_2=\boldsymbol{\omega}-\boldsymbol{v}_d$，$c_1>0$，$c_2>0$。

证明： 取如下 Lyapunov 函数：

$$V=\frac{1}{2}\boldsymbol{z}_1^{\mathrm{T}}\boldsymbol{z}_1+\frac{1}{2}\boldsymbol{z}_2^{\mathrm{T}}\boldsymbol{z}_2 \tag{7.52}$$

对 V 求导可得：

$$\begin{aligned}
\dot{V}\leqslant&-(c_1-2)\boldsymbol{z}_1^{\mathrm{T}}\boldsymbol{z}_1-(c_2-2)\boldsymbol{z}_2^{\mathrm{T}}\boldsymbol{z}_2\\
&+\frac{1}{4}(\|\tilde{\boldsymbol{\omega}}\|^2+\|\boldsymbol{v}\|^2+\|\boldsymbol{d}_1\|^2+\|\boldsymbol{d}_2\|^2)+\boldsymbol{z}_2^{\mathrm{T}}\boldsymbol{J}^{-1}\widetilde{\boldsymbol{F}}\\
\leqslant&-(c_1-2)\boldsymbol{z}_1^{\mathrm{T}}\boldsymbol{z}_1-(c_2-3)\boldsymbol{z}_2^{\mathrm{T}}\boldsymbol{z}_2+\frac{1}{4}\widetilde{\boldsymbol{F}}^{\mathrm{T}}\boldsymbol{J}^{-\mathrm{T}}\boldsymbol{J}^{-1}\widetilde{\boldsymbol{F}}\\
&+\frac{1}{4}(\|\tilde{\boldsymbol{\omega}}\|^2+\|\boldsymbol{v}\|^2+\|\boldsymbol{d}_1\|^2+\|\boldsymbol{d}_2\|^2)\\
\leqslant&-(c_1-2)\boldsymbol{z}_1^{\mathrm{T}}\boldsymbol{z}_1-(c_2-3)\boldsymbol{z}_2^{\mathrm{T}}\boldsymbol{z}_2\\
&+\frac{1}{4}(\|\tilde{\boldsymbol{\omega}}\|^2+\|\boldsymbol{v}\|^2+\|\boldsymbol{d}_1\|^2+\|\boldsymbol{d}_2\|^2+\lambda_{\boldsymbol{J}}\gamma_{\tilde{\boldsymbol{\omega}}}M_{\tilde{\boldsymbol{\omega}}}^2)\\
=&-\eta_2V+\Pi_2
\end{aligned} \tag{7.53}$$

式中，$\eta_2=2\min(c_1-2,c_2-3)$，$\lambda_{\boldsymbol{J}}=\max\left[\mathrm{eig}\left(\frac{1}{4}\boldsymbol{J}^{-\mathrm{T}}\boldsymbol{J}^{-1}\right)\right]$，$\Pi_2=\frac{1}{4}(\|\tilde{\boldsymbol{\omega}}\|^2+\|\boldsymbol{v}\|^2+\|\boldsymbol{d}_1\|^2+\|\boldsymbol{d}_2\|^2+\lambda_{\boldsymbol{J}}\gamma_{\tilde{\boldsymbol{\omega}}}M_{\tilde{\boldsymbol{\omega}}}^2)$。

因此，跟踪误差 $\boldsymbol{z}_1$ 最终是有界的，且闭环系统是稳定的。

7.5 仿真分析

本节，我们基于 Matlab/Simulink 软件对提出的方法进行仿真分析，以证明本章所提出的算法的有效性，其中惯性矩阵 $\boldsymbol{J}$ 为：

$$\boldsymbol{J}=\begin{bmatrix}554486 & 0 & -23002\\ 0 & 1136949 & 0\\ -23002 & 0 & 1376852\end{bmatrix}\mathrm{kg}\cdot\mathrm{m}^2 \tag{7.54}$$

初始飞行条件设置为 $\phi_0=0.3$，$\beta_0=0.2$，$\alpha_0=1$，$p_0=0.1$，$q_0=0.05$，$r_0=0.02$。所需的姿态角跟踪命令是 $\phi_d=1$，$\beta_d=0$，$\alpha_d=2$。白噪声干扰 $\tilde{\boldsymbol{\omega}}(t)$ 和 $\boldsymbol{v}(t)$ 的协方差分别是 0.01 和 0.02。干扰 $\boldsymbol{d}_1(t)=0.01\sin(t)$，$\boldsymbol{d}_2(t)=0.02\cos(t)$。仿真

分析考虑了两种情况，包括故障检测、FTC 分析。

（1）仿真实验一：故障检测

根据所提算法设置如下参数：$\Delta t_1=\Delta t_2=\Delta t_3=0.4$，$\rho_1=49000$，$\rho_2=79000$，$\rho_3=79000$，$\rho_{i1}=\rho_{i2}=0.02$，$D=\mathrm{diag}(-1,-1,-1)$。故障检测区间分别是 $\Omega_1=(-4967.8,4967.8)$，$\Omega_2=(-10177,10177)$，$\Omega_2=(-12327,12327)$，$\Theta_1=(-\infty,-11678]\cup[11678,+\infty)$，$\Theta_2=(-\infty,-16874]\cup[16874,+\infty)$，$\Theta_3=(-\infty,-14937]\cup[14937,+\infty)$。我们考虑间歇故障如式(7.55) 所示：

$$F_1(t)=\begin{cases}50000 & t\in[20,40)\\80000 & t\in[60,80)\\0 & \text{else}\end{cases},F_2(t)=\begin{cases}80000 & t\in[30,50)\\120000 & t\in[60,80)\\0 & \text{else}\end{cases},F_3(t)=0 \quad (7.55)$$

本章所提出的故障检测方案的仿真结果显示在图 7.3～图 7.5 中。

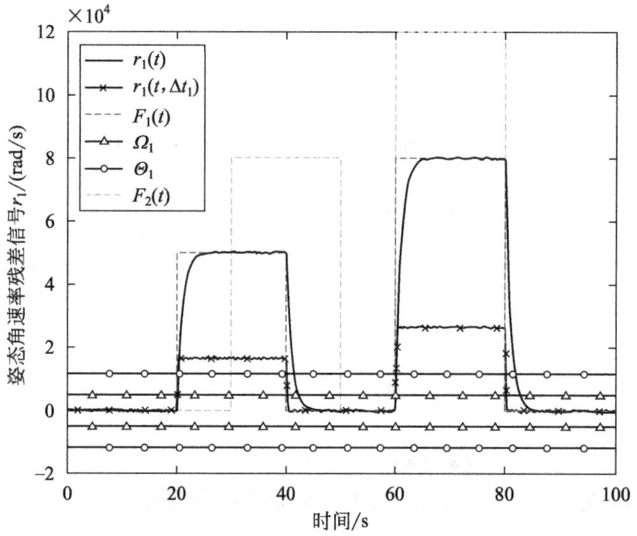

图 7.3　残差 $r_1(t,\Delta t_1)$ 响应曲线

根据图 7.3 和图 7.4，我们可以发现残差 $r_1(t,\Delta t_1)$ 仅受 $F_1(t)$ 的影响，残差 $r_2(t,\Delta t_2)$ 仅受 $F_2(t)$ 影响。图 7.5 显示了残差 $r_3(t,\Delta t_3)$ 与 $F_1(t)$ 或 $F_2(t)$ 无关。因此，本章所构造的残差满足要求，即残差 $r_i(t,\Delta t_i)$ 对故障 $F_i(t)$ 敏感，与 $F_j(t),j\neq i$ 无关。因此，我们可以确定故障发生的位置。

从图中 $r_i(t)$ 和 $r_i(t,\Delta t_i)$ 残差曲线，Ω_i 和 θ_i 阈值区间可以看出，通过滑动时间窗口 Δt_i 构造的改进的残差 $r_i(t,\Delta t_i)$ 所检测出的故障发生和消失时间比 $r_i(t)$ 的检测结果更准确。检测时间的仿真结果如表 7.1 所示，其中 $\tilde{\tau}_{i,s}^d$ 和 $\tilde{v}_{i,s}^d$ 分别是通过残差 $r_i(t)$ 检测到的 $\tau_{i,s}$ 和 $v_{i,s}$ 的值。第 s 个故障发生的时间 $\tau_{i,s}$ 可以被检测到。而与 $r_i(t,\Delta t_i)$ 相比，$r_i(t)$ 需要更多时间超过检测阈值 Θ_i，它检测出的消失时间比 $r_i(t,\Delta t_i)$

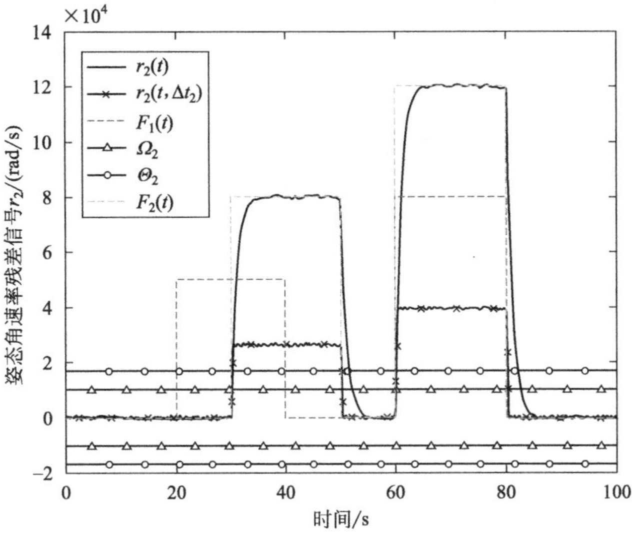

图 7.4 残差 $r_2(t, \Delta t_2)$ 响应曲线

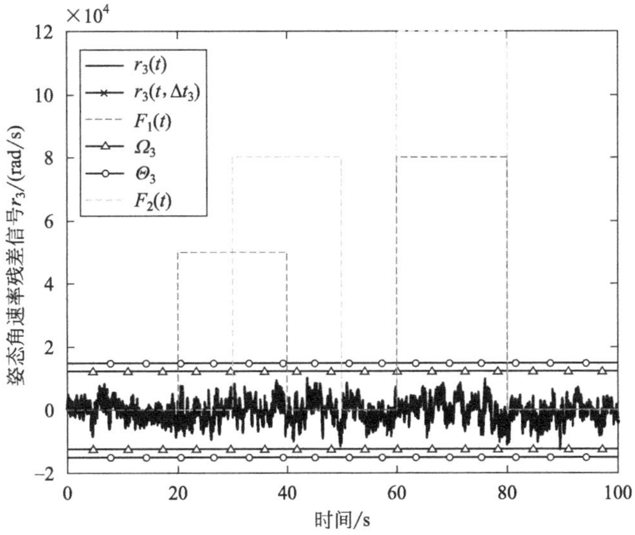

图 7.5 残差 $r_3(t, \Delta t_3)$ 响应

慢很多。仿真结果表明本章所提的改进残差设计方法能够更加有效地对故障进行检测。

表 7.1 间歇故障发生和消失时间检测结果

故障	sth	$\tau_{i,s}$	$\tau_{i,s}^d$	$\tilde{\tau}_{i,s}^d$	$v_{i,s}$	$v_{i,s}^d$	$\tilde{v}_{i,s}^d$
$F_1(t)$	1	20	20.12	20.12	40	40.12	41.46
	2	60	60.08	60.08	80	80.22	81.94
$F_2(t)$	1	30	30.14	30.14	50	50.14	51.6
	2	60	60.1	60.1	80	80.22	81.98

注：sth 表示故障信号的几种情况。

（2）仿真实验二：FTC 仿真

通过 LMI 计算，可以得到故障估计算法的参数矩阵为：$\boldsymbol{K}=[-1,0,0;0,-1,0;0,0,-1]$，$\boldsymbol{G}=[-20.52,0,-0.49;0,-4.23,0;-0.49,0,-2.82]$，故障估计的仿真结果如图 7.6 所示。响应曲线表示自适应故障估计律可以有效且快速地估计故障值，该算法对系统中的干扰有抑制作用，故障估计误差最终是有界的。

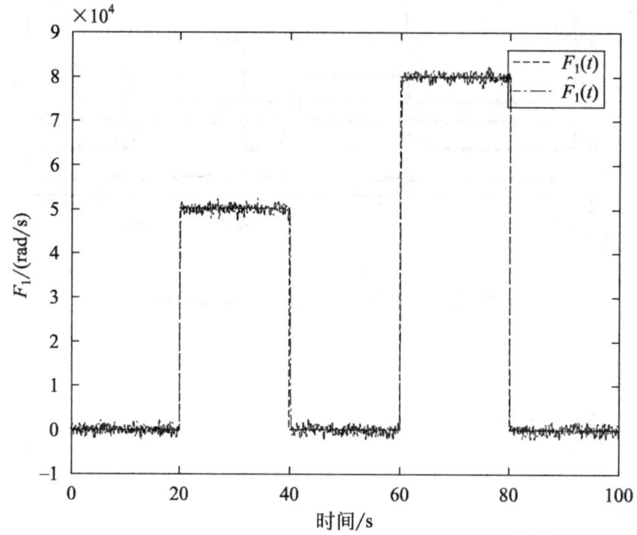

(a) 故障F_1的估计$\hat{F}_1$响应曲线

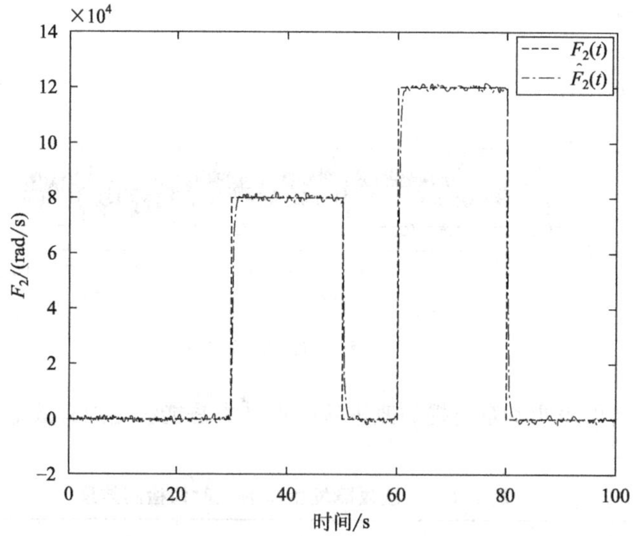

(b) 故障F_2的估计$\hat{F}_2$响应曲线

图 7.6　故障估计响应曲线

设置 $c_1=4$，$c_2=3$。图 7.7 显示了在间歇故障作用下，标称控制器和 FTC 作用下的姿态角的响应曲线。在没有故障补偿的标称控制器作用下，姿态角虽然最终会趋于给定值，但是姿态角在跟踪过程中具有很大的波动误差。而当故障发生时，姿态角会在FTC作用下快速地跟踪参考指令，跟踪误差最终有界，表明FTC具有良好的控制性能。

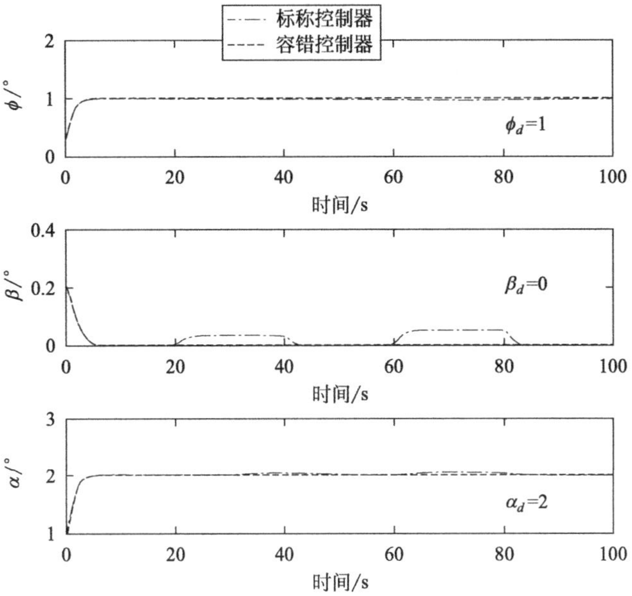

图 7.7　带有故障的姿态角 γ 跟踪响应曲线

本章主要研究了具有间歇性故障和干扰的HRV姿态系统的故障诊断和容错控制的问题。首先建立了带有故障和干扰的HRV模型，然后根据对故障特征的分析，对一般性的干扰进行预处理，根据处理结果构建改进的残差。根据高斯噪声的特性，结合假设检验得到了故障检测的阈值，与原始残差相比，改进残差能够快速地检测间歇故障的发生和消失时间。通过自适应估计算法能够快速地估计故障，并且其估计结果对干扰有一定的抑制作用。根据故障估计结果设计了FTC，该控制器能够使得姿态角跟踪给定的参考指令。最后通过仿真结果验证本章所提方案的有效性。

第8章

带有并发故障的过驱动系统故障诊断与容错控制分配设计

8.1 引言

第 7 章，我们提出了一种高超声速再入飞行器的容错控制设计方案，得到了再入姿态系统的控制力矩。然而在再入飞行的过程中，空气稀薄，仅仅靠气动舵面产生的控制力矩不足以实现飞行器姿态的稳定跟踪，需要启动辅助 RCS 实现控制力矩补偿，并与气动舵面协同作用来完成再入姿态控制。因此，针对气动面与 RCS 之间的控制分配是高超声速再入段姿态控制中的一个需要解决的问题。

由于控制系统物理组件的成本降低，具有冗余执行器的系统变得越来越具有竞争力。所谓冗余执行机构，即系统的执行器具有相同或相似的物理特性，从而导致执行器之间的严重耦合。可知 HRV 再入姿态系统中的单个舵面执行器之间不存在冗余，但是在组合执行器之间存在冗余，这使得系统发生执行器故障的检测和隔离变得困难。过驱动系统是一类控制输入量多于输出量的系统，为控制器的设计带来了很大的困难，而常常通过控制分配处理过驱动系统，同时该方法对执行器故障具有一定的容错能力[105]。因此在本章中，我们针对 HRV 过驱动系统中的并发执行器故障情况进行 FDI 和容错控制分配问题的研究。参考文献［106］也研究了过驱动系统的故障检测问题，但是该文章对故障的系数矩阵进行分解，得到了新定义的满秩系数矩阵，再以此系数矩阵进行故障检测隔离算法设计，在实际上检测结果并非我们需要的真正执行器的位置。

综上，本章提出了一种具有并发执行器故障的 HRV 过驱动系统的故障检测、隔离和容错控制分配算法设计方案。首先，构造了具有执行器故障的 HRV 过驱动系统数学模型。引入可检测因子确定最多可以隔离的并发故障个数，然后通过空间投影算子设计一系列残差信号，使得每个残差只对某些故障敏感，对其他故障特征不敏感。根据残差特性提出假设检验来确定故障检测的阈值，并设计一种自适应估计律来估计系统中的故障值。利用第 3 章的控制器设计方法得到再入系统的期望力矩，并通过期望力矩设计了一种二次规划容错控制分配算法来获得气动面的期望输入偏转角度和 RCS 连续输入状态量。将 RCS 所提供的状态量当作连续量进行控制分配设计，最后采用脉冲调频调宽（Pulse-Width Pulse-Frequency，PWPF）技术将 RCS 分配到的控制指令调制为 RCS 实际能接收的开关型控制量，解决了离散量在连续系统中的设计难题。考虑舵面系统的动态特性，将舵面系统的期望输入当作变量进行控制分配设计，然后设计一个补偿器来弥补舵面动态系统带来的衰减。

本章的内容结构安排如下：8.2 节描述了 HRV 模型和舵面执行器故障模型；8.3 节通过空间投影方法研究了并发执行器的故障诊断方法；8.4 节提出了再入姿态系统的容错控制分配策略；8.5 中给出了仿真分析验证所提算法的有效性。

8.2 再入姿态及执行器故障模型

本节简要介绍了具有执行器故障和干扰的X-33高超声速飞行器的再入姿态模型。

HRV的动力学描述如下[100]：

$$\begin{cases}\dot{\boldsymbol{\gamma}}=\boldsymbol{R\omega}+\tilde{\boldsymbol{\omega}}(t)\\ \dot{\boldsymbol{\omega}}=-\boldsymbol{J}^{-1}\boldsymbol{\Omega J\omega}+\boldsymbol{J}^{-1}\boldsymbol{T}+\boldsymbol{v}(t)\end{cases}\tag{8.1}$$

其中所有参数与第7章相同，这里不再赘述，但是与第7章不同的是再入姿态系统中只考虑白噪声的影响，而不考虑诸如正弦信号的一般性干扰的影响。力矩 $\boldsymbol{T}$ 通常是由气动面偏转和RCS生成的，可以表示为：

$$\boldsymbol{T}=\boldsymbol{T}_{\delta}+\boldsymbol{T}_{\mathrm{RCS}}\tag{8.2}$$

(1) 舵面力矩模型

气动面产生的力矩 $\boldsymbol{T}_{\delta}$ 为：

$$\boldsymbol{T}_{\delta}=\boldsymbol{B\delta}\tag{8.3}$$

式中，$\boldsymbol{\delta}=[\delta_1,\cdots,\delta_8]^{\mathrm{T}}$ 是气动面偏转向量，δ_1，…，δ_8 分别代表左右内侧副翼、左右襟翼、左右方向舵和左右外侧副翼偏转；$\boldsymbol{B}\in\boldsymbol{R}^{3\times 8}$ 是灵敏度矩阵[79,80]。气动面的动力学模型描述为[100]：

$$\ddot{\delta}_i=2\xi_i\omega_i\dot{\delta}_i+\omega_i^2\delta_i=\omega_i^2\delta_{ri},i=1,\cdots,8\tag{8.4}$$

式中，ω_i 是固有频率；ξ_i 是阻尼比；δ_{ri} 是第 i 舵面系统的控制输入。其中 $\omega_i=26.4\mathrm{rad/s}$，$\xi_i=0.7$。输入定义为 $\boldsymbol{\delta}_r=[\delta_{r1},\cdots,\delta_{r8}]^{\mathrm{T}}$。

(2) RCS力矩模型

RCS产生的力矩 $\boldsymbol{T}_{\mathrm{RCS}}$ 可以描述为：

$$\boldsymbol{T}_{\mathrm{RCS}}=\boldsymbol{\Psi u}_{\mathrm{RCS}}\tag{8.5}$$

式中，$\boldsymbol{\Psi}\in\boldsymbol{R}^{3\times 10}$ 是权重矩阵[107]，$\boldsymbol{u}_{\mathrm{RCS}}=[u_1,u_2,\cdots,u_{10}]^{\mathrm{T}}$，其中 $u_k\in\{0,1\}$，$k\in\{1,2,\cdots,10\}$ 代表了第 k 个RCS的开关状态。1代表开，0代表关。

当第 i 个气动面发生漂移故障时，实际舵面偏转可以表示为：

$$\delta_i=\delta_{ic}+f_i(t),t>t_f\tag{8.6}$$

式中，t_f 是故障发生的时间；$i\in\{1,2,\cdots,8\}$，δ_{ic} 是第 i 个气动面期望的偏转角度；$f_i(t)$ 是第 i 个舵面发生的故障值。期望的舵面偏转向量为：$\boldsymbol{\delta}_c=[\delta_{1c},\delta_{2c},\cdots,\delta_{8c}]^{\mathrm{T}}$，故障向量为：$\boldsymbol{F}(t)=[f_1(t),f_2(t),\cdots,f_8(t)]^{\mathrm{T}}$。

带有故障的力矩可以表示为：

$$\boldsymbol{T}=\boldsymbol{B\delta}_c+\sum_{k=1}^{n}\boldsymbol{b}_{i_k}f_{i_k}(t)+\boldsymbol{T}_{\mathrm{RCS}}=\boldsymbol{T}_{\mathrm{des}}+\sum_{k=1}^{n}\boldsymbol{b}_{i_k}f_{i_k}(t)\tag{8.7}$$

式中，n 代表发生故障的舵面的个数；$\boldsymbol{b}_{i_k}$ 是 $\boldsymbol{B}$ 的第 i_k 列，表示执行器故障特征向量；$\boldsymbol{T}_{\mathrm{des}}$ 是期望的力矩。

具有执行器故障的HRV由下式给出：

$$
\begin{cases}
\dot{\boldsymbol{\gamma}} = \boldsymbol{R}\boldsymbol{\omega} + \tilde{\boldsymbol{\omega}}(t) \\
\dot{\boldsymbol{\omega}} = f(\boldsymbol{\omega}) + \boldsymbol{J}^{-1}(\boldsymbol{B}\boldsymbol{\delta}_c + \boldsymbol{\Psi}\boldsymbol{u}_{\mathrm{RCS}}) + \sum_{k=1}^{n} L_{i_k} f_{i_k}(t) + \boldsymbol{v}(t)
\end{cases} \tag{8.8}
$$

式中，$f(\boldsymbol{\omega}) = -\boldsymbol{J}^{-1}\boldsymbol{\Omega}\boldsymbol{J}\boldsymbol{\omega}$，$\boldsymbol{L}_i = \boldsymbol{J}^{-1}\boldsymbol{b}_i$ 定义为新的故障特征向量。

注释 8.1： $\mathrm{rank}[\boldsymbol{L}_1, \cdots, \boldsymbol{L}_8] = 3 < 8$，$\mathrm{Im}\{\boldsymbol{L}_i\} \neq \mathrm{Im}\{\boldsymbol{L}_j\}$，$\forall i \neq j$。

本章研究的主要问题是针对过驱动系统如何进行故障检测、故障隔离和容错控制分配算法的设计。控制目标是在并发执行器故障和高斯白噪声干扰作用下，保证系统［式(8.8)］闭环稳定和姿态跟踪给定的参考信号 $\boldsymbol{\gamma}_d$。为实现控制目标，需要解决如下几个技术问题：①针对过驱动系统，如何设计故障检测算法对并发执行器故障进行隔离；②根据所求期望的控制力矩，如何进行控制分配得到不同执行器类型的输入信号；③考虑系统存在的故障，如何设计容错控制分配方案保证系统的闭环稳定。从图 8.1 中可以清楚地了解整个控制系统的结构，接下来的内容将围绕整个结构展开，最终完成控制目标。

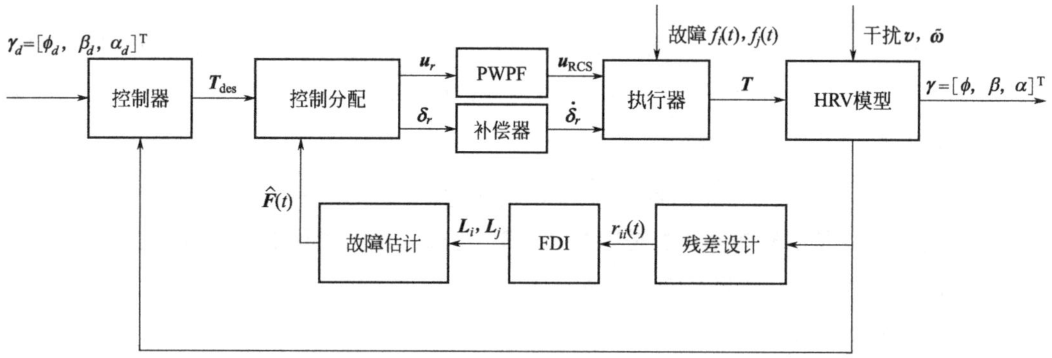

图 8.1 系统控制结构图

8.3 并发执行器故障诊断方法设计

针对过驱动系统［式(8.8)］，由于故障的特征系数矩阵不是列满秩的，即组合执行器之间存在冗余，信号特征具有耦合性，因此难以对所有执行器实现故障隔离，即目前只能处理系统存在部分故障的情况。本节研究的主要问题是过驱动系统的 FDI 问题，这种 FDI 方法不仅能够检测和隔离单个故障，还能解决并发故障的检测和隔离问题。

(1) 可检测性指数

由于故障特征向量的耦合性，导致执行器故障不是强可检测的。为此，引入故障可检测指数这一概念，它代表可检测和隔离同时发生的故障的最多数量，即最多的并发故障数量。定义 μ 为可以检测同时发生的故障的最大数量，即可检测性指数，其

中 $\mu<m$，m 是执行器的个数。过驱动系统可检测的必要条件是每 $\mu+1$ 个故障特征向量的组合 $\boldsymbol{L}_{i_1}$，…，$\boldsymbol{L}_{i_{\mu+1}}$ 满足如下条件：

$$\operatorname{rank}[\boldsymbol{L}_{i_1},\cdots,\boldsymbol{L}_{i_{\mu+1}}]=\mu+1 \tag{8.9}$$

本章研究的 HRV 系统的可检测性指数为 $\mu=2$，因此在本章中考虑最多同时发生两个故障的情况，即 $n\leqslant 2$。

(2) 子空间

针对 HRV 过驱动系统最多同时发生两个故障时，能够进行检测并隔离的条件为对于任意两个向量组合 $\boldsymbol{L}_i$ 和 $\boldsymbol{L}_j$ 存在如下子空间：

$$\boldsymbol{S}_{ij}=\operatorname{span}\{\boldsymbol{L}_i,\boldsymbol{L}_j\} \tag{8.10}$$

子空间满足：$\boldsymbol{S}_{ij}\cap\boldsymbol{L}_l=\varnothing$，$l\neq i$，$j$。显然由注 8.1 可知，本章研究的系统中存在这样的子空间，然后可以构造 $C(m,\mu)$ 个残差生成器。那么关于 i，j 的残差生成器设计为：

$$\begin{cases}\dot{\boldsymbol{z}}_{ij}=\boldsymbol{F}_{ij}\boldsymbol{z}_{ij}-\boldsymbol{E}_{ij}\boldsymbol{\omega}+\boldsymbol{g}(\boldsymbol{\omega})+\boldsymbol{h}(\boldsymbol{T}_{\text{des}})\\ \boldsymbol{r}_{ij}=\boldsymbol{z}_{ij}-\boldsymbol{P}_{ij}\boldsymbol{\omega}\end{cases} \tag{8.11}$$

式中，i，$j\in 1$，2，…，m 且 $i\neq j$；$\boldsymbol{z}_{ij}\in\boldsymbol{R}^{n_{ij}}$ 是残差生成器的状态向量，$n_{ij}=\dim(\boldsymbol{\omega})-\dim(\boldsymbol{S}_{ij})$，$\boldsymbol{F}_{ij}=\operatorname{diag}(\lambda_{ij},\cdots,\lambda_{ij})\in\boldsymbol{R}^{n_{ij}\times n_{ij}}$，其中 $\lambda_{ij}<0$；$\boldsymbol{P}_{ij}$：$R^n\to R^n/\boldsymbol{S}_{ij}$ 是投影算子；$\boldsymbol{E}_{ij}=\boldsymbol{F}_{ij}\boldsymbol{P}_{ij}$；$\boldsymbol{g}(\boldsymbol{\omega})=\boldsymbol{P}_{ij}f(\boldsymbol{\omega})$；$\boldsymbol{h}(\boldsymbol{T}_{\text{des}})=\boldsymbol{P}_{ij}\boldsymbol{J}^{-1}\boldsymbol{T}_{\text{des}}$。定义 $\boldsymbol{e}_{ij}=\boldsymbol{z}_{ij}-\boldsymbol{P}_{ij}\boldsymbol{\omega}$，然后该残差生成器与原系统的误差动态方程为：

$$\begin{cases}\dot{\boldsymbol{e}}_{ij}=\boldsymbol{F}_{ij}\boldsymbol{e}_{ij}-\boldsymbol{P}_{ij}\sum\limits_{k=1}^{n}L_{i_k}f_{i_k}(t)-\boldsymbol{P}_{ij}\boldsymbol{v}(t)\\ \boldsymbol{r}_{ij}=\boldsymbol{e}_{ij}\end{cases} \tag{8.12}$$

注释 8.2： $\boldsymbol{P}_{ij}$：$R^n\to R^n/\boldsymbol{S}_{ij}$ 是从 R^n 到 $R^n/\boldsymbol{S}_{ij}$ 的规范投影，即 $\operatorname{Ker}\boldsymbol{P}_{ij}=\boldsymbol{S}_{ij}$，因此 $\forall x\in\boldsymbol{S}_{ij}$，$\boldsymbol{P}_{ij}x=0$。

设计的残差生成器具有以下特性：①当系统中没有故障时，所有残差信号趋于零；②某个残差只对某几个故障不敏感并且对其他故障均敏感。

分析表明，当输入通道 $\boldsymbol{L}_k$ 发生故障时，$\forall j\neq k$，$\boldsymbol{P}_{kj}\boldsymbol{L}_k=0$，所以残差 $\boldsymbol{r}_{kj}$ 不受该故障的影响，其余的残差信号将都受此故障的影响，其中 k，$j\in 1$，2，…，m。因此，对于每个执行器故障，存在一组唯一的残差集合受到该故障的影响，因此可以通过查看这些残差来检测故障。

对于两个输入通道 $\boldsymbol{L}_i$、$\boldsymbol{L}_j$ 同时发生故障的情况，$\boldsymbol{P}_{ij}\boldsymbol{L}_i=\boldsymbol{P}_{ij}\boldsymbol{L}_j=0$，残差 $\boldsymbol{r}_{ij}$ 将与这两个同时发生的故障解耦，其余残差将受其影响，因此可以很容易检测故障发生的位置。

表 8.1 显示了如何使用残差组合来检测和隔离输入通道中的故障。例如，如果 L_1 中存在故障，则残差 r_{23}、r_{24}、r_{25}、r_{26}、r_{27}、r_{28}、r_{34}、r_{35}、r_{36}、r_{37}、r_{38}、r_{45}、r_{46}、r_{47}、r_{48}、r_{56}、r_{57}、r_{58}、r_{67}、r_{68} 和 r_{78} 受此故障影响，而其他残差不受此故障的影响。因此，可以检测输入通道中的故障发生。当两个输入通道同时出

现故障时，例如 L_1 和 L_2，除 r_{12} 之外的所有残差都会受到这些故障的影响，因此能够检测到这些同时发生的故障。当所有残差都没有超过其阈值的情况下，系统没有发生故障。当所有残差超过其阈值曲线的情况下，系统中应存在两个以上的同时故障，本章不考虑这种情况。

表 8.1　不同残差所影响的故障通道

残差	影响	不影响	残差	影响	不影响
r_{12}	L_3,L_4,L_5,L_6,L_7,L_8	L_1,L_2	r_{13}	L_2,L_4,L_5,L_6,L_7,L_8	L_1,L_3
r_{14}	L_2,L_3,L_5,L_6,L_7,L_8	L_1,L_4	r_{15}	L_2,L_3,L_4,L_6,L_7,L_8	L_1,L_5
r_{16}	L_2,L_3,L_4,L_5,L_7,L_8	L_1,L_6	r_{17}	L_2,L_3,L_4,L_5,L_6,L_8	L_1,L_7
r_{18}	L_2,L_3,L_4,L_5,L_6,L_7	L_1,L_8	r_{23}	L_1,L_4,L_5,L_6,L_7,L_8	L_2,L_3
r_{24}	L_1,L_3,L_5,L_6,L_7,L_8	L_2,L_4	r_{25}	L_1,L_3,L_4,L_6,L_7,L_8	L_2,L_5
r_{26}	L_1,L_3,L_4,L_5,L_7,L_8	L_2,L_6	r_{27}	L_1,L_3,L_5,L_6,L_7,L_8	L_2,L_7
r_{28}	L_1,L_3,L_4,L_5,L_6,L_7	L_2,L_8	r_{34}	L_1,L_2,L_5,L_6,L_7,L_8	L_3,L_4
r_{35}	L_1,L_2,L_4,L_6,L_7,L_8	L_3,L_5	r_{36}	L_1,L_2,L_4,L_5,L_7,L_8	L_3,L_6
r_{37}	L_1,L_2,L_4,L_5,L_6,L_8	L_3,L_7	r_{38}	L_1,L_2,L_4,L_5,L_6,L_7	L_3,L_8
r_{45}	L_1,L_2,L_3,L_6,L_7,L_8	L_4,L_5	r_{46}	L_1,L_2,L_3,L_5,L_7,L_8	L_4,L_6
r_{47}	L_1,L_2,L_3,L_5,L_6,L_8	L_4,L_7	r_{48}	L_1,L_2,L_3,L_5,L_6,L_7	L_4,L_8
r_{56}	L_1,L_2,L_3,L_4,L_7,L_8	L_5,L_6	r_{57}	L_1,L_2,L_3,L_4,L_6,L_8	L_5,L_7
r_{58}	L_1,L_2,L_3,L_4,L_6,L_7	L_5,L_8	r_{67}	L_1,L_2,L_3,L_4,L_5,L_8	L_6,L_7
r_{68}	L_1,L_2,L_3,L_4,L_5,L_7	L_6,L_8	r_{78}	L_1,L_2,L_3,L_4,L_5,L_6	L_7,L_8

由于高斯白噪声信号 $\boldsymbol{v}(t)$ 的存在，很难通过 $\boldsymbol{r}_{ij}$ 是否等于零来准确地检测故障的存在与否，传统方法是根据实际经验设置检测阈值，这里结合第 7 章，通过假设检验来设计故障检测阈值。

通过计算可得 $n_{ij}=\dim(\boldsymbol{\omega})-\dim(\boldsymbol{S}_{ij})=1$，假设 $\boldsymbol{e}_{ij}=0$，然后残差可以表示为：

$$\begin{cases}\boldsymbol{e}_{ij}(t)=-\int_0^t \mathrm{e}^{\lambda_{ij}(t-\tau)}\boldsymbol{P}_{ij}\sum_{k=1}^{n}L_{i_k}f_{i_k}(\tau)-\int_0^t \mathrm{e}^{\lambda_{ij}(t-\tau)}\boldsymbol{P}_{ij}\boldsymbol{v}(\tau)\mathrm{d}\tau \\ \boldsymbol{r}_{ij}(t)=\boldsymbol{e}_{ij}(t)\end{cases} \tag{8.13}$$

定义 $r_{ij\_1}(t)=-\int_0^t \mathrm{e}^{\lambda_{ij}(t-\tau)}\boldsymbol{P}_{ij}\sum_{k=1}^{n}L_{i_k}f_{i_k}(\tau)\mathrm{d}\tau-\int_0^t \mathrm{e}^{\lambda_{ij}(t-\tau)}\boldsymbol{P}_{ij}\boldsymbol{v}(\tau)\mathrm{d}\tau$ 。注意，$\boldsymbol{v}(t)$ 是独立的高斯白噪声，具有零均值且 $\boldsymbol{R}_v=E(\boldsymbol{v}\boldsymbol{v}^{\mathrm{T}})$，所以 $r_{ij\_2}(t)$ 服从均值为零的高斯分布，即 $E[r_{ij\_2}(t)]=0$。$r_{ij\_2}(t)$ 的方差为：

$$\begin{aligned}\sigma^2_{r_{ij\_2}}&=E\left\{\int_0^t \mathrm{e}^{\lambda_{ij}(t-\tau)}\boldsymbol{P}_{ij}\boldsymbol{v}(\tau)\mathrm{d}\tau\int_0^t \mathrm{e}^{\lambda_{ij}(t-\tau)}[\boldsymbol{P}_{ij}\boldsymbol{v}(\tau)]^{\mathrm{T}}\mathrm{d}\tau\right\}\\&=E\left\{\int_0^t\int_0^t \mathrm{e}^{\lambda_{ij}(2t-\tau_1-\tau_2)}\boldsymbol{P}_{ij}\boldsymbol{v}(\tau)[\boldsymbol{P}_{ij}\boldsymbol{v}(\tau)]^{\mathrm{T}}\mathrm{d}\tau_1\mathrm{d}\tau_2\right\}\\&=\int_0^t\int_0^t \mathrm{e}^{\lambda_{ij}(2t-\tau_1-\tau_2)}\boldsymbol{P}_{ij}\boldsymbol{R}_v\boldsymbol{P}_{ij}{}^{\mathrm{T}}\mathrm{d}\tau_1\mathrm{d}\tau_2\\&=\frac{1}{\lambda_{ij}^2}(1-\mathrm{e}^{\lambda_{ij}t})^2\boldsymbol{P}_{ij}\boldsymbol{R}_v\boldsymbol{P}_{ij}{}^{\mathrm{T}}\end{aligned} \tag{8.14}$$

因此 $r_{ij\_2}(t)\sim\Phi(0,\sigma^2_{r_{ij\_2}})$，$\Phi(\cdot)$ 代表高斯分布函数。

$r_{ij\_1}(t)$ 的特征可以表示为：

- 当 $t<t_f$，$r_{ij\_1}(t)=0$；
- 当 $t>t_f$，故障发生在输入通道 $\boldsymbol{L}_k$，$k\in\{i,j\}$，$r_{ij\_1}(t)=0$；
- 当 $t>t_f$，故障发生在输入通道 $\boldsymbol{L}_k$，$k\notin\{i,j\}$，$r_{ij\_1}(t)\neq 0$。

我们引入如下的假设检验：

$$H^A_{i,0}:E[r_{ij}(t)]=0,H^A_{i,1}:E[r_{ij}(t)]\neq 0 \tag{8.15}$$

(3) 检测区间

对于一个给定的置信水平 ρ_{ij}，我们能够得到关于假设检验式(8.15) 的接受区间为：

$$\Omega_{ij}=(-h_{\frac{\rho_{ij}}{2}}\sigma_{r_{ij\_2}},h_{\frac{\rho_{ij}}{2}}\sigma_{r_{ij\_2}}) \tag{8.16}$$

式中，$h_{\frac{\rho_{ij}}{2}}$ 表示标准高斯分布变量有 $\frac{\rho_{ij}}{2}$ 的概率落入区间 $[h_{\frac{\rho_{ij}}{2}},\infty)$ 内。

因此我们可以得出，当 $\boldsymbol{r}_{ij}\in\Omega_{ij}$ 时，系统没有故障，或者故障发生在 $\boldsymbol{L}_i$ 或者 $\boldsymbol{L}_j$ 通道。而当 $\boldsymbol{r}_{ij}\notin\Omega_{ij}$ 时，执行器发生故障且故障在 $\boldsymbol{L}_k$ 通道中，$k\neq i$，j。因此，Ω_{ij} 是用于检测输入通道 $\boldsymbol{L}_i$ 或 $\boldsymbol{L}_j$ 中是否发生故障的阈值区间。

当 $t>t_f$，发生执行器故障，系统［式(8.8)］可以表示为：

$$\dot{\boldsymbol{\omega}}=f(\boldsymbol{\omega})+\boldsymbol{J}^{-1}\boldsymbol{T}_{\mathrm{des}}+\boldsymbol{LF}+\boldsymbol{v}(t) \tag{8.17}$$

式中，$\boldsymbol{L}=[L_{i_1},L_{i_2},\cdots,L_{i_n}]\in\boldsymbol{R}^{3\times n}$ 是表示故障特征的系统矩阵，$\boldsymbol{F}=[f_1,f_2,\cdots,f_n]\in\boldsymbol{R}^{n\times 1}$ 表示故障向量。然后，设计如下观测器来估计执行器故障：

$$\dot{\hat{\boldsymbol{\omega}}}=f(\boldsymbol{\omega})+\boldsymbol{J}^{-1}\boldsymbol{T}_{\mathrm{des}}-\boldsymbol{K}(\boldsymbol{\omega}-\hat{\boldsymbol{\omega}})+\boldsymbol{L}\hat{\boldsymbol{F}} \tag{8.18}$$

式中，$\hat{\boldsymbol{\omega}}\in\boldsymbol{R}^{3\times 1}$ 是观测器的状态向量，$\boldsymbol{K}\in\boldsymbol{R}^{3\times 3}$ 是增益矩阵，$\hat{\boldsymbol{F}}$ 是 $\boldsymbol{F}$ 的估计值。观测器的误差动力学方程表示为：

$$\dot{\tilde{\boldsymbol{\omega}}}=\boldsymbol{K}\tilde{\boldsymbol{\omega}}+\boldsymbol{L}\tilde{\boldsymbol{F}}+\boldsymbol{v} \tag{8.19}$$

式中，$\tilde{\boldsymbol{F}}=\boldsymbol{F}-\hat{\boldsymbol{F}}$ 是故障估计误差，$\tilde{\boldsymbol{\omega}}=\boldsymbol{\omega}-\hat{\boldsymbol{\omega}}$ 是状态误差。自适应故障估计算法设计为：

$$\dot{\hat{\boldsymbol{F}}}=-\boldsymbol{G}(\tilde{\boldsymbol{\omega}}+\dot{\tilde{\boldsymbol{\omega}}}) \tag{8.20}$$

式中，$\boldsymbol{G}\in\boldsymbol{R}^{n\times 3}$ 是估计算法增益矩阵。为了抑制干扰并准确估计故障，构造了以下增广误差系统：

$$\dot{\boldsymbol{\zeta}}=\begin{bmatrix}\boldsymbol{K} & \boldsymbol{L}\\ \boldsymbol{G}+\boldsymbol{GK} & \boldsymbol{GL}\end{bmatrix}\boldsymbol{\zeta}+\begin{bmatrix}\boldsymbol{I} & 0\\ \boldsymbol{G} & \boldsymbol{I}\end{bmatrix}\begin{bmatrix}\boldsymbol{v}\\ \dot{\boldsymbol{F}}\end{bmatrix}=\bar{\boldsymbol{A}}\boldsymbol{\zeta}+\bar{\boldsymbol{B}}\boldsymbol{\vartheta} \tag{8.21}$$

式中，$\boldsymbol{\zeta}=[\tilde{\boldsymbol{\omega}};\tilde{\boldsymbol{F}}]$，$\boldsymbol{\vartheta}=[\boldsymbol{v};\dot{\boldsymbol{F}}]$。

假设 8.1： 参数 $\boldsymbol{\vartheta}$ 是有界的。

定理 8.1： 针对系统［式(8.21)］和给定正常数 γ_ϑ，如果存在正定对称矩阵 $\boldsymbol{P}_1\in$

$\boldsymbol{R}^{3\times 3}$和$\boldsymbol{P}_2\in\boldsymbol{R}^{n\times n}[\boldsymbol{P}=\mathrm{diag}(P_1,P_2)]$，使得以下矩阵不等式成立，那么故障估计误差$\widetilde{\boldsymbol{F}}$最终有界并且满足干扰抑制水平$\gamma_{\vartheta}$。

$$\begin{bmatrix} \boldsymbol{K}^{\mathrm{T}}\boldsymbol{P}_1+\boldsymbol{P}_1\boldsymbol{K} & \boldsymbol{P}_1\boldsymbol{L}+\boldsymbol{K}^{\mathrm{T}}\boldsymbol{G}^{\mathrm{T}}\boldsymbol{P}_2+\boldsymbol{G}^{\mathrm{T}}\boldsymbol{P}_2 & \boldsymbol{P}_1 & 0 \\ * & \boldsymbol{L}^{\mathrm{T}}\boldsymbol{G}^{\mathrm{T}}\boldsymbol{P}_2+\boldsymbol{P}_2\boldsymbol{G}\boldsymbol{L}+\boldsymbol{I} & \boldsymbol{P}_2\boldsymbol{G} & \boldsymbol{P}_2 \\ * & * & -\gamma_{\vartheta}^2\boldsymbol{I} & 0 \\ * & * & * & -\gamma_{\vartheta}^2\boldsymbol{I} \end{bmatrix}<0 \tag{8.22}$$

证明：定义$V_{\zeta}=\boldsymbol{\zeta}^{\mathrm{T}}\boldsymbol{P}\boldsymbol{\zeta}$，然后对$V_{\zeta}$求导得：

$$\begin{aligned}\dot{V}_{\zeta}&=(\overline{\boldsymbol{A}}\boldsymbol{\zeta}+\overline{\boldsymbol{B}}\boldsymbol{\vartheta})^{\mathrm{T}}\boldsymbol{P}\boldsymbol{\zeta}+\boldsymbol{\zeta}^{\mathrm{T}}\boldsymbol{P}(\overline{\boldsymbol{A}}\boldsymbol{\zeta}+\overline{\boldsymbol{B}}\boldsymbol{\vartheta})\\&=\boldsymbol{\zeta}^{\mathrm{T}}(\overline{\boldsymbol{A}}^{\mathrm{T}}\boldsymbol{P}+\boldsymbol{P}\overline{\boldsymbol{A}})\boldsymbol{\zeta}+2\boldsymbol{\zeta}^{\mathrm{T}}\boldsymbol{P}\overline{\boldsymbol{B}}\boldsymbol{\vartheta}\end{aligned} \tag{8.23}$$

根据引理7.3，取函数$V=V_{\zeta}+\int_0^t\widetilde{\boldsymbol{F}}^{\mathrm{T}}\widetilde{\boldsymbol{F}}\mathrm{d}t-\int_0^t\gamma_{\vartheta}^2\boldsymbol{\vartheta}^{\mathrm{T}}\boldsymbol{\vartheta}\mathrm{d}t$，$V$对时间求导可得：

$$\begin{aligned}\dot{V}&=\dot{V}_{\zeta}+\widetilde{\boldsymbol{F}}^{\mathrm{T}}\widetilde{\boldsymbol{F}}-\gamma_{\vartheta}^2\boldsymbol{\vartheta}^{\mathrm{T}}\boldsymbol{\vartheta}\\&=\dot{V}_{\zeta}+\boldsymbol{\zeta}^{\mathrm{T}}\boldsymbol{H}^{\mathrm{T}}\boldsymbol{H}\boldsymbol{\zeta}-\gamma_{\vartheta}^2\boldsymbol{\vartheta}^{\mathrm{T}}\boldsymbol{\vartheta}\\&=\boldsymbol{\zeta}^{\mathrm{T}}(\overline{\boldsymbol{A}}^{\mathrm{T}}\boldsymbol{P}+\boldsymbol{P}\overline{\boldsymbol{A}}+\boldsymbol{H}^{\mathrm{T}}\boldsymbol{H})\boldsymbol{\zeta}+2\boldsymbol{\zeta}^{\mathrm{T}}\boldsymbol{P}\overline{\boldsymbol{B}}\tilde{\boldsymbol{\omega}}-\gamma_{\vartheta}^2\boldsymbol{\vartheta}^{\mathrm{T}}\boldsymbol{\vartheta}\\&=[\boldsymbol{\zeta}^{\mathrm{T}}\quad\boldsymbol{\vartheta}^{\mathrm{T}}]\begin{bmatrix}\overline{\boldsymbol{A}}^{\mathrm{T}}\boldsymbol{P}+\boldsymbol{P}\overline{\boldsymbol{A}}+\boldsymbol{H}^{\mathrm{T}}\boldsymbol{H} & \boldsymbol{P}\overline{\boldsymbol{B}}\\ * & -\gamma_{\vartheta}^2\boldsymbol{I}\end{bmatrix}\begin{bmatrix}\boldsymbol{\zeta}\\ \boldsymbol{\vartheta}\end{bmatrix}\end{aligned} \tag{8.24}$$

式中，$\boldsymbol{H}=[0_{3\times 3},\boldsymbol{I}_{n\times n}]$。根据Schur补定理，如果矩阵不等式(8.22)成立，可以得到$\dot{V}<0$且$V=\int_0^t\dot{V}\mathrm{d}t<0$。由于$V_{\zeta}>0$，$\int_0^t\widetilde{\boldsymbol{F}}^{\mathrm{T}}\widetilde{\boldsymbol{F}}\mathrm{d}t-\int_0^t\gamma_{\vartheta}^2\boldsymbol{\vartheta}^{\mathrm{T}}\boldsymbol{\vartheta}\mathrm{d}t<0$是成立的。因此我们能够得到$\|\widetilde{\boldsymbol{F}}\|_2\leqslant\gamma_{\vartheta}\|\boldsymbol{\vartheta}\|_2$。即故障估计误差最终有界且满足干扰抑制水平。

8.4 容错控制分配设计

在本节中，我们首先设计控制器以产生所需的力矩$\boldsymbol{T}_{\mathrm{des}}$使得姿态角可以跟踪给定的参考指令。

定理8.2：考虑姿态系统［式(8.1)］，控制器［式(8.25)］可以保证闭环系统稳定并且姿态跟踪误差$\boldsymbol{\gamma}-\boldsymbol{\gamma}_d$有界。

$$\boldsymbol{T}_{\mathrm{des}}=\boldsymbol{J}(\dot{\boldsymbol{v}}_d+\boldsymbol{J}^{-1}\boldsymbol{\Omega}\boldsymbol{J}\boldsymbol{\omega}-\boldsymbol{R}^{\mathrm{T}}\boldsymbol{z}_1-c_2\boldsymbol{z}_2) \tag{8.25}$$

$$\boldsymbol{v}_d=\boldsymbol{R}^{-1}(-c_1\boldsymbol{z}_1+\dot{\boldsymbol{\gamma}}_d) \tag{8.26}$$

式中，$\boldsymbol{z}_1=\boldsymbol{\gamma}-\boldsymbol{\gamma}_d$，$\boldsymbol{z}_2=\boldsymbol{\omega}-\boldsymbol{v}_d$，$c_1>1$，$c_2>1$。

证明：① 取Lyapunov函数：

$$V_1=\frac{1}{2}\boldsymbol{z}_1^{\mathrm{T}}\boldsymbol{z}_1 \tag{8.27}$$

V_1对时间求导可得：

$$\dot{V}_1=\boldsymbol{z}_1^{\mathrm{T}}(\boldsymbol{R\omega}+\tilde{\boldsymbol{\omega}}-\dot{\boldsymbol{\gamma}}_d) \tag{8.28}$$

引入跟踪误差 $\boldsymbol{z}_2$，然后可以得到：

$$\begin{aligned}\dot{V}_1&=\boldsymbol{z}_1^{\mathrm{T}}[\boldsymbol{R}(\boldsymbol{z}_2+\boldsymbol{v}_d)+\tilde{\boldsymbol{\omega}}-\dot{\boldsymbol{\gamma}}_d]\\&=-c_1\boldsymbol{z}_1^{\mathrm{T}}\boldsymbol{z}_1+\boldsymbol{z}_1^{\mathrm{T}}\boldsymbol{R}\boldsymbol{z}_2+\boldsymbol{z}_1^{\mathrm{T}}\tilde{\boldsymbol{\omega}}\\&\leqslant-c_1\boldsymbol{z}_1^{\mathrm{T}}\boldsymbol{z}_1+\boldsymbol{z}_1^{\mathrm{T}}\boldsymbol{R}\boldsymbol{z}_2+\boldsymbol{z}_1^{\mathrm{T}}\boldsymbol{z}_1+\frac{1}{4}\tilde{\boldsymbol{\omega}}^{\mathrm{T}}\tilde{\boldsymbol{\omega}}\\&=-(c_1-1)\boldsymbol{z}_1^{\mathrm{T}}\boldsymbol{z}_1+\boldsymbol{z}_1^{\mathrm{T}}\boldsymbol{R}\boldsymbol{z}_2+\frac{1}{4}\|\tilde{\boldsymbol{\omega}}\|^2\end{aligned} \tag{8.29}$$

② 取如下 Lyapunov 函数：

$$V=V_1+\frac{1}{2}\boldsymbol{z}_2^{\mathrm{T}}\boldsymbol{z}_2 \tag{8.30}$$

函数对时间求导可得：

$$\begin{aligned}\dot{V}&\leqslant-(c_1-1)\boldsymbol{z}_1^{\mathrm{T}}\boldsymbol{z}_1+\boldsymbol{z}_1^{\mathrm{T}}\boldsymbol{R}\boldsymbol{z}_2+\frac{1}{4}\|\tilde{\boldsymbol{\omega}}\|^2+\boldsymbol{z}_2^{\mathrm{T}}\dot{\boldsymbol{z}}_2\\&\leqslant-c_2\boldsymbol{z}_2^{\mathrm{T}}\boldsymbol{z}_2-(c_1-1)\boldsymbol{z}_1^{\mathrm{T}}\boldsymbol{z}_1+\frac{1}{4}\|\tilde{\boldsymbol{\omega}}\|^2+\frac{1}{4}\boldsymbol{v}^{\mathrm{T}}\boldsymbol{v}+\boldsymbol{z}_2^{\mathrm{T}}\boldsymbol{z}_2\\&\leqslant-(c_1-1)\boldsymbol{z}_1^{\mathrm{T}}\boldsymbol{z}_1-(c_2-1)\boldsymbol{z}_2^{\mathrm{T}}\boldsymbol{z}_2+\frac{1}{4}(\|\tilde{\boldsymbol{\omega}}\|^2+\|\boldsymbol{v}\|^2)\\&\leqslant-(c_1-1)\|\boldsymbol{z}_1\|^2-(c_2-1)\|\boldsymbol{z}_2\|^2+\frac{1}{4}(M_{\tilde{\boldsymbol{\omega}}}^2+M_{\boldsymbol{v}}^2)\\&=-\eta V+\Pi\end{aligned} \tag{8.31}$$

其中，$\eta=2\min(c_1-1,c_2-1)$，$\Pi=\frac{1}{4}(M_{\tilde{\boldsymbol{\omega}}}^2+M_{\boldsymbol{v}}^2)$。可以得出：

$$V\leqslant\left[V(0)-\frac{\Pi}{\eta}\right]\mathrm{e}^{-\eta t}+\frac{\Pi}{\eta} \tag{8.32}$$

最终可以得到：

$$\lim_{t\to\infty}\sup\|\boldsymbol{\gamma}-\boldsymbol{\gamma}_d\|\leqslant\sqrt{\frac{2\Pi}{\eta}} \tag{8.33}$$

因此闭环系统是稳定的且姿态角跟踪误差 $\boldsymbol{z}_1$最终有界。

在实际飞行中，控制力矩由气动面偏转和 RCS 喷射产生。因此，在下一部分中，期望的力矩将分配到气动面和 RCS 中。

控制分配技术用于将所需力矩 $\boldsymbol{T}_{\mathrm{des}}$分配到气动面的控制输入 $\boldsymbol{\delta}_r$和 RCS 输入 $\boldsymbol{u}_{\mathrm{RCS}}$上。考虑气动面的动态特性［式(8.4)］，可以先用舵面的控制输入 $\boldsymbol{\delta}_r$代替舵面的输出$\boldsymbol{\delta}$，同时考虑将 RCS 作为连续执行器 $\boldsymbol{u}_r=[u_{r_1},\cdots,u_{r_{10}}]$，然后可以近似得到力矩模型为：$\boldsymbol{T}_{\mathrm{des}}=\boldsymbol{B}\boldsymbol{\delta}_r+\boldsymbol{\Psi}\boldsymbol{u}_r$，然后可以通过以下二次规划分配算法获得 RCS 连续控制输入 $\boldsymbol{u}_r$和气动面控制输入指令 $\boldsymbol{\delta}_r$。

系统所期望力矩通过式(8.25)计算所得，分配的主要目的是使得期望力矩与气动面和RCS提供的力矩之间的误差最小。因此，在没有故障发生的情况下，解决控制分配问题就转化为使得下列指标 M 最小化：

$$\min_{\boldsymbol{\delta}_r,\boldsymbol{u}_r} M=\frac{1}{2}[\sigma_1\boldsymbol{\delta}_r^{\mathrm{T}}\boldsymbol{Q}_2\boldsymbol{\delta}_r+\sigma_2\boldsymbol{u}_r^{\mathrm{T}}\boldsymbol{Q}_3\boldsymbol{u}_r+(1-\sigma)(\boldsymbol{T}_{\mathrm{des}}-\boldsymbol{B\delta}-\boldsymbol{\Psi u}_r)^{\mathrm{T}}\boldsymbol{Q}_1(\boldsymbol{T}_{\mathrm{des}}-\boldsymbol{B\delta}-\boldsymbol{\Psi u}_r)] \tag{8.34}$$

其中 $0<\sigma<1$，$\sigma=\sigma_1+\sigma_2$，且满足以下条件：

$$\begin{cases}\delta_{\min}^i\leqslant\delta_{ri}\leqslant\delta_{\max}^i, i\in\{1,2,\cdots,8\}\\0\leqslant u_{rj}\leqslant 1, j\in\{1,2,\cdots,10\}\\\boldsymbol{T}_{\mathrm{des}}-\boldsymbol{B\delta}_r-\boldsymbol{\Psi u}_r\geqslant 0\end{cases} \tag{8.35}$$

式中，$\boldsymbol{Q}_1\in\boldsymbol{R}^{3\times3}$，$\boldsymbol{Q}_2\in\boldsymbol{R}^{8\times8}$，$\boldsymbol{Q}_3\in\boldsymbol{R}^{10\times10}$是正定对称矩阵；参数 $\delta_{\min}^i$ 和 $\delta_{\max}^i$ 是气动面的最小和最大允许偏转角度，如表 8.2[108]所示。

表 8.2　气动面的允许偏转范围

变量/rad	δ_{r1},δ_{r2}	δ_{r3},δ_{r4}	δ_{r5},δ_{r6}	δ_{r7},δ_{r8}
$\delta_{\min}^i$	−0.44	−0.26	−0.52	−0.52
$\delta_{\max}^i$	0.44	0.45	1.04	0.52

当系统发生执行器故障时，解决容错控制分配问题就转化为使得下列指标 M 最小化：

$$\begin{aligned}\min_{\boldsymbol{\delta}_r,\boldsymbol{u}_r} M=&\frac{1}{2}[\sigma_1\boldsymbol{\delta}_r^{\mathrm{T}}\boldsymbol{Q}_2\boldsymbol{\delta}_r+\sigma_2\boldsymbol{u}_r^{\mathrm{T}}\boldsymbol{Q}_3\boldsymbol{u}_r\\&+(1-\sigma)(\boldsymbol{T}_{\mathrm{des}}-\boldsymbol{B\delta}-\boldsymbol{B}_1\boldsymbol{F}-\boldsymbol{\Psi u}_r)^{\mathrm{T}}\boldsymbol{Q}_1(\boldsymbol{T}_{\mathrm{des}}-\boldsymbol{B\delta}-\boldsymbol{B}_1\boldsymbol{F}-\boldsymbol{\Psi u}_r)]\end{aligned} \tag{8.36}$$

其中，$0<\sigma<1$，$\sigma=\sigma_1+\sigma_2$，$\boldsymbol{B}_1=[b_{i_1},\cdots,b_{i_n}]$ 表示故障系数矩阵，$\boldsymbol{F}=[f_{i_1},\cdots,f_{i_n}]$ 表示故障向量，且满足以下条件：

$$\begin{cases}\delta_{\min}^i\leqslant\delta_{ri}\leqslant\delta_{\max}^i, i\in\{1,2,\cdots,8\}\\0\leqslant u_{rj}\leqslant 1, j\in\{1,2,\cdots,10\}\\\boldsymbol{T}_{\mathrm{des}}-\boldsymbol{B\delta}_r-\boldsymbol{\Psi u}_r-\boldsymbol{B}_1\boldsymbol{F}\geqslant 0\end{cases} \tag{8.37}$$

(1) 补偿器

根据式(8.34)和式(8.36)，我们已经获得舵面的控制输入命令 $\boldsymbol{\delta}_r$。但是考虑到气动面的动力学特性，在通过二阶系统后，$\boldsymbol{\delta}_r$ 往往会衰减。因此为了补偿衰减，需要设计一种补偿机构以确保气动面的控制输入 $\boldsymbol{\delta}_r$ 等于气动面的实际输出 $\boldsymbol{\delta}$。补偿器的设计如图 8.2 所示[109]。气动面的动力学模型可以变为：

$$\begin{bmatrix}\dot{\delta}_i\\\ddot{\delta}_i\end{bmatrix}=\begin{bmatrix}0&1\\-\omega_i^2&-2\xi_i\omega_i\end{bmatrix}\begin{bmatrix}\delta_i\\\dot{\delta}_i\end{bmatrix}+\begin{bmatrix}0\\\omega_i^2\end{bmatrix}\delta_{ri}=\boldsymbol{A}\begin{bmatrix}\delta_i\\\dot{\delta}_i\end{bmatrix}+\boldsymbol{B}\delta_{ri} \tag{8.38}$$

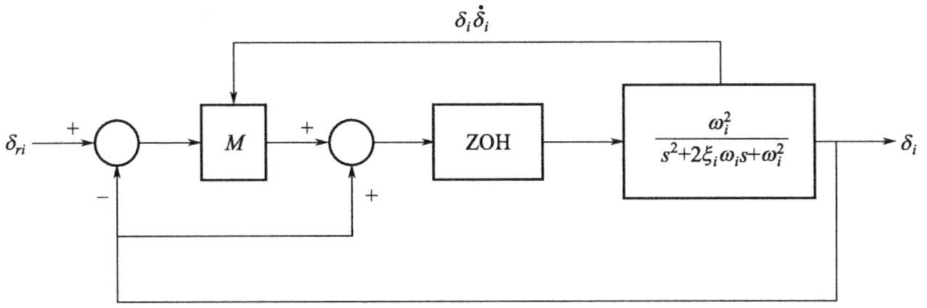

图 8.2　气动舵面补偿器

它的离散解为：

$$\delta_i(t_{k+1})=[\Phi_{11}^i\quad \Phi_{12}^i]\begin{bmatrix}\delta_i(t_k)\\ \dot{\delta}_i(t_k)\end{bmatrix}+\delta_{ri}(t_k)\int_{t_k}^{t_{k+1}}\omega_i^2\Phi_{12}^i(t_k-\tau)\mathrm{d}\tau$$

$$=\Phi_{11}^i\delta_i(t_k)+\Phi_{12}^i\dot{\delta}_i(t_k)+C\delta_{ri}(t_k) \tag{8.39}$$

$$\mathrm{e}^{\boldsymbol{A}(t_{k+1}-t_k)}=\mathrm{e}^{\boldsymbol{A}\Delta t}=\begin{bmatrix}\Phi_{11}^i & \Phi_{12}^i\\ \Phi_{21}^i & \Phi_{22}^i\end{bmatrix} \tag{8.40}$$

通过积分求解可得：

$$\Phi_{11}^i=\mathrm{e}^{-\xi_i\omega_i(t_{k+1}-t_k)}\{\cos[\omega_i\sqrt{1-\xi_i^2}(t_{k+1}-t_k)]$$

$$+\frac{\xi_i}{\sqrt{1-\xi_i^2}}\sin[\omega_i\sqrt{1-\xi_i^2}(t_{k+1}-t_k)]\} \tag{8.41}$$

$$\Phi_{12}^i=\frac{\mathrm{e}^{-\xi_i\omega_i(t_{k+1}-t_k)}}{\omega_i\sqrt{1-\xi_i^2}}\sin[\omega_i-\sqrt{1-\xi_i^2}(t_{k+1}-t_k)] \tag{8.42}$$

$$C=(\omega_i\sqrt{1-\xi_i^2}+\mathrm{e}^{-\xi_i\omega_i(t_{k+1}-t_k)}\{-\xi_i\omega_i\sin[\omega_i\sqrt{1-\xi_i^2}(t_{k+1}-t_k)]$$

$$-\omega_i\sqrt{1-\xi_i^2}\cos[\omega_i\sqrt{1-\xi_i^2}(t_{k+1}-t_k)]\})/(\omega_i\sqrt{1-\xi_i^2}) \tag{8.43}$$

气动面补偿器的目标就是找到图中的 M 指令，使得 $\delta_i(t_{k+1})=\delta_{ri}(t_k)$，即补偿器需要满足：

$$\delta_{ri}(t_{k+1})=\Phi_{11}^i\delta_i(t_k)+\Phi_{12}^i\dot{\delta}_i(t_k)+C\{M[\delta_{ri}(t_{k+1})-\delta_i(t_k)]+\delta_i(t_k)\} \tag{8.44}$$

从中可以求得：

$$M=\frac{\delta_{ri}(t_{k+1})-\Phi_{11}^i\delta_i(t_k)-\Phi_{12}^i\dot{\delta}_i(t_k)-C\delta_i(t_k)}{C[\delta_{ri}(t_{k+1})-\delta_i(t_k)]} \tag{8.45}$$

通过以上设计的补偿器，可以弥补舵面动态特性带来的衰减，因此二次规划的控制分配方法获得的舵面控制输入是有效的。

（2）PWPF 调制器

通过式(8.34）和式(8.36)，我们可以获得连续 RCS 指令 $\boldsymbol{u}_r$。接下来可以使用 PWPF 调制器将 $\boldsymbol{u}_r$ 转换为开关 RCS 指令 $\boldsymbol{u}_{\mathrm{RCS}}$。PWPF 调制器主要由两部分组成：一阶滞后滤波器和反馈环路内的施密特触发器，如图 8.3 所示。

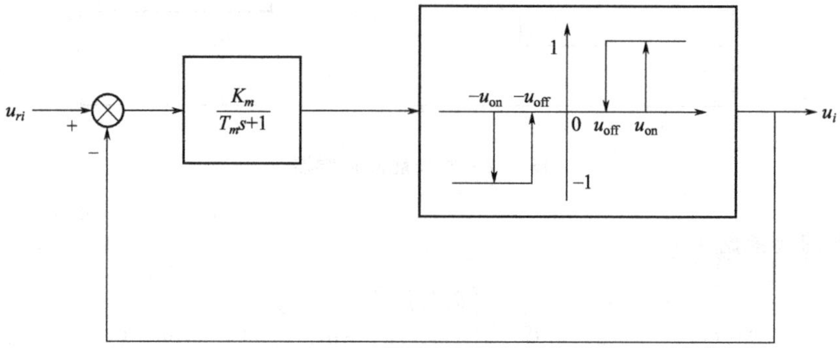

图 8.3　PWPF 调制器

通过以上的容错控制分配方法、补偿器和 PWPF 调制器，能够获得再入姿态系统的执行器输入信号，当系统发生故障时，输出姿态角能够跟踪给定的参考指令信号。

8.5 仿真分析

在本节中，我们将通过 Matlab/Simulink 仿真平台对以上提出的方法进行仿真分析。惯性矩阵 $\boldsymbol{J}$ 为：

$$\boldsymbol{J}=\begin{bmatrix} 554486 & 0 & -23002 \\ 0 & 1136949 & 0 \\ -23002 & 0 & 1376852 \end{bmatrix}\mathrm{kg}\cdot\mathrm{m}^2 \tag{8.46}$$

初始飞行条件设置为 $\phi_0=0.3$，$\beta_0=0.2$，$\alpha_0=1$，$p_0=0$，$q_0=0$，以及 $r_0=0$。所需的姿态角参考指令是 $\phi_d=1$，$\beta_d=0$ 和 $\alpha_d=2$。高斯噪声干扰 $\tilde{\boldsymbol{\omega}}(t)$ 和 $\boldsymbol{v}(t)$ 的方差分别设置为 0.01 和 0.02。在接下来的仿真中考虑了故障检测、隔离、估计和容错控制分配这几种情况。

（1）仿真实验一：FDI 仿真

首先，我们考虑系统无故障情况，图 8.4 描述了各个通道组合对应的输出残差响应曲线。我们可以看出所有残差均不超过设计的阈值区间，因此可以得出系统中不存在故障。

然后，我们考虑输入通道 L_2 中存在故障，即在 $t=10\mathrm{s}$ 时，$f_2(t)=0.2\sin t$。图 8.5 描述了各个通道组合对应的输出残差响应曲线。根据这些图可以看出，残差信号 r_{13}、r_{14}、r_{15}、r_{16}、r_{17}、r_{18}、r_{34}、r_{35}、r_{36}、r_{37}、r_{38}、r_{46}、r_{47}、r_{48}、r_{56}、r_{57}、r_{58}、r_{67}、r_{68} 和 r_{78} 超过设计的阈值区间，而其他残差不超过它们的阈值。根据表 8.1 可以得出通道 L_2 发生了单故障。

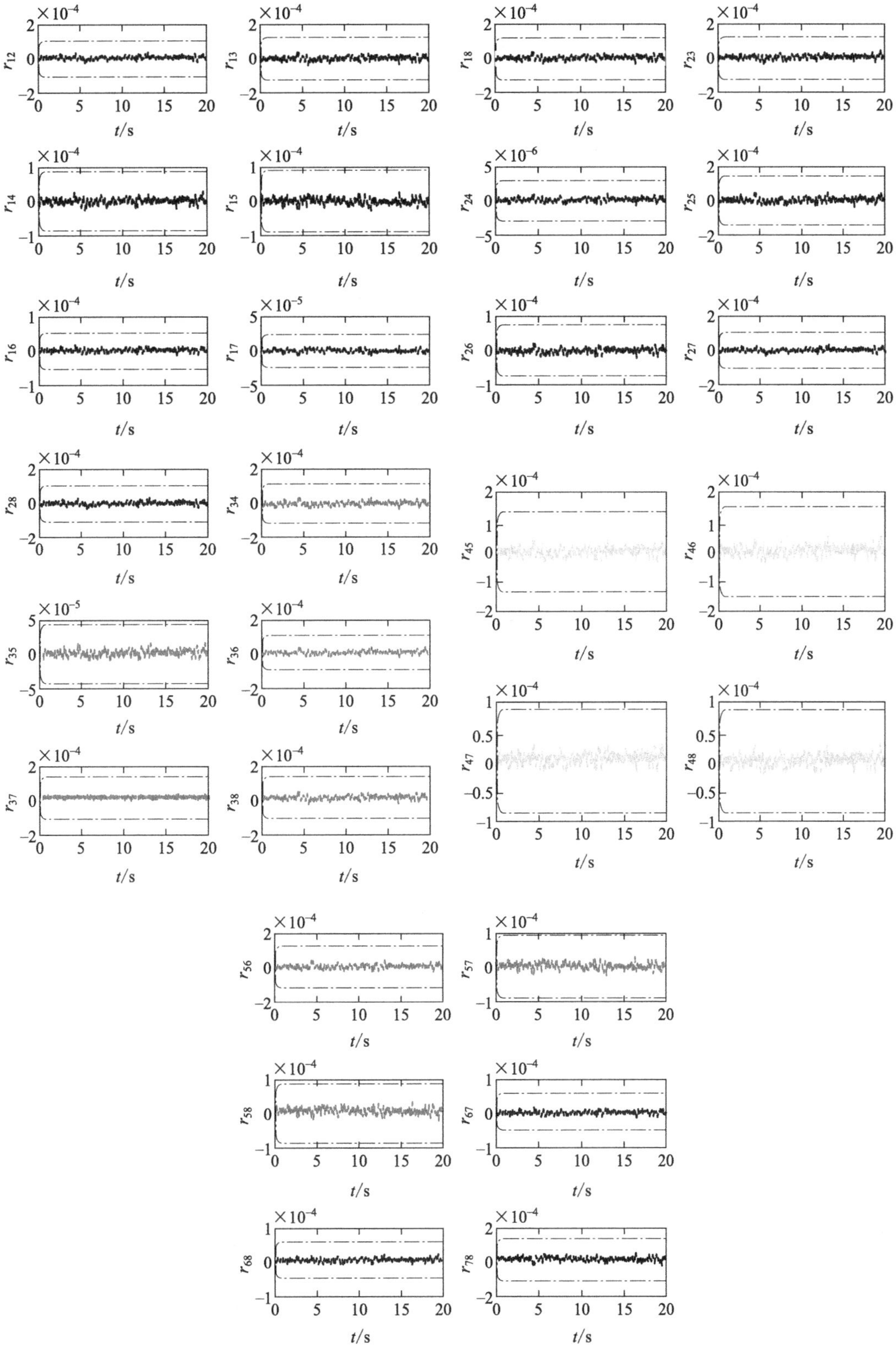

图 8.4　无故障情况下的输出残差响应曲线

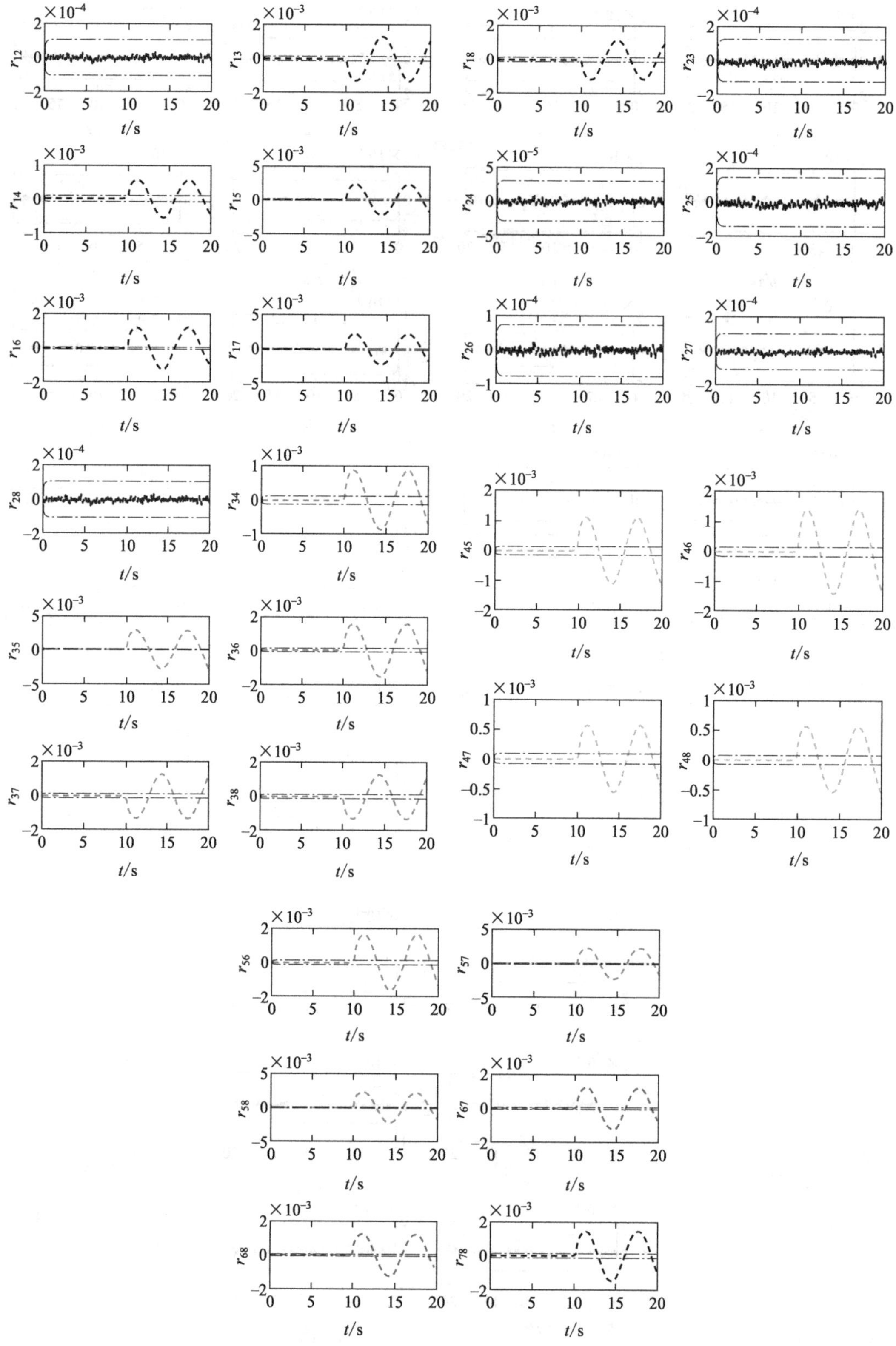

图 8.5 单故障 $f_2(t)$ 情况下的输出残差响应曲线

最后，我们考虑系统发生并发故障的情况，两个输入通道 L_1 和 L_3 存在故障 $f_1(t)$ 和 $f_3(t)$，在 $t=10s$ 时，$f_1(t)=0.3$ 和 $f_3(t)=0.4$。图 8.6 描述了各个通道组合对应的输出残差响应曲线。如图所示，在 $t=10s$ 之后，只有 $r_{13}(t)$ 没有超过阈值曲线，其他所有残差都会受到故障影响超过阈值区间。根据表 8.1 可以得出通道 L_1 和 L_3 发生了故障。

通过 LMI 计算可得矩阵 $\boldsymbol{G}=[188.5806, 278.4567, -98.1055; -60.7559, -41.9705, 106.8848]$，$\boldsymbol{K}=-[1, 0, 0; 0, 1, 0; 0, 0, 1]$，故障估计的仿真结果如图 8.7 和图 8.8 所示。响应曲线表示自适应故障估计律可以有效且快速地估计故障值，虽然估计结果基本跟踪给定的故障值，但是由于干扰存在，会有一点的误差，但是该算法对系统中的干扰有抑制作用，故障估计误差是很小的。

(2) 仿真实验二：控制分配仿真

图 8.9 显示在并发执行器故障 $f_1(t)$ 和 $f_3(t)$、不同控制器作用下的姿态角响应曲线。从图中可以看出，当系统发生故障时，由于容错控制分配算法的作用，使得姿态角 $\boldsymbol{\gamma}$ 能够最终收敛到期望的指令 $\boldsymbol{\gamma}_d$，且调节时间较短，调节过程中抖动较小。而在没有故障补偿的情况下，标称控制器不能使系统输出及时跟踪给定的参考指令，最终输出具有稳定跟踪误差。当然这只是发生常值故障的情况，且发生故障时系统尚未完全稳定。现在考虑系统发生如下时变故障即在 $t=25s$ 时，$f_8(t)=0.5\sin t$，输出姿态跟踪响应曲线如图 8.10 所示，当系统在 25s 发生故障时，带有容错控制分配的系统能够及时跟踪参考指令，抖动较小，而没有故障补偿时，系统输出在参考指令附近发生明显的抖动，跟踪性能较差。

通过二次规划控制分配的方法，可以得到期望的输入信号，图 8.11 显示气动面的期望控制输入 $\boldsymbol{\delta}_r$ 相应曲线，从图中可以看出舵面的期望控制输入没有超过它的取值范围，表明了分配算法的合理性。通过二次规划得到舵面的控制输入 $\boldsymbol{\delta}_r$，为了补偿经过二阶系统的衰减，使得舵面的输出等于舵面的输入，设计了补偿器。图 8.12 为控制输入 $\boldsymbol{\delta}_r$ 响应曲线与经过补偿之后的舵面输出 $\boldsymbol{\delta}$ 响应曲线对比，从图中可以看出两者之间有一定的差异，但是整体而言该补偿器能够弥补舵面动态系统的衰减，表明所设计的补偿结构具有一定的有效性。

图 8.13(a) 显示了连续 RCS 响应的曲线。图 8.13(b) 显示离散的 RCS 响应曲线，从而表明 PWPF 可以实现从连续到离散的转换。

本章研究了具有并发执行器故障和干扰的 HRV 过驱动系统的故障检测、隔离和容错控制分配问题。首先建立过驱动系统的执行器故障模型，然后通过空间投影的方法为过驱动系统设计残差，可以有效地检测单个故障和并发故障。通过设计扩张观测器，使得自适应故障估计算法可以有效地估计故障，并且其估计误差满足 L_2-增益干扰抑制约束。通过二次规划容错控制分配算法，使得系统输出在故障下仍能跟踪给定参考信号，可以获得舵面的控制输入以及 RCS 的连续输入信号，结合 PWPF 调制器，可以得到离散的 RCS 信号；通过设计的舵面补偿器可以弥补舵面动态特性带来的衰减。

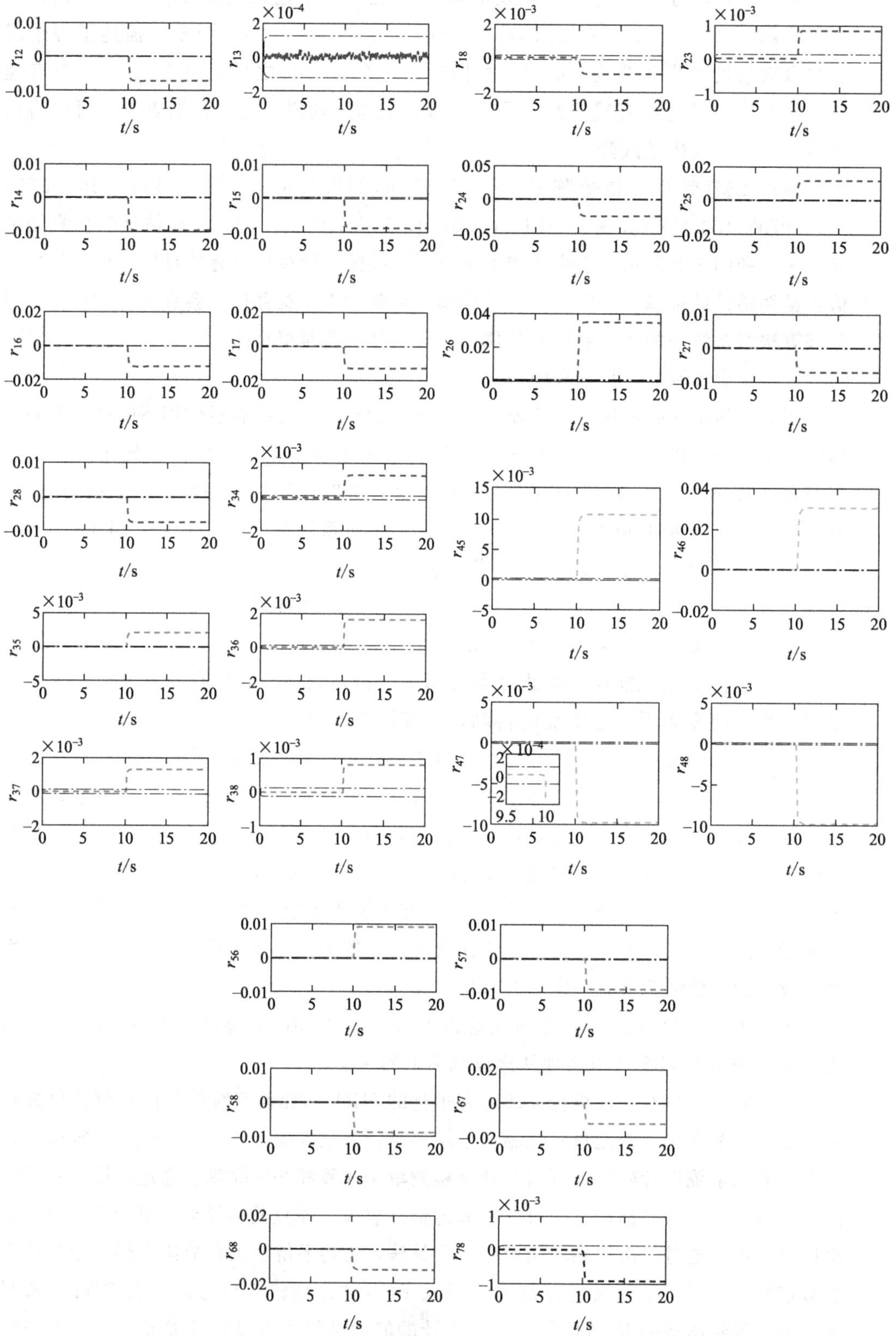

图 8.6　并发故障 $f_1(t)$ 和 $f_3(t)$ 情况下的输出残差响应曲线

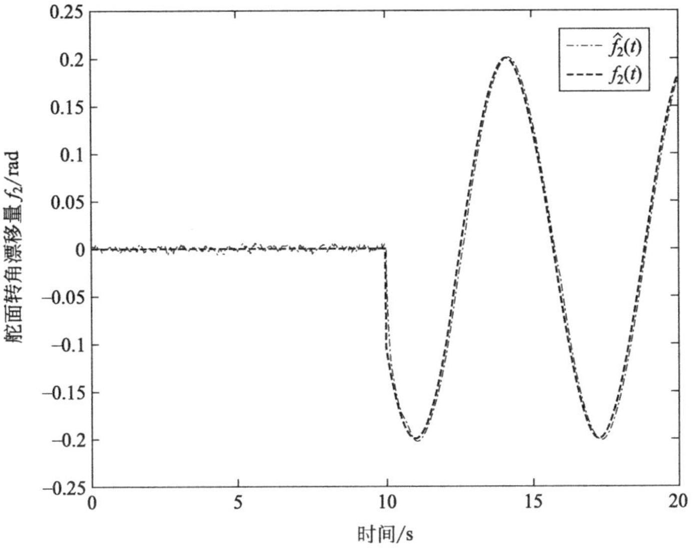

图 8.7　故障 $f_2(t)$ 的估计响应曲线

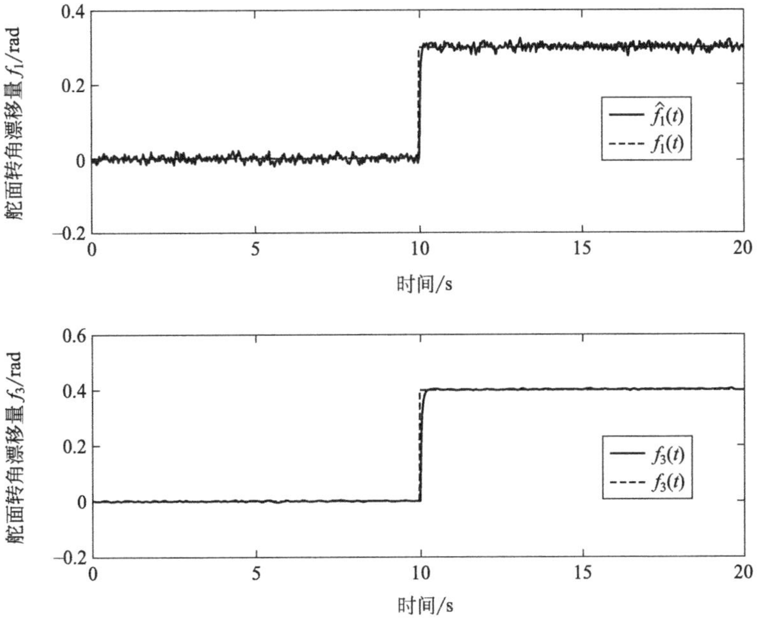

图 8.8　故障 $f_1(t)$ 和 $f_3(t)$ 的估计响应曲线

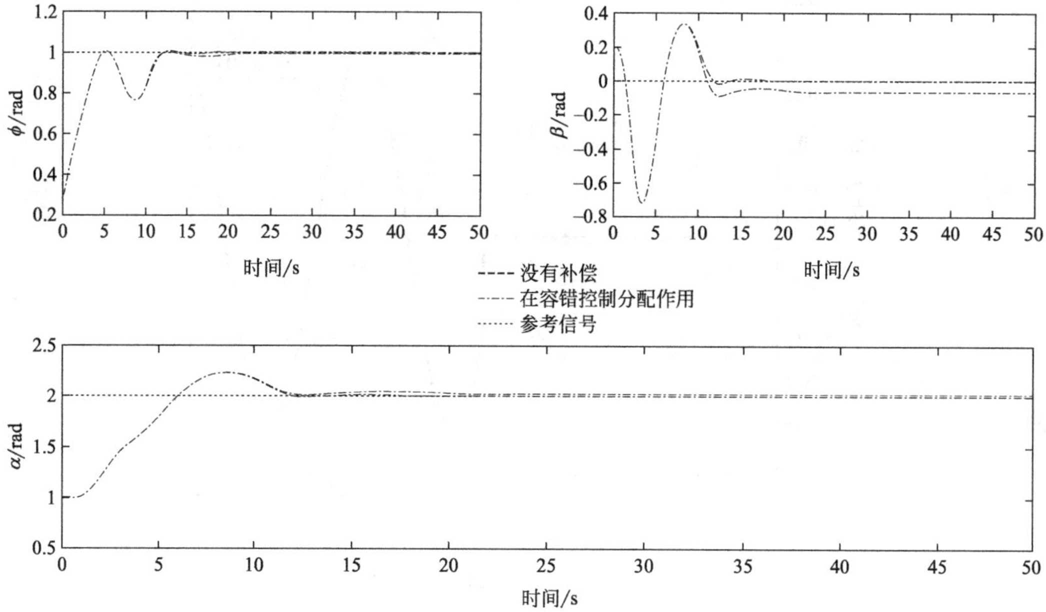

图 8.9　常值故障下输出姿态角 γ 跟踪响应曲线

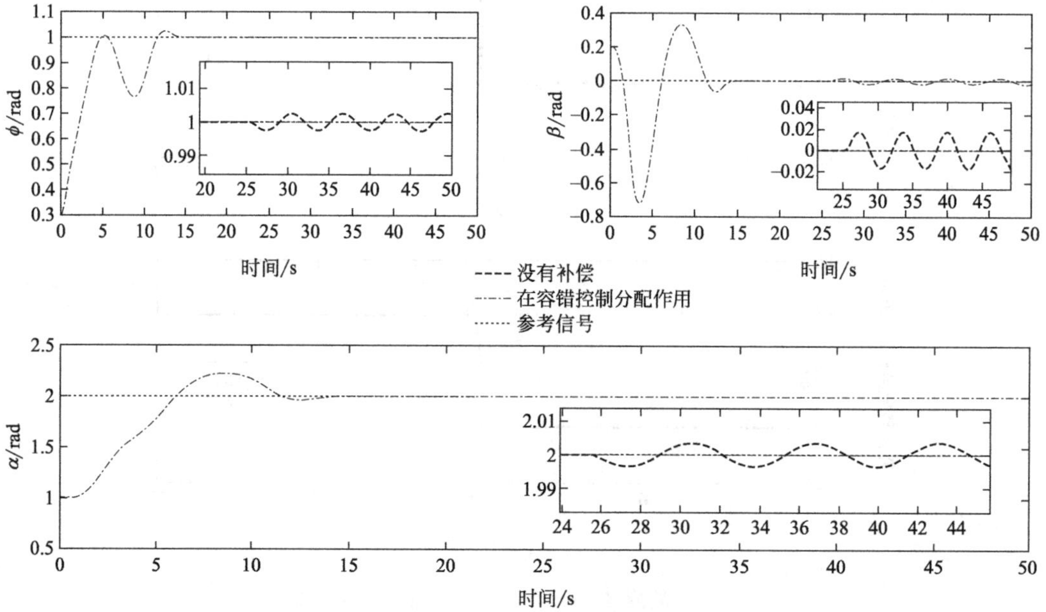

图 8.10　时变故障下输出姿态角 γ 跟踪响应曲线

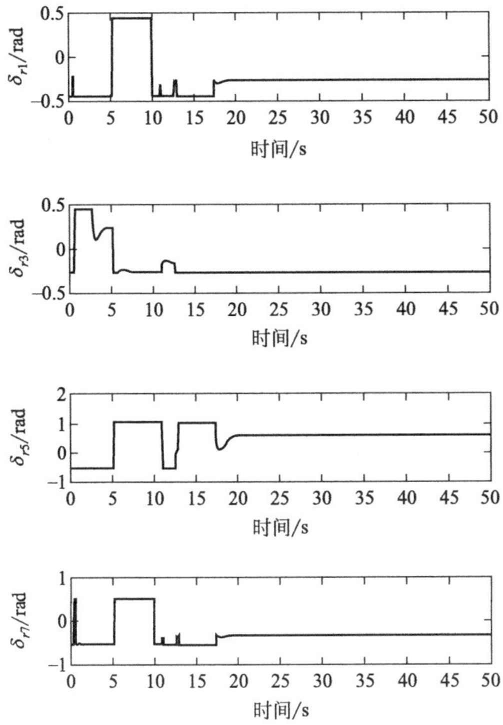

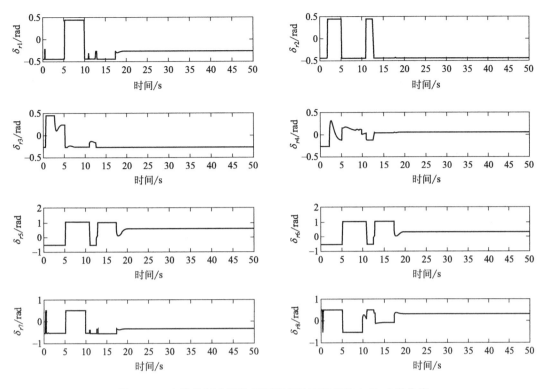

图 8.11 容错控制分配作用下期望舵面控制输入 $\boldsymbol{\delta}_r$ 响应曲线

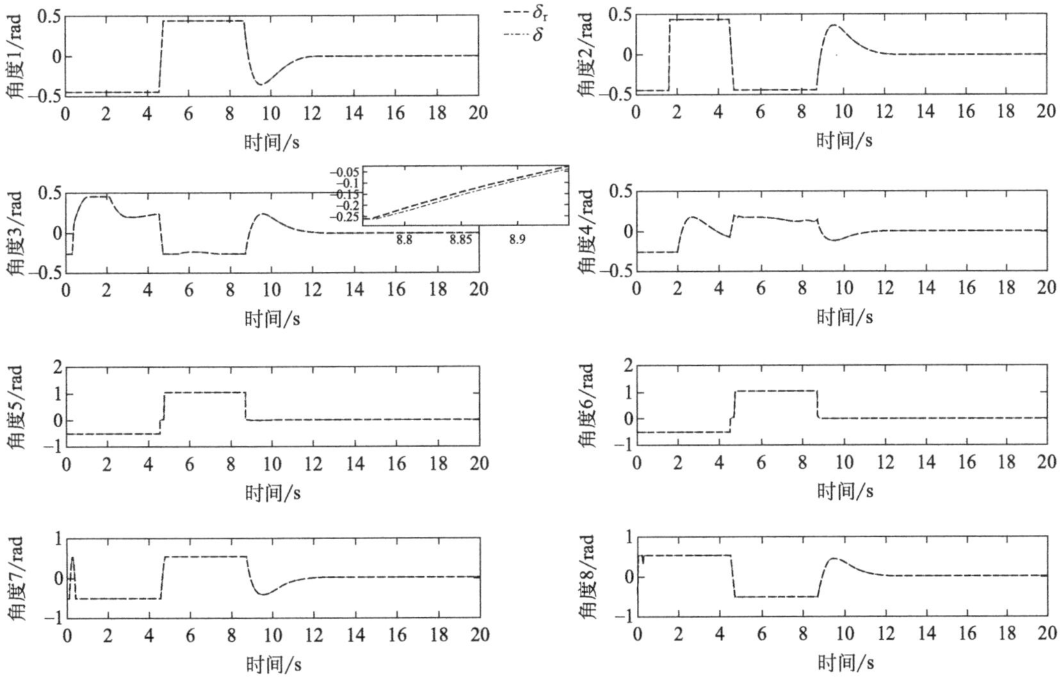

图 8.12 补偿器作用下舵面控制输入 $\boldsymbol{\delta}_r$ 和舵面输出 $\boldsymbol{\delta}$ 对比响应曲线

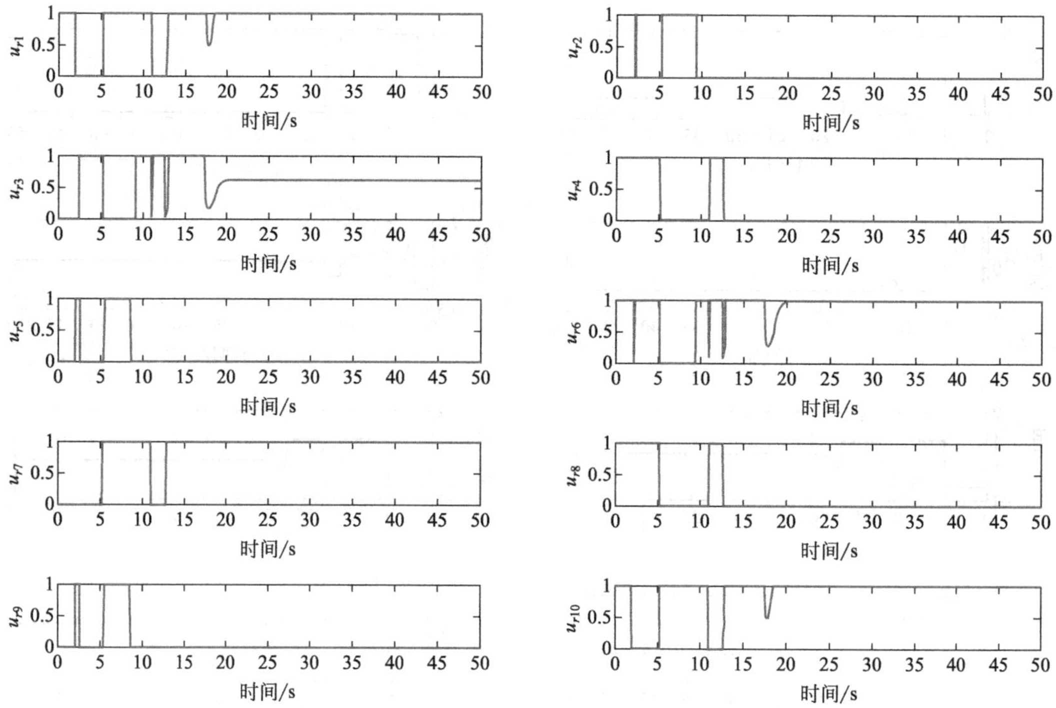

(a) RCS连续输入信号$\boldsymbol{u}_r$响应曲线

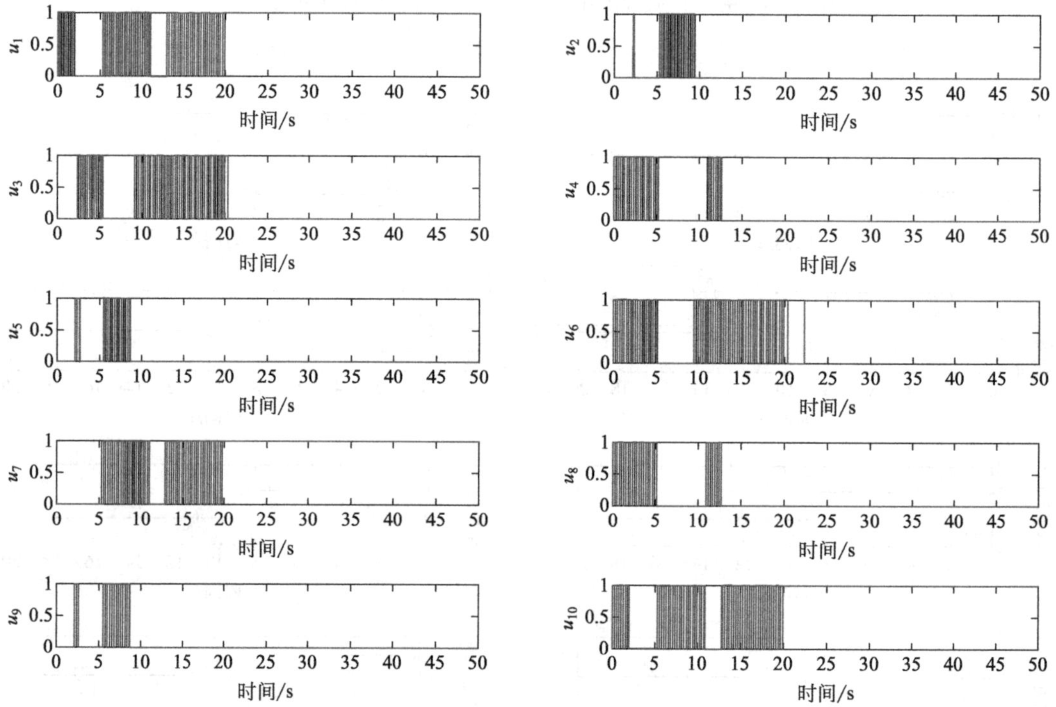

(b) RCS离散输入信号$\boldsymbol{u}_{RCS}$响应曲线

图 8.13　容错控制分配作用下的 RCS 响应曲线

第9章

基于自适应与反步滑模观测器的多传感器故障自愈合

9.1 引言

近年来，由于高超声速飞行器在发射成本、飞行速度、航天运输和全球打击等军用方面具有诸多优势，因此备受关注。与传统航空航天飞行器相比，高超声速飞行器具有强非线性、强耦合和快时变性等动力学特征。近空间中大气密度、温度和气流环境等条件比普通飞机飞行环境更为复杂和苛刻，传感器系统容易受到冰冻、高温和雷电等影响，产生故障，使测量值产生偏差甚至传感器系统整体测量产生误差，此时针对单个传感器的硬件冗余技术无法发挥作用，因此参考执行器故障处理方法，可以采用基于模型的解析冗余技术估计出故障，通过设计容错控制器进行补偿，从而确保系统稳定性并提高系统可靠性。

目前，高超声速飞行器的容错控制研究主要针对发生执行器故障的情况来设计相应的容错控制方法[110-113]，但考虑高超声速飞行器传感器故障的研究相对较少[114,115]，且基本都基于较为简单的高超声速飞行器线性系统。这些小扰动线性化系统与非线性系统相比，不同通道之间耦合影响较小甚至没有。而本章考虑的高超声速飞行器纵向仿射非线性模型，能充分体现多通道之间的耦合效应，在此基础上考虑多传感器故障更有意义，强调“多”也是为了体现本章对耦合影响的处理。

因此，本章基于高超声速飞行器纵向动态非线性模型，提出了一种基于自适应、反步和滑模方法的多传感器复合故障估计与自愈合控制方案。首先为通过输入输出线性化得到的仿射非线性模型设计了标称滑模控制器。然后针对系统发生的多传感器复合故障，分别为速度和高度通道设计了非线性自适应观测器与反步滑模观测器。因为速度通道传感器故障对高度通道的耦合影响，高度系统参数发生改变，严重影响高度通道传感器故障的估计结果。而本章设计的反步滑模观测器将受到影响的参数也当作一个估计项，将其考虑进故障估计观测器整体设计中，解决了耦合影响问题，提高故障估计精度。利用得到的精确传感器故障估计值所设计的非线性容错控制器，保证系统重新稳定，高超声速飞行器纵向系统恢复良好动态性能。

本章其余部分安排如下：9.2 节介绍通过输入输出反馈线性化得到的含有多传感器恒偏差故障的高超声速飞行器纵向仿射非线性模型；9.3 节中，首先针对无故障情况设计标称滑模控制器，然后在多传感器故障情况下，对不同通道设计非线性自适应观测器与反步滑模观测器来估计多传感器故障，并通过估计结果设计非线性容错控制器来补偿故障；9.4 节通过仿真实验证明所提出的多传感器故障估计与自愈合方案的有效性。

9.2 带有多传感器故障的纵向仿射非线性模型

9.2.1 高超声速飞行器纵向模型

高超声速飞行器巡航阶段动态系统是具有六自由度的复杂非线性系统，本章参考的是近年来最常用的由美国 NASA Langely 研究中心提出的 Winged-Cone 非线性纵向模型。它可以用如下一组由速度 V、航迹角 γ、高度 h、攻角 α 和俯仰角速度率 q 五个量组成的微分方程来表示[116]：

$$
\begin{aligned}
\dot{V} &= \frac{T\cos\alpha - D}{m} - \frac{\mu\sin\gamma}{r^2} \\
\dot{\gamma} &= \frac{L + T\sin\alpha}{mV} - \frac{(\mu - V^2 r)\cos\gamma}{Vr^2} \\
\dot{h} &= V\sin\gamma \\
\dot{\alpha} &= q - \dot{\gamma} \\
\dot{q} &= \frac{M_{yy}}{I_{yy}}
\end{aligned}
\tag{9.1}
$$

式中，T、L、D、M_{yy} 分别代表推力、升力、阻力和俯仰力矩；I_{yy} 表示转动惯量；μ 是万有引力常数。ρ 是大气密度；r 为距地心的径向距离且 $r = h + R_e$，R_e 为地球半径。式(9.1) 中力和力矩计算公式如下：

$$
\begin{cases}
T = 0.5\rho V^2 S C_T \\
L = 0.5\rho V^2 S C_L \\
D = 0.5\rho V^2 S C_D \\
M_{yy} = 0.5\rho V^2 S \bar{c}[C_M(\alpha) + C_M(\delta_e) + C_M(q)]
\end{cases}
\tag{9.2}
$$

力与力矩的系数表达式如下：

$$
\begin{cases}
C_T = \begin{cases} 0.02576\beta_T, & \beta_T < 1 \\ 0.0224 + 0.00336\beta_T, & \beta_T \geqslant 1 \end{cases} \\
C_L = 0.6203\alpha \\
C_D = 0.6450\alpha^2 + 0.004337\alpha + 0.003772 \\
C_M(\alpha) = -0.035\alpha^2 + 0.004337\alpha + 5.3261\times 10^{-6} \\
C_M(\delta_e) = c_e(\delta_e - \alpha) \\
C_M(q) = (\bar{c}/2V)q(-6.796\alpha^2 + 0.3015\alpha - 0.2289)
\end{cases}
\tag{9.3}
$$

发动机模型可以由如下一组二阶系统表示：

$$
\ddot{\beta}_T = -2\xi_n\omega_n\dot{\beta}_T - \omega_n^2\beta_T + \omega_n^2\beta_{Tc} \tag{9.4}
$$

式中，β_T 为发动机油门开度；β_{Tc} 为发动机油门开度的指令值；ξ_n 和 ω_n 为发动机模型的阻尼和频率。其他参数相关表达式和值可以参考文献 [117]。

本章中，整个系统的控制输入为 $\boldsymbol{u} = [\delta_e \ \beta_T]^{\mathrm{T}}$，其中 δ_e 为舵面偏转角度；控制输出为高度 h 和速度 V，即 $\boldsymbol{y} = [Vh]^{\mathrm{T}}$。

9.2.2 输入输出反馈线性化

输入输出反馈线性化技术是非线性系统控制器设计的一种有效方法，当满足相对阶条件时，通过该方法可以将非线性系统转化为仿射非线性系统。另外，仿射非线性模型能较好地体现非线性动态系统状态向量之间的耦合影响，提高建模的准确性。根据微分几何理论，需要对高度和速度求微分，直到控制输入 $\boldsymbol{u}=[\beta_{Tc}\ \delta_e]^{\mathrm{T}}$ 出现在系统中。为了使过程简化，首先定义 $\boldsymbol{z}^{\mathrm{T}}=[V\ \gamma\ \alpha\ \beta_T\ h]$，结果如下：

$$\begin{cases}\dot{V}=\dfrac{T\cos\alpha-D}{m}-\dfrac{\mu\sin\gamma}{r^2}\\ \ddot{V}=\dfrac{\psi_1\dot{\boldsymbol{z}}}{m}\\ \dddot{V}=\dfrac{\psi_1\ddot{\boldsymbol{z}}+\dot{\boldsymbol{z}}^{\mathrm{T}}\psi_2\dot{\boldsymbol{z}}}{m}\end{cases}\tag{9.5}$$

$$\begin{cases}\dot{h}=V\sin\gamma\\ \ddot{h}=\dot{V}\sin\gamma+V\dot{\gamma}\cos\gamma\\ \dddot{h}=\ddot{V}\sin\gamma+2\dot{V}\dot{\gamma}\cos\gamma-V\dot{\gamma}^2\sin\gamma+V\ddot{\gamma}\cos\gamma\\ h^{(4)}=\dddot{V}\sin\gamma+3\ddot{V}\dot{\gamma}\cos\gamma-3\dot{V}\dot{\gamma}^2\sin\gamma+3\dot{V}\cos\gamma\ddot{\gamma}\\ \qquad -3V\ddot{\gamma}\dot{\gamma}\sin\gamma-V\dot{\gamma}^3\cos\gamma+V\dddot{\gamma}\cos\gamma\end{cases}\tag{9.6}$$

其中：

$$\begin{cases}\ddot{\gamma}=\pi_1\dot{\boldsymbol{z}}\\ \dddot{\gamma}=\pi_1\ddot{\boldsymbol{z}}+\dot{\boldsymbol{z}}^{\mathrm{T}}\pi_2\dot{\boldsymbol{z}}\\ \ddot{\alpha}=\ddot{\alpha}_0+\ddot{\alpha}_{\delta_e}\\ \ddot{\alpha}_0=-\pi_1\dot{\boldsymbol{z}}+\dfrac{0.5\rho V^2S\bar{c}}{I_{yy}}[C_M(\alpha)+C_M(q)-0.0292\alpha]\\ \ddot{\alpha}_{\delta_e}=0.0292\dfrac{0.5\rho V^2S\bar{c}}{I_{yy}}\\ \boldsymbol{z}_0=[\ddot{V}\ \ddot{\gamma}\ \ddot{\alpha}_0\ \ddot{\beta}_0\ \ddot{h}]\\ \ddot{\beta}_T=\ddot{\beta}_0+\omega_n^2\beta_{Tc}\\ \ddot{\boldsymbol{z}}=\ddot{\boldsymbol{z}}_0+\boldsymbol{u}^{\mathrm{T}}\ddot{\boldsymbol{z}}_u\end{cases}\tag{9.7}$$

式中，ψ_1、ψ_2、π_1、π_2 的表达式可以参考文献 [117]。

根据上面两组公式，控制输入 $\boldsymbol{u}=[\beta_{Tc}\ \delta_e]^{\mathrm{T}}$ 首次出现在 $\dddot{V}$ 和 $h^{(4)}$ 的表达式中，因此系统的相对阶为 7；而根据式(9.1) 与式(9.4) 可得，整个系统的阶数也为 7，

这表示高超声速飞行器纵向非线性模型满足反馈线性化条件，可以实现输入输出解耦，能够被写成以下仿射非线性形式：

$$\begin{bmatrix} \dddot{V} \\ h^{(4)} \end{bmatrix} = \begin{bmatrix} F_v \\ F_h \end{bmatrix} + \begin{bmatrix} g_{11} & g_{12} \\ g_{21} & g_{22} \end{bmatrix} \begin{bmatrix} \beta_{Tc} \\ \delta_e \end{bmatrix} = \boldsymbol{F}(\boldsymbol{x}) + \boldsymbol{G}(\boldsymbol{x})\boldsymbol{u} \tag{9.8}$$

其中：

$$\begin{cases} \boldsymbol{x} = [V\ \gamma\ h\ \alpha\ q\ \beta_T]^{\mathrm{T}} \\ F_v = \dfrac{\psi_1 \ddot{\boldsymbol{z}}_0 + \dot{\boldsymbol{z}}^{\mathrm{T}} \psi_2 \dot{\boldsymbol{z}}}{m} \\ F_h = 3\ddot{V}\dot{\gamma}\cos\gamma - 3\dot{V}\dot{\gamma}^2\sin\gamma + 3\dot{V}\ddot{\gamma}\cos\gamma - 3V\dot{\gamma}\ddot{\gamma}\sin\gamma \\ \qquad - V\dot{\gamma}^3\cos\gamma + F_v\sin\gamma + V(\pi_1\ddot{z}_0 + \dot{z}^{\mathrm{T}}\pi_2\dot{z})\cos\gamma \end{cases} \tag{9.9}$$

$$\begin{cases} g_{11} = \dfrac{\partial T/\partial\beta_T \cos\alpha}{m}\omega_n^2 \\ g_{12} = \dfrac{\partial T/\partial\alpha \cos\alpha - T\sin\alpha - \partial D/\partial\alpha}{m}\ddot{\alpha}_{\delta_e} \\ g_{21} = \dfrac{\partial T/\partial\beta_T \sin(\alpha+\beta)}{m}\omega_n^2 \\ g_{22} = \dfrac{\ddot{\alpha}\delta_e}{m}[\partial T/\partial\alpha\sin(\alpha+\gamma) + T\cos(\alpha+\gamma) + \partial L/\partial\alpha\cos\gamma - \partial D/\partial\alpha\sin\gamma] \end{cases} \tag{9.10}$$

假设 9.1： 矩阵 $\boldsymbol{G}(\boldsymbol{x})$ 是非奇异的。

根据式(9.10)，只有当航迹倾斜角 $\gamma=\pm 90°$时，矩阵 $\boldsymbol{G}(\boldsymbol{x})$ 才是奇异的。而在高超声速飞行器巡航阶段，航迹角通常较小，不可能达到 90°，故矩阵 $\boldsymbol{G}(\boldsymbol{x})$ 为非奇异的假设是合理的。

9.2.3 多传感器故障

传感器恒偏差失效是一种易发生在卫星、高超声速飞行器等飞行器系统上的常见故障[118]。本章中，考虑高超声速飞行器输出的高度和速度传感器同时发生这种故障，可以表示成如下形式：

$$\begin{cases} V_{\text{out}} = V_{\text{in}} + f_v \\ h_{\text{out}} = h_{\text{in}} + f_h \end{cases},\ \dot{f}_h = \dot{f}_v = 0,\ t \geqslant t_f \tag{9.11}$$

式中，V_{in}和 h_{in}是真实的高度与速度信号；V_{out}与 h_{out}是传感器测量信号；f_v 和 f_h 为传感器故障；t_f 为故障发生时间。

下面，我们将设计自愈合控制方案来保证在上述的多传感器故障发生的情况下，高超声速飞行器的高度和速度仍能一致跟踪给定的参考指令信号 V_d 和 h_d。整体的故障估计及自愈合控制框图如图 9.1 所示。

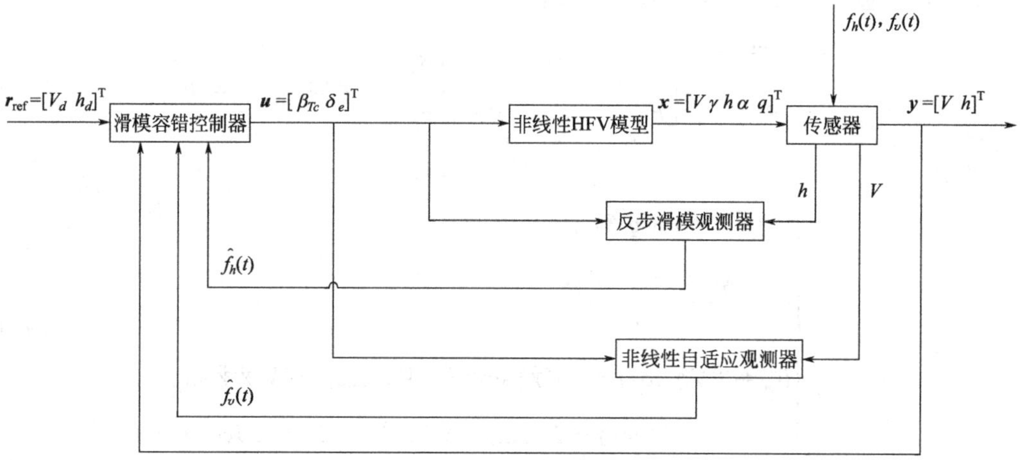

图 9.1　多传感器故障估计与自愈合控制框图

9.3 多传感器故障估计与自愈合控制器设计

本节首先设计无故障情况下的标称控制器来跟踪给定参考指令；然后分别设计非线性自适应观测器和反步滑模观测器来估计速度和高度多传感器故障；最后，利用获得的故障估计结果设计故障容错控制器来补偿故障，改善传感器故障引发的机体严重振动，提升控制效果。

9.3.1 标称滑模控制器

根据上一节内容可知，经过输入输出线性化，系统已经被解耦。因此，可以对高度和速度通道分别设计如下的滑模面：

$$s_V=\left(\frac{\mathrm{d}}{\mathrm{d}t}+a\right)^3\int_0^t e_V\mathrm{d}\tau,\ e_V=V-V_d \tag{9.12}$$

$$s_h=\left(\frac{\mathrm{d}}{\mathrm{d}t}+b\right)^4\int_0^t e_h\mathrm{d}\tau,\ e_h=h-h_d \tag{9.13}$$

式中，常数 a，$b>0$；V_d 与 h_d 为给定的参考指令信号。

定义滑模面 $\boldsymbol{s}=[s_V s_h]^{\mathrm{T}}$ 并计算它关于时间的导数可得：

$$\dot{\boldsymbol{s}}=\begin{bmatrix}\dot{s}_V\\ \dot{s}_h\end{bmatrix}=\begin{bmatrix}\dddot{V}+\omega_V\\ h^{(4)}+w_h\end{bmatrix}=\boldsymbol{F}(\boldsymbol{x})+\boldsymbol{G}(\boldsymbol{x})\boldsymbol{u}+\boldsymbol{w} \tag{9.14}$$

其中

$$\boldsymbol{w}=\begin{bmatrix}-\dddot{V}_d+3a\ddot{e}_V+3a^2\dot{e}_V+a^3e_V\\ -h_d^{(4)}+4b\dddot{e}_h+6b^2\ddot{e}_h+4b^3\dot{e}_h+b^4e_h\end{bmatrix} \tag{9.15}$$

滑模控制器可以设计为如下形式：

$$\boldsymbol{u}=\boldsymbol{G}(\boldsymbol{x})^{-1}[-\boldsymbol{F}(\boldsymbol{x})-\boldsymbol{\omega}-\boldsymbol{H}\operatorname{sgn}(\boldsymbol{s})-\boldsymbol{Q}\boldsymbol{s}] \tag{9.16}$$

式中，$\boldsymbol{H}$ 和 $\boldsymbol{Q}$ 为正定矩阵，$\operatorname{sgn}(\boldsymbol{s})=[\operatorname{sgn}(s_V)\operatorname{sgn}(s_h)]^{\mathrm{T}}$ 为符号函数。

定义如下的李雅普诺夫函数：

$$V_s=\frac{1}{2}\boldsymbol{s}^{\mathrm{T}}\boldsymbol{s} \tag{9.17}$$

计算其导数可得：

$$\begin{aligned}\dot{V}(\boldsymbol{s})&=\frac{1}{2}\dot{\boldsymbol{s}}^{\mathrm{T}}\boldsymbol{s}+\frac{1}{2}\boldsymbol{s}^{\mathrm{T}}\dot{\boldsymbol{s}}=\boldsymbol{s}^{\mathrm{T}}\dot{\boldsymbol{s}}\\&=\boldsymbol{s}^{\mathrm{T}}[\boldsymbol{F}(\boldsymbol{x})+\boldsymbol{G}(\boldsymbol{x})\boldsymbol{u}+\boldsymbol{w}]\\&=\boldsymbol{s}^{\mathrm{T}}\{\boldsymbol{F}(\boldsymbol{x})+[-\boldsymbol{F}(\boldsymbol{x})-\boldsymbol{w}-\boldsymbol{H}\operatorname{sgn}(\boldsymbol{s})]-\boldsymbol{Q}\boldsymbol{s}+\boldsymbol{w}\}\\&=-\boldsymbol{s}^{\mathrm{T}}\boldsymbol{H}\operatorname{sgn}(\boldsymbol{s})-\boldsymbol{s}^{\mathrm{T}}\boldsymbol{Q}\boldsymbol{s}\\&\leqslant-\min[\operatorname{eig}(\boldsymbol{H})]\,\|\boldsymbol{s}\|-\|\boldsymbol{Q}\|\,\|\boldsymbol{s}\|^2\\&\leqslant 0\end{aligned} \tag{9.18}$$

因此式(9.18) 证明了滑模面是可达到的，且系统是稳定的，标称控制器式(9.16) 可以在无故障情况下实现对给定高度和速度的跟踪。在这一基础上，下面将考虑多传感器故障条件下的故障估计与自愈合控制方案。

9.3.2 多传感器故障估计方案设计

当高超声速飞行器高度和速度通道发生加性的多传感器故障时，高超声速飞行器飞行姿态会被严重影响。在后面的仿真中可以发现，飞行器高度急速下降，且无法恢复到给定的高度。在实际的飞行过程中，瞬间的下坠是十分危险的，因此，需要获得快速且精确的故障估计结果来对故障进行实时补偿，保证高超声速飞行器的稳定性。

在 9.2 节中，高度通道和速度通道的解耦已经完成。根据式(9.8)，原系统可以分为如下两个子系统：

$$h^{(4)}=F_h+g_{21}\beta_{Tc}+g_{22}\delta_e \tag{9.19}$$

$$\dddot{V}=F_v+g_{11}\beta_{Tc}+g_{12}\delta_e \tag{9.20}$$

当然，两个通道之间的耦合影响仍然存在，尤其是速度通道对高度通道的影响尤为严重。因此，下面将分别设计非线性自适应观测器和反步滑模观测器来应对两种不同的情况，这也是本章的重点。

(1) 针对速度通道

定义 $g_{vx}=F_v+g_{12}\delta_e$，$f_{vx}=g_{11}$，故障估计误差 $\tilde{f}_v=f_v-\hat{f}_v$ 其中 $\hat{f}_v$ 为 f_v 的估计值。另外定义：

$$\begin{cases}x_{v1}=V-V_d+f_v\\x_{v2}=\dot{V}-\dot{V}_d\\x_{v3}=\ddot{V}-\ddot{V}_d\end{cases} \tag{9.21}$$

对式(9.21)两边求导，可得速度通道系统为：

$$\begin{cases}\dot{x}_{v1}=x_{v2}\\ \dot{x}_{v2}=x_{v3}\\ \dot{x}_{v3}=g_{vx}+f_{vx}\beta_{Tc}\end{cases}\tag{9.22}$$

式中，速度状态量 $\boldsymbol{x}_v=[x_{v1}\ x_{v2}\ x_{v3}]^{\mathrm{T}}$。为了估计速度传感器故障 f_v，构建如下的非线性自适应观测器：

$$\begin{cases}\hat{x}_{v1}=V-V_d+\hat{f}_v\\ \dot{\hat{x}}_{v1}=\hat{x}_{v2}+\dot{\hat{f}}_v\\ \dot{\hat{x}}_{v2}=\hat{x}_{v3}\\ \dot{\hat{x}}_{v3}=g_{vx}+f_{vx}\beta_{Tc}+v_{vc}\end{cases}\tag{9.23}$$

式中，$\hat{\boldsymbol{x}}_v=[\hat{x}_{v1}\hat{x}_{v2}\hat{x}_{v3}]^{\mathrm{T}}$ 为状态估计向量；$\dot{\hat{f}}_v$ 为速度传感器故障导数$\dot{f}_v$ 的估计向量；v_{vc} 为待设计的虚拟控制量。因为本章考虑的是传感器常值故障，即$\dot{f}_v=0$，故障估计误差的导数可以表示成如下形式：

$$\dot{\tilde{f}}_v=-\dot{\hat{f}}_v\tag{9.24}$$

定义状态估计误差量 $e_{vi}=x_{vi}-\hat{x}_{vi}$，$vi=1,2,3$ 后，可以得到如下的误差动态方程：

$$\begin{cases}e_{v1}=\tilde{f}_v\\ \dot{e}_{v1}=e_{v2}-\dot{\hat{f}}_v\\ \dot{e}_{v2}=e_{v3}\\ \dot{e}_{v3}=-v_{vc}\end{cases}\tag{9.25}$$

将上式改写成如下形式：

$$\dot{\boldsymbol{e}}_v=\boldsymbol{A}_v\boldsymbol{e}_v+\boldsymbol{B}_v\dot{\hat{f}}_v+\boldsymbol{C}_v v_{vc}\tag{9.26}$$

式中，$\boldsymbol{e}_v=\begin{bmatrix}e_{v1}\\e_{v2}\\e_{v3}\end{bmatrix}$；$\boldsymbol{A}_v=\begin{bmatrix}0&1&0\\0&0&1\\0&0&0\end{bmatrix}$；$\boldsymbol{B}_v=\begin{bmatrix}-1\\0\\0\end{bmatrix}$；$\boldsymbol{C}_v=\begin{bmatrix}0\\0\\-1\end{bmatrix}$；$\tilde{f}_{\mathrm{v}}=-\boldsymbol{e}_v^{\mathrm{T}}\boldsymbol{B}_v$。

定理 9.1 如果存在一个对称正定矩阵 $\boldsymbol{P}\in\boldsymbol{R}^{3\times3}$、实数矩阵 $\boldsymbol{K}\in\boldsymbol{R}^{1\times3}$、$\boldsymbol{L}\in\boldsymbol{R}^{1\times3}$ 与常数 γ_1，$\gamma_2>0$，使得如下条件成立：

$$\boldsymbol{PA}_v+\boldsymbol{A}_v^{\mathrm{T}}\boldsymbol{P}+\gamma_1(\boldsymbol{P}+\boldsymbol{E})\boldsymbol{B}_v\boldsymbol{K}+\gamma_1\boldsymbol{K}^{\mathrm{T}}\boldsymbol{B}_v^{\mathrm{T}}(\boldsymbol{P}+\boldsymbol{E})+\gamma_2\boldsymbol{PC}_V\boldsymbol{L}+\gamma_2\boldsymbol{L}^{\mathrm{T}}\boldsymbol{C}_v^{\mathrm{T}}\boldsymbol{P}<0\tag{9.27}$$

那么，自适应故障估计算法：

$$\begin{cases}\dot{\hat{f}}_v=\gamma_1\boldsymbol{Ke}_v\\ v_{vc}=\gamma_2\boldsymbol{Le}_v\end{cases}\tag{9.28}$$

可以使得状态估计误差 $\boldsymbol{e}_v$ 和故障估计误差$\tilde{f}_v$ 渐进收敛。

证明： 考虑如下定义的李雅普诺夫函数：

$$V_v=\frac{1}{2}\boldsymbol{e}_v^{\mathrm{T}}\boldsymbol{P}\boldsymbol{e}_v+\frac{1}{2}\tilde{f}_v^{\mathrm{T}}\tilde{f}_v \tag{9.29}$$

计算上式的导数可得：

$$\begin{aligned}\dot{V}_v&=\frac{1}{2}\dot{\boldsymbol{e}}_v^{\mathrm{T}}\boldsymbol{P}\boldsymbol{e}_v+\frac{1}{2}\boldsymbol{e}_v^{\mathrm{T}}\boldsymbol{P}\dot{\boldsymbol{e}}_v+\frac{1}{2}\tilde{f}_v^{\mathrm{T}}\dot{\tilde{f}}_v+\frac{1}{2}\dot{\tilde{f}}_v^{\mathrm{T}}\tilde{f}_v\\&=\frac{1}{2}(\dot{\hat{f}}_v\boldsymbol{B}_v^{\mathrm{T}}\boldsymbol{P}+v_{vc}\boldsymbol{C}_v^{\mathrm{T}}\boldsymbol{P})\boldsymbol{e}_v-\frac{1}{2}\dot{\hat{f}}_v\tilde{f}_v^{\mathrm{T}}\\&\quad+\frac{1}{2}\boldsymbol{e}_v^{\mathrm{T}}(\boldsymbol{P}\boldsymbol{A}_v\boldsymbol{e}_v+\boldsymbol{A}_v^{\mathrm{T}}\boldsymbol{P}\boldsymbol{e}_v+\boldsymbol{P}\boldsymbol{B}_v\dot{\hat{f}}_v+\boldsymbol{P}\boldsymbol{C}_v v_{vc})-\frac{1}{2}\tilde{f}_v\dot{\hat{f}}_v\\&=\frac{1}{2}[\dot{\hat{f}}_v\boldsymbol{B}_v^{\mathrm{T}}(\boldsymbol{P}+\boldsymbol{E})+v_{vc}\boldsymbol{C}_v^{\mathrm{T}}\boldsymbol{P}]\boldsymbol{e}_v\\&\quad+\frac{1}{2}\boldsymbol{e}_v^{\mathrm{T}}[\boldsymbol{P}\boldsymbol{A}_v\boldsymbol{e}_v+\boldsymbol{A}_v^{\mathrm{T}}\boldsymbol{P}\boldsymbol{e}_v+(\boldsymbol{P}+\boldsymbol{E})\boldsymbol{B}_v\dot{\hat{f}}_v+\boldsymbol{P}\boldsymbol{C}_v v_{vc}]\end{aligned} \tag{9.30}$$

将式(9.28) 代入上式可得：

$$\dot{V}_v=\frac{1}{2}\boldsymbol{e}_v^{\mathrm{T}}[\boldsymbol{P}\boldsymbol{A}_v+\boldsymbol{A}_v^{\mathrm{T}}\boldsymbol{P}+\gamma_1(\boldsymbol{P}+\boldsymbol{E})\boldsymbol{B}_v\boldsymbol{K}+\gamma_1\boldsymbol{K}^{\mathrm{T}}\boldsymbol{B}_v^{\mathrm{T}}(\boldsymbol{P}+\boldsymbol{E})+\gamma_2\boldsymbol{P}\boldsymbol{C}_v\boldsymbol{L}+\gamma_2\boldsymbol{L}^{\mathrm{T}}\boldsymbol{C}_v^{\mathrm{T}}\boldsymbol{P}]\boldsymbol{e}_v \tag{9.31}$$

因此，如果条件式(9.27) 成立，可得$\dot{V}_v<0$，即所设计的自适应故障估计算法可以使得状态估计误差与速度传感器故障估计误差渐进收敛。

(2) 对于高度通道

首先定义 $g_{hx}=F_h+g_{21}\beta_{Tc}$，$f_{hx}=g_{22}$。由于速度通道传感器故障带来的负面耦合影响，若高度通道也用上述的故障观测器，故障估计结果将会不准确甚至发散。因此，为高度通道设计了反步滑模观测器来估计状态量与传感器故障。

注释 9.1： 影响估计效果的两通道间的耦合影响主要体现在参数 g_{hx} 和 f_{hx} 的偏差上，所设计的反步滑模观测器将这两个被影响的参数也视作待估计项，将它考虑进整体估计方案中，与传感器故障一同估计，解决了多传感器故障多通道之间的耦合影响问题。

定义：

$$\begin{cases}x_{h1}=h-h_d+f_h\\x_{h2}=\dot{h}-\dot{h}_d\\x_{h3}=\ddot{h}-\ddot{h}_d\\x_{h4}=\dddot{h}-\dddot{h}_d\end{cases} \tag{9.32}$$

对上式两边求导，可得如下的高度动态系统：

$$\begin{cases}\dot{x}_{h1}=x_{h2}\\\dot{x}_{h2}=x_{h3}\\\dot{x}_{h3}=x_{h4}\\\dot{x}_{h4}=g_{hx}+f_{hx}\delta_e\end{cases}\tag{9.33}$$

其中状态量 $\boldsymbol{x}_h=[x_{h1}\ x_{h2}\ x_{h3}\ x_{h4}]^{\mathrm{T}}$。设计如下的反步滑模观测器：

$$\begin{cases}\dot{\hat{x}}_{h1}=\hat{x}_{h2}+\dot{\hat{f}}_h\\\dot{\hat{x}}_{h2}=\hat{x}_{h3}\\\dot{\hat{x}}_{h3}=\hat{x}_{h4}\\\dot{\hat{x}}_{h4}=\hat{g}_{hx}+\hat{f}_{hx}\delta_e+v_{hc}\end{cases}\tag{9.34}$$

式中，$\hat{\boldsymbol{x}}_h=[\hat{x}_{h1}\hat{x}_{h2}\hat{x}_{h3}\hat{x}_{h4}]^{\mathrm{T}}$ 为状态估计量；$\dot{\hat{f}}_h$ 为高度传感器故障导数 $\dot{f}_h$ 的估计向量；$\hat{g}_{hx}$ 和 $\hat{f}_{hx}$ 分别为系统参数 g_{hx} 和 f_{hx} 的估计量；v_{hc} 为待设计的虚拟控制量。

分别定义状态量估计误差 $e_{hi}=x_{hi}-\hat{x}_{hi}$，$hi=1,2,3,4$；系统参数估计误差 $\tilde{f}_{hx}=f_{hx}-\hat{f}_{hx}$，$\tilde{g}_{hx}=g_{hx}-\hat{g}_{hx}$ 后，误差动态系统可以表示为如下形式：

$$\begin{cases}\dot{e}_{h1}=e_{h2}-\dot{\hat{f}}_h\\\dot{e}_{h2}=e_{h3}\\\dot{e}_{h3}=e_{h4}\\\dot{e}_{h4}=\hat{g}_{hx}+\hat{f}_{hx}\delta_e-v_{hc}\end{cases}\tag{9.35}$$

定义如下四个虚拟误差向量：

$$\begin{cases}\boldsymbol{T}_1=e_{h1}\\\boldsymbol{T}_2=e_{h2}\\\boldsymbol{T}_3=e_{h3}+\alpha_1(e_{h1},e_{h2})\\\boldsymbol{T}_4=e_4+\alpha_2(e_{h1},e_{h2},e_{h3})\end{cases}\tag{9.36}$$

假设系统［式(9.33)］状态可测，如果设计合适的控制律 $\alpha_1(e_{h1},e_{h2})$，$\alpha_2(e_{h1},e_{h2},e_{h3})$ 和 v_{hc}，能够使得式(9.35)中误差向量 $[e_{h1}\ e_{h2}\ e_{h3}]^{\mathrm{T}}$ 与其虚拟形式 $[T_1\ T_2\ T_3]^{\mathrm{T}}$ 在有限时间内渐进收敛，即存在形如式(9.34)的反步滑模观测器，能够准确估计系统参数与传感器故障。

下面，将通过观测器稳定性证明分四步给出控制律设计及故障估计设计方案，为了使过程简单，简化 $\alpha_1(e_{h1},e_{h2})$ 及 $\alpha_2(e_{h1},e_{h2},e_{h3})$ 为 α_1，α_2。

假设 9.2：存在常数 $M>0$，$\tilde{f}_{hx}+\tilde{g}_{hx}\delta_e$ 有界且满足：

$$|\tilde{f}_{hx}+\tilde{g}_{hx}\delta_e|\leqslant M\tag{9.37}$$

证明：

① 步骤一：定义如下关于 $\boldsymbol{T}_1$ 的李雅普诺夫函数：

$$V_{\boldsymbol{T}_1}=\frac{1}{2}\boldsymbol{T}_1^2+\frac{1}{2}\tilde{f}_h^2 \tag{9.38}$$

其中高度传感器故障估计误差$\tilde{f}_h=f_h-\hat{f}_h$，$\hat{f}_h$为故障$f_h$的估计，对式(9.38)求导可得：

$$\begin{aligned}\dot{V}_{\boldsymbol{T}_1}&=\boldsymbol{T}_1(\boldsymbol{T}_2-\dot{\hat{f}}_h)+(f_h-\hat{f}_h)(-\dot{\hat{f}}_h)\\&=\boldsymbol{T}_1\boldsymbol{T}_2-(\boldsymbol{T}_1+f_h-\hat{f}_h)\dot{\hat{f}}_h\end{aligned} \tag{9.39}$$

假设 9.3：存在常数 $N>0$，并且满足$|\boldsymbol{T}_1+f_h|\leqslant N$。

故障估计$\hat{f}_h$ 自适应估计算法可以设计成如下形式：

$$\hat{f}_h=k_1\operatorname{sgn}(\dot{\hat{f}}_h) \tag{9.40}$$

注释 9.2：根据式(9.35) 可得$\dot{e}_{h1}=e_{h2}-\dot{\hat{f}}_h$，因此当系统稳定时可知$\dot{\hat{f}}_h\approx e_{h2}$。故 e_{h2}可以用来作为$\dot{\hat{f}}_h$的信号来源。

当$\dot{\hat{f}}_h>0$ 时，式(9.39) 可写成：

$$\dot{V}_{\boldsymbol{T}_1}=\boldsymbol{T}_1\boldsymbol{T}_2-(\boldsymbol{T}_1+f_h-k_1)|\dot{\hat{f}}_h| \tag{9.41}$$

当$\dot{\hat{f}}_h<0$ 时，式(9.39) 可写成：

$$\dot{V}_{\boldsymbol{T}_1}=\boldsymbol{T}_1\boldsymbol{T}_2-[-(\boldsymbol{T}_1+f_h)-k_1]|\dot{\hat{f}}_h| \tag{9.42}$$

结合上述两种情况，可得：

$$\dot{V}_{\boldsymbol{T}_1}\leqslant\boldsymbol{T}_1\boldsymbol{T}_2-(N-k_1)|\dot{\hat{f}}_h|\leqslant\boldsymbol{T}_1\boldsymbol{T}_2 \tag{9.43}$$

② 步骤二：定义如下关于 $\boldsymbol{T}_2$的李雅普诺夫函数：

$$V_{\boldsymbol{T}_2}=\frac{1}{2}\boldsymbol{T}_1^2+\frac{1}{2}\boldsymbol{T}_2^2+\frac{1}{2}\tilde{f}_h^2 \tag{9.44}$$

对上式求导可得：

$$\dot{V}_{\boldsymbol{T}_2}=\dot{V}_{\boldsymbol{T}_1}+\boldsymbol{T}_1\dot{\boldsymbol{T}}_2\leqslant\boldsymbol{T}_2(\boldsymbol{T}_1+\boldsymbol{T}_3-\alpha_1) \tag{9.45}$$

式中，α_1为 $\boldsymbol{T}_2$的虚拟控制律，设计为：

$$\alpha_1=\boldsymbol{T}_1+k_2\boldsymbol{T}_2 \tag{9.46}$$

其中 $k_2>0$。代入式(9.45) 可得：

$$\dot{V}_{\boldsymbol{T}_2}=\dot{V}_{\boldsymbol{T}_1}+\boldsymbol{T}_2\dot{\boldsymbol{T}}_2\leqslant\boldsymbol{T}_2\boldsymbol{T}_3-k_2\boldsymbol{T}_2^2 \tag{9.47}$$

③ 步骤三：定义如下关于 $\boldsymbol{T}_3$的李雅普诺夫函数：

$$V_{\boldsymbol{T}_3}=\frac{1}{2}\boldsymbol{T}_1^2+\frac{1}{2}\boldsymbol{T}_2^2+\frac{1}{2}\boldsymbol{T}_3^2+\frac{1}{2}\tilde{f}_h^2 \tag{9.48}$$

对上式求导可得：

$$\begin{aligned}\dot{V}_{\boldsymbol{T}_3}&=\dot{V}_{\boldsymbol{T}_2}+\boldsymbol{T}_3\dot{\boldsymbol{T}}_3\\&\leqslant-k_2\boldsymbol{T}_2{}^2+\boldsymbol{T}_3(\boldsymbol{T}_2+\boldsymbol{T}_4-\alpha_2+\dot{\alpha}_1)\end{aligned} \tag{9.49}$$

式中，α_2 为 $\boldsymbol{T}_3$ 的虚拟控制律，设计为：

$$\alpha_2=\boldsymbol{T}_2+k_3\boldsymbol{T}_3+\dot{\alpha}_1 \tag{9.50}$$

其中 $k_3>0$。相应地代入式(9.49) 可得：

$$\dot{V}_{\boldsymbol{T}_3}=\dot{V}_{\boldsymbol{T}_2}+\boldsymbol{T}_3\dot{\boldsymbol{T}}_3\leqslant\boldsymbol{T}_3\boldsymbol{T}_4-k_2\boldsymbol{T}_2^2-k_3\boldsymbol{T}_3^2 \tag{9.51}$$

④ 步骤四：定义 $\hat{M}$ 为 M 的估计，则估计误差 $\widetilde{M}=M-\hat{M}$，两边求导可得 $\dot{\widetilde{M}}=-\dot{\hat{M}}$。定义如下关于 $\boldsymbol{T}_4$ 的李雅普诺夫函数：

$$V_{\boldsymbol{T}_4}=\frac{1}{2}\boldsymbol{T}_1^2+\frac{1}{2}\boldsymbol{T}_2^2+\frac{1}{2}\boldsymbol{T}_3^2+\frac{1}{2}\boldsymbol{T}_4^2+\frac{1}{2}\tilde{f}_h^2+\frac{1}{2}\widetilde{M}^2 \tag{9.52}$$

上式关于时间的导数为：

$$\begin{aligned}\dot{V}_{\boldsymbol{T}_4}&=\dot{V}_{\boldsymbol{T}_3}+\boldsymbol{T}_4\dot{\boldsymbol{T}}_4+\widetilde{M}\dot{\widetilde{M}}\\&\leqslant-k_2\boldsymbol{T}_2^2-k_3\boldsymbol{T}_3^2+\boldsymbol{T}_4(\boldsymbol{T}_3+\dot{\alpha}_2-v_{hc}+\tilde{f}_{hx}+\tilde{g}_{hx}\delta_e)+\widetilde{M}\dot{\widetilde{M}}\end{aligned} \tag{9.53}$$

设计如下的虚拟控制律：

$$\boldsymbol{v}_{hc}=v_{hc1}+v_{hc2}=\dot{\alpha}_2+k_4\boldsymbol{T}_4+\boldsymbol{T}_3+\eta\operatorname{sgn}(\boldsymbol{T}_4) \tag{9.54}$$

其中 $k_4>0$，自适应参数设计为：

$$\begin{aligned}\eta&=\hat{M}+\varepsilon\\\dot{\hat{M}}&=|\boldsymbol{T}_4|\end{aligned} \tag{9.55}$$

其中 ε 为一个数值很小的正常数。代入式(9.53) 可得：

$$\dot{V}_{\boldsymbol{T}_4}\leqslant-\sum_{i=2}^{4}k_i\boldsymbol{T}_i^2+\boldsymbol{T}_4[-\eta\operatorname{sgn}(\boldsymbol{T}_4)+\tilde{f}_{hx}+\tilde{g}_{hx}\delta_e]-\widetilde{M}\dot{\hat{M}} \tag{9.56}$$

当 $\boldsymbol{T}_4>0$ 且 $\tilde{f}_{hx}+\tilde{g}_{hx}\delta_e>0$ 时：

$$\dot{V}_{\boldsymbol{T}_4}\leqslant-\sum_{i=2}^{4}k_i\boldsymbol{T}_i^2+|\boldsymbol{T}_4|(-\eta+|\tilde{f}_{hx}+\tilde{g}_{hx}\delta_e|)-\widetilde{M}\dot{\hat{M}} \tag{9.57}$$

当 $\boldsymbol{T}_4>0$ 且 $\tilde{f}_{hx}+\tilde{g}_{hx}\delta_e<0$ 时：

$$\dot{V}_{\boldsymbol{T}_4}\leqslant-\sum_{i=2}^{4}k_i\boldsymbol{T}_i^2+|\boldsymbol{T}_4|(-\eta-|\tilde{f}_{hx}+\tilde{g}_{hx}\delta_e|)-\widetilde{M}\dot{\hat{M}} \tag{9.58}$$

当 $\boldsymbol{T}_4<0$ 且 $\tilde{f}_{hx}+\tilde{g}_{hx}\delta_e>0$ 时：

$$\dot{V}_{\boldsymbol{T}_4}\leqslant-\sum_{i=2}^{4}k_i\boldsymbol{T}_i^2+|\boldsymbol{T}_4|(-\eta-|\tilde{f}_{hx}+\tilde{g}_{hx}\delta_e|)-\widetilde{M}\dot{\hat{M}} \tag{9.59}$$

当 $\boldsymbol{T}_4<0$ 且 $\tilde{f}_{hx}+\tilde{g}_{hx}\delta_e<0$ 时：

$$\dot{V}_{\boldsymbol{T}_4}\leqslant-\sum_{i=2}^{4}k_i\boldsymbol{T}_i^2+|\boldsymbol{T}_4|(-\eta+|\tilde{f}_{hx}+\tilde{g}_{hx}\delta_e|)-\widetilde{M}\dot{\hat{M}} \tag{9.60}$$

结合上面四种情况可得：

$$\dot{V}_{\boldsymbol{T}_4}\leqslant-\sum_{i=2}^{4}k_i\boldsymbol{T}_i^2+|\boldsymbol{T}_4|(-\eta+|\tilde{f}_{hx}+\tilde{g}_{hx}\delta_e|)-\widetilde{M}\dot{\hat{M}}$$

$$\leqslant -\sum_{i=2}^{4} k_i \boldsymbol{T}_i^2 + |\boldsymbol{T}_4|(-\eta + M) - |\boldsymbol{T}_4|\widetilde{M}$$

$$= -\sum_{i=2}^{4} k_i \boldsymbol{T}_i^2 + |\boldsymbol{T}_4|(M - \widetilde{M} - \hat{M} - \varepsilon)$$

$$= -\sum_{i=2}^{4} k_i \boldsymbol{T}_i^2 - \varepsilon|\boldsymbol{T}_4|$$

$$\leqslant 0 \tag{9.61}$$

综上，我们证明了$\dot{V}_{\boldsymbol{T}_4} \leqslant 0$在任意条件下都成立，这保证了状态估计误差与故障估计误差在有限时间内的渐进收敛性。快速且准确的故障估计结果是下面将介绍的容错控制器的基础。

9.3.3 非线性容错控制器设计

根据上一节非线性自适应观测器与反步滑模观测器的设计及证明可得：

$$\lim_{t\to\infty}(f_v - \hat{f}_v) = \lim_{t\to\infty}\tilde{f}_v = 0$$
$$\lim_{t\to\infty}(f_h - \hat{f}_h) = \lim_{t\to\infty}\tilde{f}_h = 0 \tag{9.62}$$

在获得速度传感器故障估计结果$\hat{f}_v$与高度传感器估计结果$\hat{f}_h$后，可以对高度传感器与速度传感器的输出信号进行如下补偿：

$$V_{\mathrm{com}} = V_{\mathrm{out}} - \hat{f}_v$$
$$h_{\mathrm{com}} = h_{\mathrm{out}} - \hat{f}_h \tag{9.63}$$

式中，V_{com}和h_{com}为补偿后的传感器输出信号；$\hat{f}_v$与$\hat{f}_h$为故障估计结果；V_{out}与h_{out}为传感器初始输出信号。因此，将原始的V与h由经过补偿的V_{com}和h_{com}取代后，含有多传感器故障的高超声速飞行器系统故障补偿控制器可以设计为如下形式：

$$\boldsymbol{u}_{\mathrm{com}} = \boldsymbol{G}_{\mathrm{com}}(\boldsymbol{x})^{-1}[-\boldsymbol{F}_{\mathrm{com}}(\boldsymbol{x}) - \boldsymbol{\omega}_{\mathrm{com}} - \boldsymbol{H}\,\mathrm{sgn}(\boldsymbol{s}_{\mathrm{com}}) - \boldsymbol{K}\boldsymbol{s}_{\mathrm{com}}] \tag{9.64}$$

式中，$\boldsymbol{u}_{\mathrm{com}}$为容错控制律；$\boldsymbol{G}_{\mathrm{com}}$、$\boldsymbol{F}_{\mathrm{com}}$、$\boldsymbol{\omega}_{\mathrm{com}}$、$\boldsymbol{s}_{\mathrm{com}}$为含有补偿后传感器输出信号的变量。容错控制器的证明与标称控制器类似，可见式(9.18)。

上述的自愈合控制方案可以补偿多传感器故障，并且使高超声速飞行器纵向动态系统保持稳定并重新跟踪给定参考信号。

9.4 仿真验证及分析

为了验证所提出的传感器故障估计观测器与容错控制器的有效性，本节将给出基于 Matlab/Simulink 仿真平台的实验结果。首先假设高超声速飞行器在巡航阶段稳定飞行时的状态为：

$$\begin{cases} h_d = 110000\text{ft} \\ V_d = 15060\text{ft/s} \\ [\alpha_d, \gamma_d, q_d] = [0.0315\text{rad}, 0\text{rad}, 0\text{rad/s}] \end{cases} \tag{9.65}$$

式中，V_d 和 h_d 为速度和高度的参考指令。相应地，假设高超声速飞行器初始飞行条件为：

$$\begin{cases} h = 110200\text{ft} \\ V = 15160\text{ft/s} \\ [\alpha, \gamma, q] = [0\text{rad}, 0\text{rad}, 0\text{rad/s}] \end{cases} \tag{9.66}$$

本节将分别给出无故障情况下的输入输出响应、多传感器故障估计结果、容错控制后的输入输出响应三个部分的仿真结果。值得注意的是，为了证明整个方案的广泛适用性，上述仿真都增加了参数不确定性的影响，考虑如下的参数不确定性情况：

$$\begin{cases} m = m_0(1+0.01\times \text{WGN}) \\ I_{yy} = I_{yy0}(1+0.01\times \text{WGN}) \\ S = S_0(1+0.01\times \text{WGN}) \\ c_e = c_{e0}(1+0.01\times \text{WGN}) \\ \bar{c} = \bar{c}_0(1+0.01\times \text{WGN}) \\ \rho = \rho_0(1+0.01\times \text{WGN}) \\ C_M(\alpha) = C_{M0}(\alpha)(1+0.1\times \text{WGN}) \end{cases} \tag{9.67}$$

式中，WGN 表示单位高斯白噪声。通过 Matlab 中的 LMI 工具箱对式(9.27)求解，可以得到一组合适的矩阵 $\boldsymbol{K}$ 和 $\boldsymbol{L}$ 的值为：

$$\begin{aligned} \boldsymbol{K} &= [0.5000 \quad 1.0374 \quad 0.1121] \\ \boldsymbol{L} &= [-0.0996 \quad 1.3125 \quad 0.9375] \end{aligned} \tag{9.68}$$

表 9.1 详细给出了本章所设计的故障观测器与控制器参数和相应的取值。

表 9.1 故障观测器与控制器参数及取值

参数	取值	参数	取值
H	diag (0.1, 0.2)	Q	diag (1, 1)
a	0.9	b	0.8
γ_1	50	γ_2	2
k_1	35	k_2	40
k_3	40	k_4	40

(1) 仿真实验一：无故障情况下的输入输出响应

这一部分仿真主要介绍了在没有发生传感器故障时，高超声速飞行器纵向模型在所设计的标称滑模控制器作用下的高度、速度输出响应，以及油门开度、舵面偏转角度两个控制输入响应。从图 9.2 速度响应曲线和图 9.3 高度响应曲线中可以看出，速度和高度快速跟踪参考指令并保持稳定。如图 9.4 所示，舵偏角在大约 2s 时达到最大值约 3.7°并在第 5s 后趋于稳定，油门开度在大约 5s 时达到最大值 34.3°并在第 11s 后趋于稳定。输入信号响应都在允许的范围内且都收敛到特定常数，所设计的标称控制器可以快速使高超声速飞行器在给定状态下飞行。

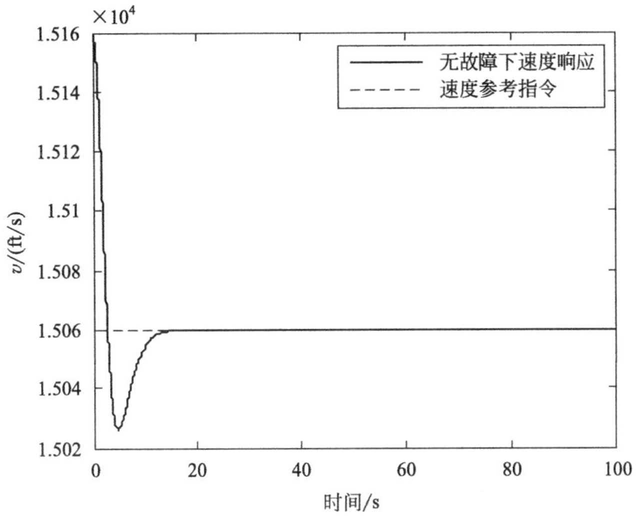

图 9.2　无故障情况下速度输出响应曲线

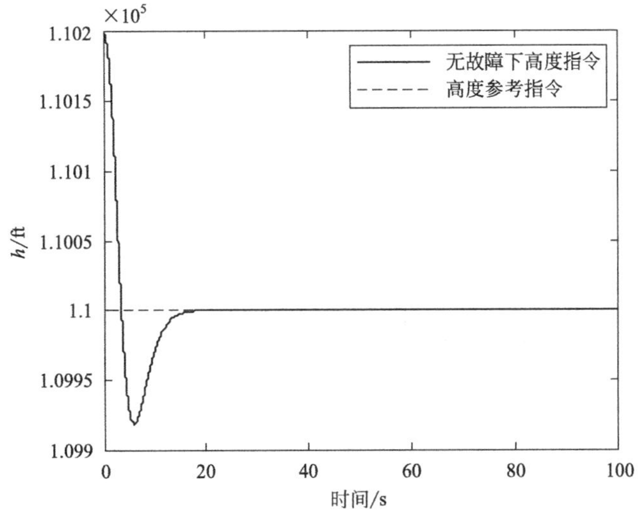

图 9.3　无故障情况下高度输出响应曲线

(2) 仿真实验二：多传感器故障估计结果

这一部分仿真实验主要针对所设计的两种故障观测器，即用来估计速度传感器故

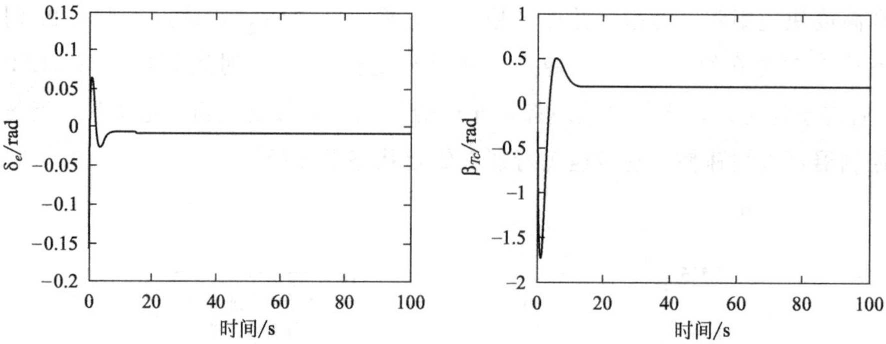

图 9.4　无故障情况下舵偏角（左）和油门开度（右）输入响应曲线

障的非线性自适应观测器与用来估计高度传感器故障的反步滑模观测器。给高超声速飞行器纵向动态系统注入如下的常值多传感器故障：

$$f_v=\begin{cases}0 & 0<t<30\text{s}\\ 100\text{ft/s} & t\geqslant 30\text{s}\end{cases}$$

$$f_h=\begin{cases}0 & 0<t<30\text{s}\\ 80\text{ft} & t\geqslant 30\text{s}\end{cases} \tag{9.69}$$

仿真结果如图 9.5 和图 9.6 所示。

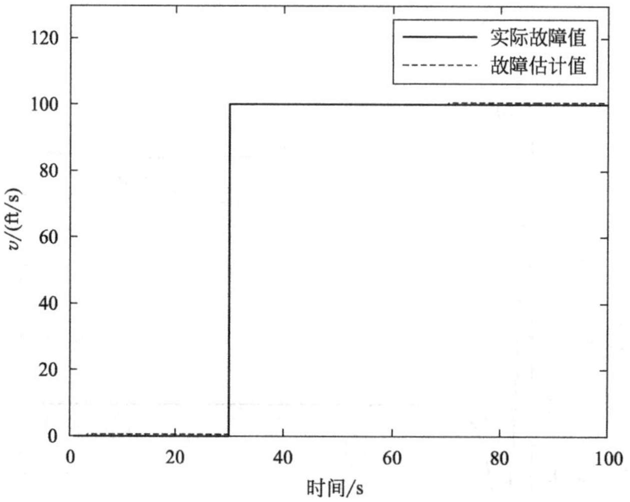

图 9.5　速度传感器故障估计结果

如图 9.5 和图 9.6 所示，所设计的两种故障观测器可以在第 30s 时立刻估计故障，且估计误差小于 0.01。另外，为高度传感器设计的反步滑模观测器也很好地解决了多通道之间负面耦合的影响。两种故障观测器都提供了准确且快速的故障估计结果。

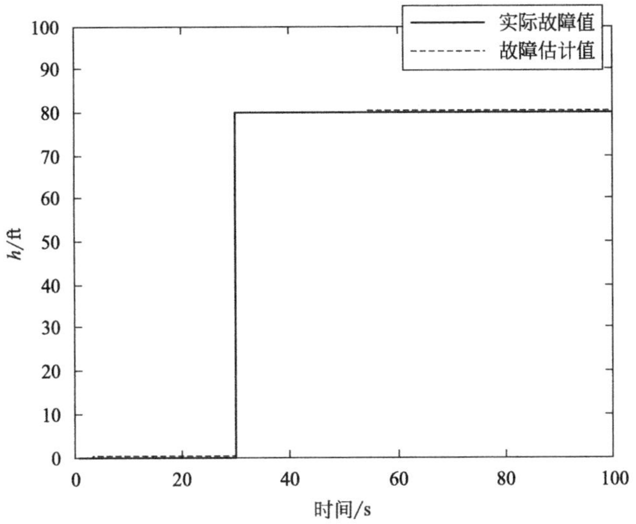

图 9.6　高度传感器故障估计结果

(3) 仿真实验三：容错控制后的输入输出响应

这一部分仿真给出了在标称滑模控制器或非线性容错控制器作用下，速度、高度的输出响应曲线与舵偏角、油门开度的输入响应曲线。从图 9.7 和图 9.8 虚线部分中可以看出，第 30s 即多传感器故障发生时，在标称滑模控制器作用下，高超声速飞行器高度和速度均产生明显的快速下降；相应地，如图 9.9 与图 9.10 虚线部分所示，舵偏角 δ_e 与油门开度 β_{Tc} 也产生剧烈的振荡以适应高超声速飞行器剧烈的高度速度变化。高超声速飞行器的高度和速度在瞬间下降是非常危险的情况，极易造成飞行器失

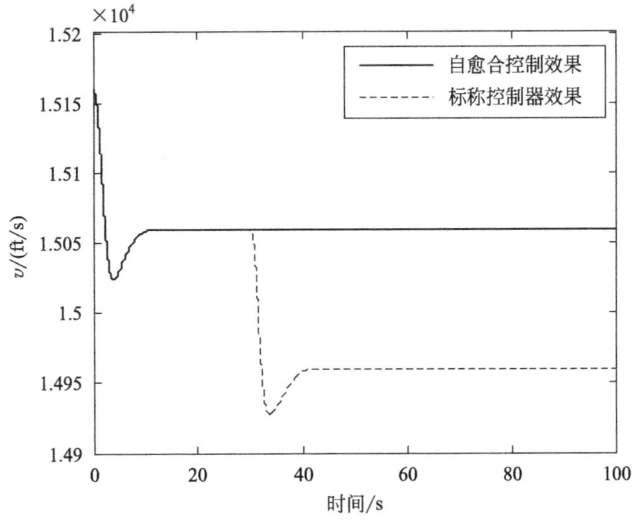

图 9.7　故障情况下速度响应曲线

去控制等严重后果，因此，能够精确估计并补偿多传感器故障、避免机体运行状态急速变化且保证高超声速飞行器稳定性的容错控制方案便显得尤为重要。下面给出经过容错控制器补偿后的输入输出响应曲线。

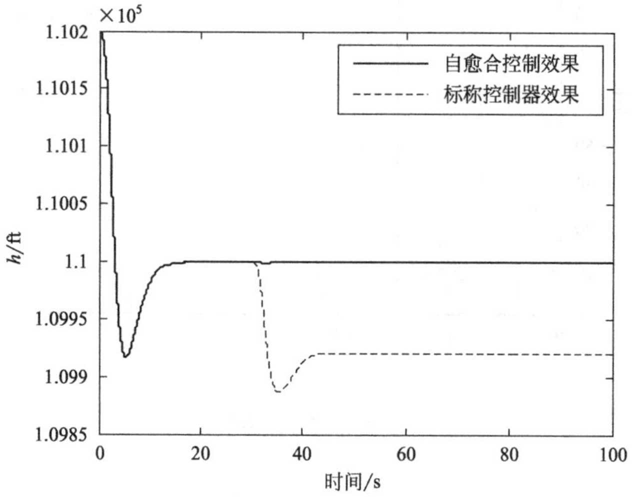

图 9.8 故障情况下高度响应曲线

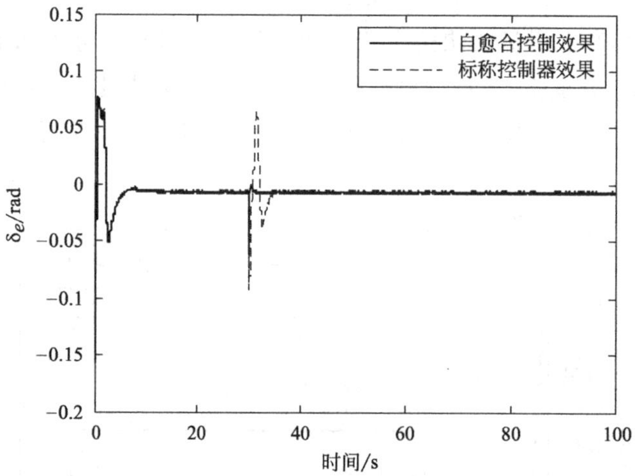

图 9.9 故障情况下舵偏角输入响应曲线

如图 9.7、图 9.8 实线部分所示，在准确估计出速度与高度通道的多传感器故障并经容错控制器补偿后，发生故障后高超声速飞行器的速度与高度不再有明显地快速下降，且只有高度通道有微小的振动，高超声速飞行器能跟踪给定的参考指令。

图 9.9 和图 9.10 实线部分表明，本章所提出的自愈合方法能避免故障发生时输入舵偏角与油门开度剧烈变化，仅有舵偏角有略微开度增加，且很快恢复平稳状态。

上述仿真实验从无故障状态下输入输出响应、故障状态下多传感器故障估计曲线

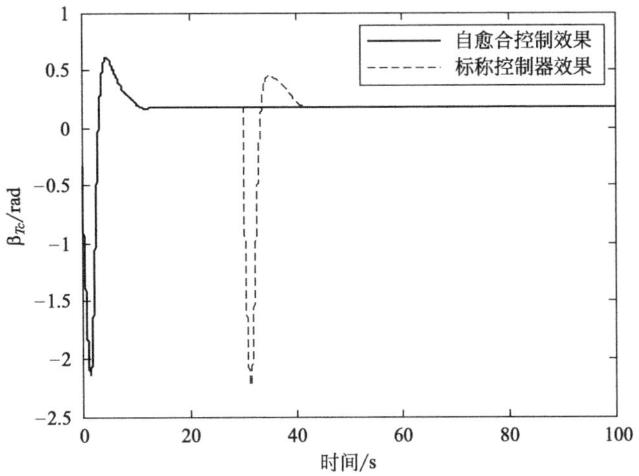

图 9.10 故障情况下油门开度输入响应曲线

和经容错控制后输入输出响应曲线三个部分证明了所设计的包含非线性滑模容错控制器、非线性自适应观测器和反步滑模观测器的自愈合方法能有效处理高超声速飞行器纵向模型的多传感器故障。

本章针对含有多传感器复合故障的高超声速飞行器纵向动态系统设计了自愈合控制方案。首先对原系统进行输入输出反馈线性化得到仿射非线性模型，然后设计标称滑模控制器使高超声速飞行器速度和高度快速跟踪给定参考指令。针对速度通道的传感器故障，设计的非线性自适应观测器可以快速且几乎无静态误差地估计故障。同时，所设计的反步滑模观测器可以很好地处理因故障引发的多通道之间的耦合影响，准确地估计出高度传感器故障。利用两种观测器获得的故障估计结果对故障进行补偿所得到的容错控制器，解决了多传感器故障引发的高超声速飞行器速度高度急速下降、控制输入严重变化等不良影响，使高超声速飞行器快速恢复到给定的参考指令位置，保证了稳定性。最后，通过对比标称控制器与容错控制器作用下的仿真结果，证明了所提出自愈合方案的有效性。

第10章

基于多维广义观测器的传感器联锁故障诊断与容错控制

10.1 引言

在第 9 章中，我们针对高超声速飞行器纵向仿射非线性系统设计了多传感器故障下的故障估计与自愈合控制方案，但是由于模型等方面的约束，所考虑的传感器复合故障是较为简单的常值故障，且并未考虑外部干扰的影响，具有一定的局限性。T-S 模糊建模方法被广泛应用于高超声速飞行器相关的执行器或传感器故障容错控制研究中[119-121]，我们充分考虑 T-S 模糊建模过程中为了简化、省略参数带来的建模误差影响，给 T-S 模糊模型添加非线性项使模型更为全面。因此，本章针对高超声速飞行器巡航阶段纵向模型，建立带有外部干扰与非线性项的 T-S 模糊模型，并在此基础上考虑较为复杂的、时变的传感器联锁故障，讨论其故障诊断与容错控制问题。

传感器联锁故障是复合故障的一种。当传感器系统中某一传感器因特殊的气流环境造成测量失效或测量值瞬间上升达到峰值甚至超过量程[122]，由其解算产生的其他传感器测量输出值也因此含有故障。两种传感器故障在发生时间和故障幅值大小之间具有一定关系。与上一章考虑的多传感器故障有所区别的地方在于，多传感器故障通常同时发生，并且故障值大小之间没有明显关系。本章首先构建了传感器联锁故障模型，并建立故障检测观测器在第一种故障发生时便能检测出故障。随后，设计了一种多维广义非线性观测器，仅通过一个观测器便可以估计传感器联锁故障。通常，如果为每个故障通道分别构造普通广义观测器，因为不同通道之间耦合效应的存在，故障估计结果不够理想。本章通过扩展观测器维度有效地解决了这个问题。另外，考虑外部干扰的影响，通过 H_∞ 方法保证了所设计观测器与控制器的鲁棒性。最后，基于故障诊断信息所设计的鲁棒输出反馈容错控制器可以使系统重新稳定，给高超声速飞行器提供良好的动态性能。

本章其余部分结构如下：10.2 节介绍了具有传感器联锁故障和外部干扰的高超声速飞行器纵向非线性 T-S 模糊模型；10.3 节首先提出了故障检测方案，然后设计了多维广义观测器对故障进行估计；10.4 节利用故障诊断结果设计鲁棒容错控制器对传感器故障进行补偿；10.5 节通过 Matlab/Simulink 仿真实验验证了本章所提方法的优势。

10.2 带有传感器联锁故障和扰动的纵向非线性模糊模型

与第 9 章相同，本章考虑的也是如下的高超声速飞行器纵向动态模型，详情可见 9.2.1 节。

$$\dot{V}=\frac{T\cos\alpha-D}{m}-\frac{\mu\sin\gamma}{r^2}$$

$$\dot{\gamma}=\frac{L+T\sin\alpha}{mV}-\frac{(\mu-V^2r)\cos\gamma}{Vr^2}$$

$$\dot{h}=V\sin\gamma$$
$$\dot{\alpha}=q-\dot{\gamma}$$
$$\dot{q}=\frac{M_{yy}}{I_{yy}} \tag{10.1}$$

在第 9 章中，由于模型方法的限制，考虑的多传感器故障是较为简单的常值故障，在这一章中，将研究时变的传感器复合故障。另外，本章还会考虑外部扰动的影响，讨论所设计故障诊断与容错控制方法的鲁棒性。根据文献［120］，高超声速飞行器纵向动态模型可以用如下一组 T-S 模糊模型表示：

$$\begin{cases}\dot{\boldsymbol{x}}(t)=\sum_{i=1}^{8}h_i(z)[\boldsymbol{A}_i\boldsymbol{x}(t)+\boldsymbol{B}_i\boldsymbol{u}(t)]\\ \boldsymbol{y}(t)=\boldsymbol{C}\boldsymbol{x}(t)\end{cases} \tag{10.2}$$

式中，$h_i(z)$为模糊权重；$\boldsymbol{x}(t)=[V\ \gamma\ h\ \alpha\ q]^{\mathrm{T}}\in\boldsymbol{R}^n$ 表示系统状态向量；$\boldsymbol{u}=[\delta_e\ \beta_T]^{\mathrm{T}}\in\boldsymbol{R}^m$ 为控制输入向量；$\boldsymbol{y}(t)$为系统输出向量。$\boldsymbol{A}_i\in\boldsymbol{R}^{n\times n}$，$\boldsymbol{B}_i\in\boldsymbol{R}^{n\times m}$ 和 $\boldsymbol{C}\in\boldsymbol{I}^{n\times n}$ 为系统矩阵。

值得注意的是，为了确保系统结构和参数的简单性，通常采用线性 T-S 模糊方法进行模糊建模。在建立上述 T-S 模糊模型时，会省略一些参数，如式(10.1) 中的 $T\sin\alpha$，来简化推导和模糊的过程。因此，在文献［120］工作的基础上，为了使研究更加全面，我们充分考虑上述建模过程中简化带来的影响，建立如下带有非线性项、外部干扰和传感器联锁故障的非线性 T-S 模糊模型：

$$\begin{cases}\dot{\boldsymbol{x}}(t)=\sum_{i=1}^{8}h_i(z)[\boldsymbol{A}_i\boldsymbol{x}(t)+\boldsymbol{B}_i\boldsymbol{u}(t)+\boldsymbol{g}_i(x,t)+\boldsymbol{G}\boldsymbol{d}(t)]\\ \boldsymbol{y}(t)=\boldsymbol{C}\boldsymbol{x}(t)+\boldsymbol{\omega}(t)\end{cases} \tag{10.3}$$

式中，$\boldsymbol{g}_i(x,t)$是在 $\boldsymbol{R}^n$ 上光滑的非线性向量；$\boldsymbol{d}(t)$ 表示有界的系统外部扰动；$\boldsymbol{G}\in\boldsymbol{R}^{n\times n}$为扰动分布矩阵；$\boldsymbol{\omega}(t)$ 表示传感器联锁故障。

假设 10.1：非线性项 $\boldsymbol{g}_i(x,t)$ 为已知的且满足全局利普希茨连续条件，即对任意的 x_1、x_2、t，满足：

$$\|\boldsymbol{g}_i(x_1,t)-\boldsymbol{g}_i(x_2,t)\|\leqslant L_{fi}\|x_1-x_2\| \tag{10.4}$$

式中，L_{fi}为利普希茨常数。

传感器联锁故障表示源故障的产生会引发其他故障，且两种故障间隔时间极短。在高超声速飞行器飞行过程中，传感器系统中角度传感器发生故障后，带有故障的信号经过解算后产生的角速率信号超过本身量程，从而引发新的角速率通道传感器故障。两种故障发生间隔之短使得无法分别处理故障，解决传感器故障的传统方法在稳定性、估计精度上也无法满足要求。

在本章中，我们考虑高超声速飞行器攻角 α 传感器发生时变故障，俯仰角速率 q 通道发生常值故障，传感器联锁故障可以表示成如下形式：

$$\boldsymbol{\omega}(t)=\boldsymbol{D}\boldsymbol{F}(t)=\boldsymbol{D}\begin{bmatrix}f_\alpha(t)H(t-\tau_1)\\ f_q(t)H(t-\tau_2)\end{bmatrix},\ \tau_1<\tau_2 \tag{10.5}$$

式中，$H(t)$ 为单位阶跃函数；$\boldsymbol{D}=\begin{bmatrix}0&0&0&1&0\\0&0&0&0&1\end{bmatrix}^{\mathrm{T}}$；$\boldsymbol{F}(t)$ 为故障向量；τ_1、τ_2 为故障发生时间；$f_\alpha(t)$ 为攻角传感器故障；$f_q(t)$ 为俯仰角速度通道传感器故障。

注释 10.1：传感器故障的“联锁”特征反映在故障发生时间和故障值大小之间的关系中。对于故障时间，$\tau_2-\tau_1=1\mathrm{s}$ 甚至更短，对于故障值大小关系可以描述为如下形式：

$$\begin{cases}f_\alpha<\psi,\ f_q=0\\ f_\alpha\geqslant\psi,\ f_q\neq0\end{cases}\tag{10.6}$$

式中，ψ 为常数，大小取决于两通道之间的耦合程度。

10.3 传感器联锁故障诊断方法设计

本节针对式(10.3) 描述的带有传感器联锁故障与干扰的高超声速飞行器纵向非线性 T-S 模糊模型，设计相应的故障诊断方法。首先，设计故障检测观测器生成输出残差以检测故障，然后设计多维广义模糊观测器来解决传感器联锁故障估计问题，最后在下一章中给出容错控制方案来补偿故障并处理系统中的非线性项。传感器联锁故障诊断与容错控制框图如图 10.1 所示。

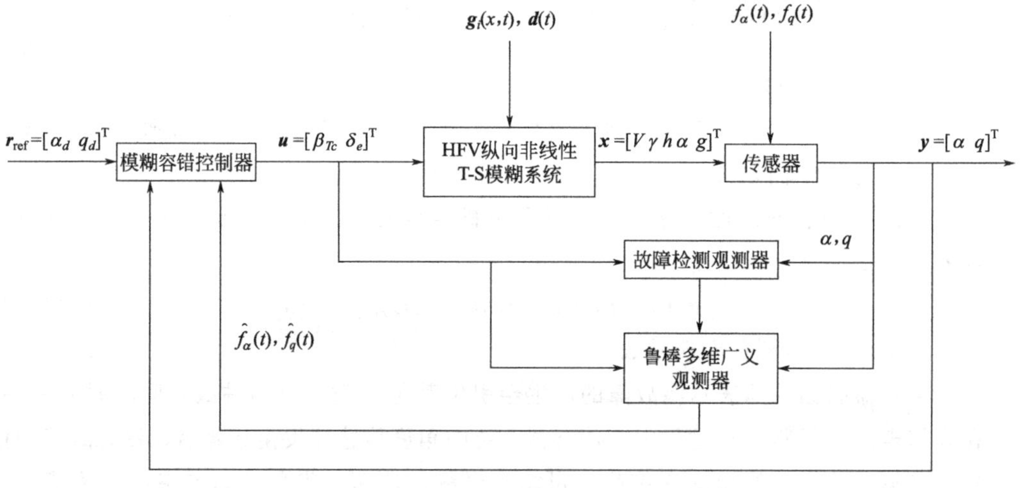

图 10.1　传感器联锁故障诊断与容错控制框图

当传感器联锁故障发生时，飞行控制系统接收到故障信号，高超声速飞行器飞行姿态受到严重影响，从而导致高超声速飞行器失去控制甚至坠毁。因此，需要快速的故障检测、准确的故障估计与相应的容错控制器来保证高超声速飞行器在故障发生后仍能保持稳定飞行。

10.3.1 故障检测方案设计

故障检测可以在故障发生时立刻报警，并以此为标准决定是否需要进行后续的故障估计与故障补偿，这在一定程度上减少了系统的复杂性。同时，故障检测所得的精确故障发生时间对高超声速飞行器落地后进行检修时提供参考有一定的工程意义。本节针对上述高超声速飞行器纵向非线性 T-S 模糊模型，设计如下的传感器非线性故障检测观测器：

$$\dot{\hat{\boldsymbol{x}}}(t)=\sum_{i=1}^{8}h_i(z)\{\boldsymbol{A}_i\hat{\boldsymbol{x}}(t)+\boldsymbol{B}_i\boldsymbol{u}(t)+\boldsymbol{g}_i(\hat{x},t)+\boldsymbol{L}_{D_i}[\boldsymbol{C}\hat{\boldsymbol{x}}(t)-\boldsymbol{y}(t)]\} \tag{10.7}$$

式中，$\boldsymbol{L}_{D_i}\in\boldsymbol{R}^{5\times5}$是待设计的观测器增益矩阵。

定义如下的故障检测观测器误差向量：

$$\boldsymbol{e}_x(t)=\hat{\boldsymbol{x}}(t)-\boldsymbol{x}(t) \tag{10.8}$$

在无干扰的情况下，原系统可以表示为如下形式：

$$\begin{cases}\dot{\boldsymbol{x}}(t)=\sum_{i=1}^{8}h_i(z)[\boldsymbol{A}_i\boldsymbol{x}(t)+\boldsymbol{B}_i\boldsymbol{u}(t)+\boldsymbol{g}_i(x,t)]\\ \boldsymbol{y}(t)=\boldsymbol{C}(t)+\boldsymbol{\omega}(t)\end{cases} \tag{10.9}$$

根据式(10.7)、式(10.8) 和式(10.9)，估计误差动态方程可表示为：

$$\dot{\boldsymbol{e}}_x(t)=(\boldsymbol{A}_i-\boldsymbol{L}_{D_i}\boldsymbol{C})\boldsymbol{e}_x(t)+\boldsymbol{g}_i(\hat{x},t)-\boldsymbol{g}_i(x,t) \tag{10.10}$$

定理 10.1：当传感器未发生故障即 $\boldsymbol{\omega}(t)=0$ 时，如果存在矩阵 $\boldsymbol{R}_D=\boldsymbol{R}_D^{\mathrm{T}}>0$，$\boldsymbol{Q}_{D_i}>0$，$\boldsymbol{X}_{D_i}$ 和标量 $\delta_D>0$，并定义：

$$\boldsymbol{L}_{D_i}=\boldsymbol{R}_D^{-1}\boldsymbol{X}_{D_i} \tag{10.11}$$

使得如下的不等式成立：

$$\begin{bmatrix}\boldsymbol{R}_D\boldsymbol{A}_i+\boldsymbol{A}_i^{\mathrm{T}}\boldsymbol{R}_D+\boldsymbol{X}_D\boldsymbol{C}+\boldsymbol{C}^{\mathrm{T}}\boldsymbol{X}_D+\delta_D L_{f_i}^2\boldsymbol{I} & \boldsymbol{R}_D\\ \boldsymbol{R}_D & -\lambda_D\boldsymbol{I}\end{bmatrix}<\boldsymbol{Q}_{D_i} \tag{10.12}$$

那么估计误差 $\boldsymbol{e}_x(t)$ 将渐进收敛。其中 L_{f_i} 为定义在式(10.4) 中的利普希茨常数。

证明：考虑如下的李雅普诺夫函数：

$$V_D(t)=\boldsymbol{e}_x^{\mathrm{T}}(t)\boldsymbol{R}_D\boldsymbol{e}_x(t) \tag{10.13}$$

计算式(10.13) 的导数可得：

$$\begin{aligned}\dot{V}_D(t)=&\sum_{i=1}^{8}h_i(z)\{\boldsymbol{e}_x^{\mathrm{T}}(\boldsymbol{R}_D\boldsymbol{A}_i-\boldsymbol{R}_D\boldsymbol{L}_{D_i}C+\boldsymbol{A}_i^{\mathrm{T}}\boldsymbol{R}_D+\boldsymbol{C}^{\mathrm{T}}\boldsymbol{L}_{D_i}^{\mathrm{T}}\boldsymbol{R}_D)\boldsymbol{e}_x\\&+2\boldsymbol{e}_x\boldsymbol{R}_D[\boldsymbol{g}_i(\hat{x},t)-\boldsymbol{g}_i(x,t)]\}\\&\leqslant\sum_{i=1}^{8}h_i(z)[\boldsymbol{e}_x^{\mathrm{T}}(\boldsymbol{R}_D\boldsymbol{A}_i-\boldsymbol{R}_D\boldsymbol{L}_{D_i}\boldsymbol{C}+\boldsymbol{A}_i^{\mathrm{T}}\boldsymbol{R}_D\\&+\boldsymbol{C}^{\mathrm{T}}\boldsymbol{L}_{D_i}^{\mathrm{T}}\boldsymbol{R}_D)\boldsymbol{e}_x+2\boldsymbol{L}_{f_i}\boldsymbol{e}_x^{\mathrm{T}}\boldsymbol{R}_D\boldsymbol{e}_x]\\&\leqslant\sum_{i=1}^{8}h_i(z)[\boldsymbol{e}_x^{\mathrm{T}}(\boldsymbol{R}_D\boldsymbol{A}_i-\boldsymbol{R}_D\boldsymbol{L}_{D_i}\boldsymbol{C}+\boldsymbol{A}_i^{\mathrm{T}}\boldsymbol{R}_D+\boldsymbol{C}^{\mathrm{T}}\boldsymbol{L}_{D_i}^{\mathrm{T}}\boldsymbol{R}_D)\boldsymbol{e}_x\end{aligned}$$

$$+\delta_D L_{f_i}^2 \|\boldsymbol{e}_x\|^2 + 1/\delta_D \|\boldsymbol{e}_x^{\mathrm{T}} \boldsymbol{R}_D\|^2]$$

$$\leqslant \sum_{i=1}^{8} h_i(z)[\boldsymbol{e}_x^{\mathrm{T}}(\boldsymbol{R}_D \boldsymbol{A}_i - \boldsymbol{R}_D \boldsymbol{L}_{D_i} \boldsymbol{C} + \boldsymbol{A}_i^{\mathrm{T}} \boldsymbol{R}_D + \boldsymbol{C}^{\mathrm{T}} \boldsymbol{L}_{D_i}^{\mathrm{T}} \boldsymbol{R}_D + \delta_D L_{f_i}^2 \boldsymbol{I} + 1/\delta_D \boldsymbol{R}_D^2) \boldsymbol{e}_x] \tag{10.14}$$

将上式中的 $\boldsymbol{L}_{D_i}$ 根据式(10.11) 替换得到如下形式：

$$\dot{V}_D(t) \leqslant \sum_{i=1}^{8} h_i(z)[\boldsymbol{e}_x^T(\boldsymbol{R}_D \boldsymbol{A}_i - \boldsymbol{X}_D \boldsymbol{C} + \boldsymbol{A}_i^{\mathrm{T}} \boldsymbol{R}_D + \boldsymbol{C}^{\mathrm{T}} \boldsymbol{X}_D + \delta_D L_{f_i}^2 \boldsymbol{I} + 1/\delta_D \boldsymbol{R}_D^2) \boldsymbol{e}_x] \tag{10.15}$$

因此，如果如下的不等式：

$$\boldsymbol{R}_D \boldsymbol{A}_i - \boldsymbol{X}_D \boldsymbol{C} + \boldsymbol{A}_i^{\mathrm{T}} \boldsymbol{R}_D + \boldsymbol{C}^{\mathrm{T}} \boldsymbol{X}_D + \delta_D L_{f_i}^2 \boldsymbol{I} + 1/\delta_D \boldsymbol{R}_D^2 < -\boldsymbol{Q}_{D_i} < 0 \tag{10.16}$$

成立，根据李雅普诺夫稳定性理论，$\boldsymbol{e}_x(t)$ 将渐进收敛。根据 Schur 补引理，式(10.16) 与式(10.12) 等价，证明完毕。

根据定理 10.1 可得：

$$\begin{aligned}\dot{V}_D(t) &\leqslant \sum_{i=1}^{8} h_i(z)[\boldsymbol{e}_x^{\mathrm{T}} \boldsymbol{Q}_{D_i} \boldsymbol{e}_x] \\ &\leqslant -[\lambda_{\min}(\boldsymbol{Q}_{D_i})/\lambda_{\max}(\boldsymbol{R}_D)] \sum_{i=1}^{8} h_i(z)[\boldsymbol{e}_x^{\mathrm{T}} \boldsymbol{R}_D \boldsymbol{e}_x] \\ &\leqslant -[\lambda_{\min}(\boldsymbol{Q}_{D_i})/\lambda_{\max}(\boldsymbol{R}_D)] V_D \\ &\leqslant -\kappa V_D\end{aligned} \tag{10.17}$$

式中，$\kappa = \left(\dfrac{\lambda_{\min}(\boldsymbol{Q}_{D_1})}{\lambda_{\min}(\boldsymbol{R}_D)}, \dfrac{\lambda_{\min}(\boldsymbol{Q}_{D_2})}{\lambda_{\min}(\boldsymbol{R}_D)}, \cdots, \dfrac{\lambda_{\min}(\boldsymbol{Q}_{D_8})}{\lambda_{\min}(\boldsymbol{R}_D)}\right) > 0$。因此：

$$V_D(t) \leqslant \mathrm{e}^{-\kappa t} V_D(0) \tag{10.18}$$

根据式(10.13) 与式(10.18) 可得：

$$\lambda_{\min}(\boldsymbol{R}_D) \|\boldsymbol{e}_x(t)\|^2 \leqslant \mathrm{e}^{-\kappa t} \lambda_{\max}(\boldsymbol{R}_D) \|\boldsymbol{e}_x(0)\|^2 \tag{10.19}$$

即：

$$\|\boldsymbol{e}_x(t)\| \leqslant \sqrt{\lambda_{\max}(\boldsymbol{R}_D)/\lambda_{\min}(\boldsymbol{R}_D)} \|\boldsymbol{e}_x(0)\| \mathrm{e}^{-\kappa t/2} \tag{10.20}$$

式中，$\lambda_{\min}(\boldsymbol{R}_D)$ 和 $\lambda_{\max}(\boldsymbol{R}_D)$ 分别表示矩阵 $\boldsymbol{R}_D$ 的最小和最大特征值。

故障检测残差可以定义为如下形式：

$$\boldsymbol{R}(t) = \|\boldsymbol{C} \hat{\boldsymbol{x}}(t) - \boldsymbol{y}(t)\| \tag{10.21}$$

当没有传感器故障发生时，我们可知：

$$\boldsymbol{R}(t) \leqslant \sum_{i=1}^{8} h_i(z) \sqrt{\lambda_{\max}(\boldsymbol{R}_D)/\lambda_{\min}(\boldsymbol{R}_D)} \|\boldsymbol{C}\| \|\boldsymbol{e}_x(0)\| \mathrm{e}^{-\kappa t/2} \tag{10.22}$$

值得注意的是，$\|\boldsymbol{e}_x(0)\|$实际上是未知的，但是因为$\|\boldsymbol{C}\| \|\boldsymbol{e}_x(0)\| \approx \boldsymbol{R}(0)$，因此可以用$\boldsymbol{R}(0)$替换$\|\boldsymbol{C}\| \|\boldsymbol{e}_x(0)\|$。传感器故障检测机制设计为：当$\boldsymbol{R}(t) \leqslant \boldsymbol{T}_{d_0}$，无故障发生；当 $\boldsymbol{R}(t) > \boldsymbol{T}_{d_0}$，有故障发生。其中 $\boldsymbol{T}_{d_0}$ 为故障检测阈值，定义如下：

$$\boldsymbol{T}_{d_0} = \sum_{i=1}^{8} h_i(z) \sqrt{\lambda_{\max}(\boldsymbol{R}_D)/\lambda_{\min}(\boldsymbol{R}_D)} \|\boldsymbol{R}(0)\| \mathrm{e}^{-\kappa t/2} \tag{10.23}$$

考虑有外部干扰存在的情况，故障检测残差的阈值设计为如下形式：

$$\begin{aligned}\boldsymbol{T}_d &= \boldsymbol{T}_{d_0} + \varepsilon \\ &= \sum_{i=1}^{8} h_i(z)\sqrt{\lambda_{\max}(\boldsymbol{R}_D)/\lambda_{\min}(\boldsymbol{R}_D)}\,\|\boldsymbol{R}(0)\|\mathrm{e}^{-\kappa t/2} + \varepsilon\end{aligned} \tag{10.24}$$

式中，ε 为一个大于零的常数，它的值取决于外部干扰的大小。

10.3.2 多维广义非线性故障估计观测器设计

依靠上一节所设计的故障检测观测器，可以判断高超声速飞行器是否发生故障。由于联锁故障的间隔很短，很难分别处理故障，同时，如果分别为发生故障的攻角通道和俯仰角速率通道设计故障观测器，因为不同通道之间耦合影响的存在，故障估计结果不准确。因此，本节将为攻角通道与俯仰角速率通道共同设计一个多维广义非线性观测器来解决这一问题。

首先在无干扰即 $\boldsymbol{d}(t)=0$ 的情况下，原系统可表示为：

$$\begin{cases}\dot{\boldsymbol{x}}(t) = \sum_{i=1}^{8} h_i(z)[\boldsymbol{A}_i\boldsymbol{x}(t) + \boldsymbol{B}_i\boldsymbol{u}(t) + \boldsymbol{g}_i(x,t)] \\ \boldsymbol{y}(t) = \boldsymbol{C}\boldsymbol{x}(t) + \boldsymbol{D}\boldsymbol{F}(t)\end{cases} \tag{10.25}$$

其中矩阵 $\boldsymbol{D}$ 满足以下条件：

$$\operatorname{rank}\begin{bmatrix}\mu\boldsymbol{I} - \boldsymbol{A}_i & 0 \\ \boldsymbol{C} & \boldsymbol{D}\end{bmatrix} = n + \operatorname{rank}\boldsymbol{D}, \forall \mu \in C^+ \tag{10.26}$$

定义：

$$\begin{cases}\boldsymbol{E} = [\boldsymbol{I}_n\ 0_{n\times 2}] \\ \boldsymbol{M}_i = [\boldsymbol{A}_i\ 0_{n\times 2}] \\ \boldsymbol{H} = [\boldsymbol{CD}] \\ \boldsymbol{\zeta}(t) = \begin{bmatrix}\boldsymbol{x}(t) \\ \boldsymbol{F}(t)\end{bmatrix}\end{cases} \tag{10.27}$$

注释 10.2： 上式故障项 $\boldsymbol{F}(t)\in\boldsymbol{R}^{2\times 1}$ 包含高超声速飞行器遭受的两种传感器故障，且包含非线性项，因此称相应的故障观测器为多维广义非线性观测器，它比分别为两个故障通道设计两个普通广义观测器的方案具有更高的估计精度与稳定性。普通广义观测器指 $\boldsymbol{F}(t)$ 只包含单个故障且未考虑非线性项，详见文献 [123]。本章仿真结果中给出了两种方案的故障估计效果对比。

定义：

$$[\boldsymbol{PQ}] = \left(\begin{bmatrix}\boldsymbol{E} \\ \boldsymbol{H}\end{bmatrix}^{\mathrm{T}} \begin{bmatrix}\boldsymbol{E} \\ \boldsymbol{H}\end{bmatrix}\right)^{-1} \begin{bmatrix}\boldsymbol{E} \\ \boldsymbol{H}\end{bmatrix}^{\mathrm{T}} \tag{10.28}$$

式中，$\boldsymbol{P}\in\boldsymbol{R}^{(n+2)*n}$；$\boldsymbol{Q}\in\boldsymbol{R}^{(n+2)*n}$。根据上式可以推导出：

$$\boldsymbol{PE} + \boldsymbol{QH} = \boldsymbol{I}_{n+2} \tag{10.29}$$

为无外部干扰故障系统式(10.25) 建立如下的多维广义观测器：

$$
\begin{cases}\dot{\boldsymbol{Z}}(t)=\sum_{i=1}^{8}h_i(z)[\boldsymbol{N}_i\boldsymbol{Z}(t)+\boldsymbol{L}_i\boldsymbol{y}(t)+\boldsymbol{PB}_i\boldsymbol{u}(t)+\boldsymbol{Pg}_i(\hat{x},t)]\\ \hat{\boldsymbol{\zeta}}(t)=\boldsymbol{Z}(t)+\boldsymbol{Qy}(t)\end{cases} \tag{10.30}
$$

其中 $\hat{\boldsymbol{\zeta}}(t)$ 为式(10.27) 中向量 $\boldsymbol{\zeta}(t)$ 的估计值，之后可得：

$$
\hat{\boldsymbol{\zeta}}(t)=\begin{bmatrix}\hat{\boldsymbol{x}}(t)\\ \hat{\boldsymbol{F}}(t)\end{bmatrix} \tag{10.31}
$$

$$
\boldsymbol{e}(t)=\hat{\boldsymbol{\zeta}}(t)-\boldsymbol{\zeta}(t)=\begin{bmatrix}\hat{\boldsymbol{x}}(t)-\boldsymbol{x}(t)\\ \hat{\boldsymbol{F}}(t)-\boldsymbol{F}(t)\end{bmatrix}-\begin{bmatrix}\tilde{\boldsymbol{x}}(t)\\ \tilde{\boldsymbol{F}}(t)\end{bmatrix} \tag{10.32}
$$

式中，$\boldsymbol{e}(t)$ 为估计误差向量。将式(10.27) 和式(10.30) 中参数代入上式可得：

$$
\begin{aligned}\boldsymbol{e}(t)&=\boldsymbol{Z}(t)+\boldsymbol{Qy}(t)-\boldsymbol{\zeta}(t)\\ &=\boldsymbol{Z}(t)+(\boldsymbol{QH}-\boldsymbol{I}_{n+2})\boldsymbol{\zeta}(t)\end{aligned} \tag{10.33}
$$

根据式(10.28)，上式可改写为：

$$
\boldsymbol{e}(t)=\boldsymbol{Z}(t)-\boldsymbol{PE\zeta}(t) \tag{10.34}
$$

对上式求导可得误差动态方程为：

$$
\dot{\boldsymbol{e}}(t)=\dot{\boldsymbol{Z}}(t)-\boldsymbol{PE}\dot{\boldsymbol{\zeta}}(t) \tag{10.35}
$$

结合式(10.25)、式(10.27) 和式(10.30)，推导误差动态方程得到：

$$
\dot{\boldsymbol{e}}(t)=\sum_{i=1}^{8}h_i(z)\{\boldsymbol{N}_i\boldsymbol{e}(t)+(\boldsymbol{N}_i+\boldsymbol{F}_i\boldsymbol{H}-\boldsymbol{PM}_i)\boldsymbol{\zeta}(t)+\boldsymbol{P}[\boldsymbol{g}_i(\hat{x},t)-\boldsymbol{g}_i(x,t)]\} \tag{10.36}
$$

其中：

$$
\boldsymbol{F}_i=\boldsymbol{L}_i-\boldsymbol{N}_i\boldsymbol{Q} \tag{10.37}
$$

并令：

$$
\boldsymbol{N}_i=\boldsymbol{PM}_i-\boldsymbol{F}_i\boldsymbol{H} \tag{10.38}
$$

则误差动态方程变为：

$$
\dot{\boldsymbol{e}}(t)=\sum_{i=1}^{8}h_i(z)\{(\boldsymbol{PM}_i-\boldsymbol{F}_i\boldsymbol{H})\boldsymbol{e}(t)+\boldsymbol{P}[\boldsymbol{g}_i(\hat{x},t)-\boldsymbol{g}_i(x,t)]\} \tag{10.39}
$$

定理 10.2：假设式(10.25) 描述的系统满足假设 10.1，如果存在对称正定矩阵 $\boldsymbol{R}$、一组适维矩阵 $\boldsymbol{X}_i$ 和标量 $\lambda>0$，使得如下的不等式成立：

$$
\begin{bmatrix}\boldsymbol{RPM}_i+\boldsymbol{M}_i^{\mathrm{T}}\boldsymbol{P}^{\mathrm{T}}\boldsymbol{R}-\boldsymbol{X}_i\boldsymbol{H}-\boldsymbol{H}^{\mathrm{T}}\boldsymbol{X}_i^{\mathrm{T}}+\lambda L_{f_i}^2\boldsymbol{I} & \boldsymbol{RP}\\ \boldsymbol{P}^{\mathrm{T}}\boldsymbol{R} & -\lambda\boldsymbol{I}\end{bmatrix}<0 \tag{10.40}
$$

那么估计误差 $\boldsymbol{e}(t)$ 将渐进收敛。其中 L_{f_i} 为定义在式(10.4) 中的利普希茨常数。令：

$$
\boldsymbol{F}_i=\boldsymbol{R}^{-1}\boldsymbol{X}_i \tag{10.41}
$$

通过式(10.37)、式(10.38) 和上式，便可计算出 $\boldsymbol{N}_i$ 和 $\boldsymbol{L}_i$。

证明：考虑如下的李雅普诺夫函数：

$$
V(t)=\boldsymbol{e}^{\mathrm{T}}(t)\boldsymbol{Re}(t) \tag{10.42}
$$

根据式(10.39)，计算上式导数可得：

$$
\begin{aligned}
\dot{V} = & \sum_{i=1}^{8} h_i(z)\{\boldsymbol{e}^{\mathrm{T}}(\boldsymbol{RPM}_i - \boldsymbol{RF}_i\boldsymbol{H} + \boldsymbol{M}_i^{\mathrm{T}}\boldsymbol{P}^{\mathrm{T}}\boldsymbol{R} - \boldsymbol{H}^{\mathrm{T}}\boldsymbol{F}_i^{\mathrm{T}}\boldsymbol{R})\boldsymbol{e} \\
& + 2\boldsymbol{e}^{\mathrm{T}}\boldsymbol{RP}[\boldsymbol{g}_i(\hat{x},t) - \boldsymbol{g}_i(x,t)]\} \\
\leqslant & \sum_{i=1}^{8} h_i(z)[\boldsymbol{e}^{\mathrm{T}}(\boldsymbol{RPM}_i - \boldsymbol{RF}_i\boldsymbol{H} + \boldsymbol{M}_i^{\mathrm{T}}\boldsymbol{P}^{\mathrm{T}}\boldsymbol{R} - \boldsymbol{H}^{\mathrm{T}}\boldsymbol{F}_i^{\mathrm{T}}\boldsymbol{R})\boldsymbol{e} \\
& + 2L_{f_i}\|\boldsymbol{e}^{\mathrm{T}}\boldsymbol{RP}\|\|\boldsymbol{e}\|] \\
\leqslant & \sum_{i=1}^{8} h_i(z)[\boldsymbol{e}^{\mathrm{T}}(\boldsymbol{RPM}_i - \boldsymbol{RF}_i\boldsymbol{H} + \boldsymbol{M}_i^{\mathrm{T}}\boldsymbol{P}^{\mathrm{T}}\boldsymbol{R} - \boldsymbol{H}^{\mathrm{T}}\boldsymbol{F}_i^{\mathrm{T}}\boldsymbol{R})\boldsymbol{e} \\
& + \lambda L_{f_i}^2\|\boldsymbol{e}\|^2 + 1/\lambda\|\boldsymbol{e}^{\mathrm{T}}\boldsymbol{RP}\|^2] \\
= & \sum_{i=1}^{8} h_i(z)[\boldsymbol{e}^{\mathrm{T}}(\boldsymbol{RPM}_i - \boldsymbol{RF}_i\boldsymbol{H} + \boldsymbol{M}_i^{\mathrm{T}}\boldsymbol{P}^{\mathrm{T}}\boldsymbol{R} - \boldsymbol{H}^{\mathrm{T}}\boldsymbol{F}_i^{\mathrm{T}}\boldsymbol{R} \\
& + \lambda L_{f_i}{}^2\boldsymbol{I} + 1/\lambda\boldsymbol{RPP}^{\mathrm{T}}\boldsymbol{R})\boldsymbol{e}]
\end{aligned} \tag{10.43}
$$

将式(10.41) 代入上式可得：

$$
\begin{aligned}
\dot{V} \leqslant & \sum_{i=1}^{8} h_i(z)[\boldsymbol{e}^{\mathrm{T}}(\boldsymbol{RPM}_i - \boldsymbol{RF}_i\boldsymbol{H} + \boldsymbol{M}_i^{\mathrm{T}}\boldsymbol{P}^{\mathrm{T}}\boldsymbol{R} - \boldsymbol{H}^{\mathrm{T}}\boldsymbol{F}_i^{\mathrm{T}}\boldsymbol{R} \\
& + \lambda L_{f_i}^2\boldsymbol{I} + 1/\lambda\boldsymbol{RPP}^{\mathrm{T}}\boldsymbol{R})\boldsymbol{e}]
\end{aligned} \tag{10.44}
$$

因此，如果下式：

$$
\boldsymbol{RPM}_i - \boldsymbol{RF}_i\boldsymbol{H} + \boldsymbol{M}_i^{\mathrm{T}}\boldsymbol{P}^{\mathrm{T}}\boldsymbol{R} - \boldsymbol{H}^{\mathrm{T}}\boldsymbol{F}_i^{\mathrm{T}}\boldsymbol{R} + \lambda L_{f_i}^2\boldsymbol{I} + 1/\lambda\boldsymbol{RPP}^{\mathrm{T}}\boldsymbol{R} < 0 \tag{10.45}
$$

成立，则估计误差 $\boldsymbol{e}(t)$ 将渐进收敛。根据 Schur 补引理，式(10.45) 与式(10.40) 等价，证明完毕。

当外部干扰 $\boldsymbol{d}(t) \neq 0$ 时，系统可以表示为如下形式：

$$
\begin{cases}
\dot{\boldsymbol{x}}(t) = \sum_{i=1}^{8} h_i(z)[\boldsymbol{A}_i\boldsymbol{x}(t) + \boldsymbol{B}_i\boldsymbol{u}(t) + \boldsymbol{g}_i(x,t) + \boldsymbol{Gd}(t)] \\
\boldsymbol{y}(t) = \boldsymbol{Cx}(t) + \boldsymbol{DF}(t)
\end{cases} \tag{10.46}
$$

为带有传感器联锁故障与外部干扰的高超声速飞行器纵向系统式(10.46) 设计鲁棒多维广义观测器，形式同式(10.30)，保证故障估计误差 $\boldsymbol{e}(t)$ 渐进收敛并且满足给定的 H_∞ 性能指标 η_1。对于任意时间 $t>0$，η_1 满足如下不等式条件：

$$
\int_0^t \boldsymbol{e}^{\mathrm{T}}\boldsymbol{e}\,\mathrm{d}\tau \leqslant \eta_1^2\int_0^t \boldsymbol{d}^{\mathrm{T}}(t)\boldsymbol{d}(t)\,\mathrm{d}\tau \tag{10.47}
$$

定理 10.3： 假设式(10.46) 描述的带有外部干扰的系统满足假设 10.1，如果存在对称正定矩阵 $\boldsymbol{R}_2$、一组适维矩阵 $\boldsymbol{X}_{2_i}$ 和标量 $\lambda_2>0$，使得如下的不等式成立：

$$
\begin{bmatrix}
\boldsymbol{R}_2\boldsymbol{PM}_i + \boldsymbol{M}_i^{\mathrm{T}}\boldsymbol{P}^{\mathrm{T}}\boldsymbol{R}_2 - \boldsymbol{X}_{2_i}\boldsymbol{H} - \boldsymbol{H}^{\mathrm{T}}\boldsymbol{X}_{2_i}^{\mathrm{T}} + \lambda_2 L_{f_i}^2\boldsymbol{I} + 1/\lambda_2\boldsymbol{R}_2\boldsymbol{PP}^{\mathrm{T}}\boldsymbol{R}_2 & \boldsymbol{R}_2\boldsymbol{PG} \\
-\boldsymbol{G}^{\mathrm{T}}\boldsymbol{P}^{\mathrm{T}}\boldsymbol{R}_2 & -\eta_1^2\boldsymbol{I}
\end{bmatrix} < 0 \tag{10.48}
$$

那么估计误差 $\boldsymbol{e}(t)$ 是渐进收敛的，即式(10.30) 表示的多维广义非线性观测器能够渐进估计状态向量与传感器联锁故障向量。

证明：当 $\boldsymbol{d}(t)\neq 0$ 时，故障估计误差 $\boldsymbol{e}(t)$ 动态方程可以表示为：

$$\dot{\boldsymbol{e}}(t)=\sum_{i=1}^{8}h_i(z)\{(\boldsymbol{PM}_i-\boldsymbol{F}_i\boldsymbol{H})\boldsymbol{e}(t)+\boldsymbol{P}[\boldsymbol{g}_i(\hat{x},t)-\boldsymbol{g}_i(x,t)]-\boldsymbol{PGd}(t)\}\tag{10.49}$$

考虑如下的李雅普诺夫函数：

$$V_2(t)=\boldsymbol{e}^{\mathrm{T}}(t)\boldsymbol{R}_2\boldsymbol{e}(t)\tag{10.50}$$

与定理 10.2 的证明相似，对上式求导并将式(10.49) 代入可得：

$$\begin{aligned}\dot{V}_2\leqslant&\sum_{i=1}^{8}h_i(z)[\boldsymbol{e}^{\mathrm{T}}(\boldsymbol{R}_2\boldsymbol{PM}_i+\boldsymbol{M}_i^{\mathrm{T}}\boldsymbol{P}^{\mathrm{T}}\boldsymbol{R}_2-\boldsymbol{X}_{2_t}\boldsymbol{H}-\boldsymbol{H}^{\mathrm{T}}\boldsymbol{X}_{2_t}^{\mathrm{T}}\\&+\lambda_2L_{f_i}^2\boldsymbol{I}+1/\lambda_2\boldsymbol{R}_2\boldsymbol{PP}^{\mathrm{T}}\boldsymbol{R}_2)\boldsymbol{e}-2\boldsymbol{e}^{\mathrm{T}}\boldsymbol{R}_2\boldsymbol{PGd}(t)]\end{aligned}\tag{10.51}$$

令：

$$W\leqslant\sum_{i=1}^{8}h_i(z)[\boldsymbol{e}^{\mathrm{T}}\boldsymbol{e}-\eta_1^2\boldsymbol{d}^{\mathrm{T}}\boldsymbol{d}]+\dot{V}_2\tag{10.52}$$

将式(10.51) 代入上式可得：

$$\begin{aligned}W\leqslant&\sum_{i=1}^{8}h_i(z)\{\boldsymbol{e}^{\mathrm{T}}[\boldsymbol{R}_2\boldsymbol{PM}_i+\boldsymbol{M}_i^{\mathrm{T}}\boldsymbol{P}^{\mathrm{T}}\boldsymbol{R}_2-\boldsymbol{X}_{2_t}\boldsymbol{H}-\boldsymbol{H}^{\mathrm{T}}\boldsymbol{X}_{2_t}^{\mathrm{T}}+(\lambda_2L_{f_i}^2+1)\boldsymbol{I}+1/\lambda_2\boldsymbol{R}_2\boldsymbol{PP}^{\mathrm{T}}\boldsymbol{R}_2]\boldsymbol{e}-2\boldsymbol{e}^{\mathrm{T}}\boldsymbol{R}_2\boldsymbol{PGd}(t)-\eta_1^2\boldsymbol{d}^{\mathrm{T}}\boldsymbol{d}\}\\=&\sum_{i=1}^{8}h_i(z)\left\{\begin{bmatrix}\boldsymbol{e}\\\boldsymbol{d}\end{bmatrix}^{\mathrm{T}}\begin{bmatrix}\boldsymbol{R}_2\boldsymbol{PM}_i+\boldsymbol{M}_i^{\mathrm{T}}\boldsymbol{P}^{\mathrm{T}}\boldsymbol{R}_2-\boldsymbol{X}_{2_t}\boldsymbol{H}-\boldsymbol{H}^{\mathrm{T}}\boldsymbol{X}_{2_t}^{\mathrm{T}}+(\lambda_2L_{f_i}^2+1)\boldsymbol{I}+1/\lambda_2\boldsymbol{R}_2\boldsymbol{PP}^{\mathrm{T}}\boldsymbol{R}_2 & -\boldsymbol{R}_2\boldsymbol{PG}\\-\boldsymbol{G}^{\mathrm{T}}\boldsymbol{P}^{\mathrm{T}}\boldsymbol{R}_2 & -\eta_1^2\boldsymbol{I}\end{bmatrix}\begin{bmatrix}\boldsymbol{e}\\\boldsymbol{d}\end{bmatrix}\right\}\end{aligned}\tag{10.53}$$

根据不等式(10.48)，易得 $W<0$。在零初始条件下，可以进行如下的推导：

$$\begin{aligned}\int_0^t(\boldsymbol{e}^{\mathrm{T}}\boldsymbol{e}-\eta_1^2\boldsymbol{d}^{\mathrm{T}}\boldsymbol{d})\mathrm{d}\tau&\leqslant\int_0^t(\boldsymbol{e}^{\mathrm{T}}\boldsymbol{e}-\eta_1^2\boldsymbol{d}^{\mathrm{T}}\boldsymbol{d})\mathrm{d}\tau+V_2(t)\\&\leqslant\int_0^t W\mathrm{d}\tau\\&\leqslant 0\end{aligned}\tag{10.54}$$

因此，可得 η_1 满足不等式条件式(10.47)，证明完毕。即所设计的多维广义非线性观测器能够渐进估计状态向量与传感器联锁故障，且对外部干扰具有鲁棒性。

10.4 鲁棒容错控制器设计

通过上一节故障诊断获得传感器联锁故障信息后，这一节将为原高超声速飞行器系统设计鲁棒容错控制器以保证在发生传感器故障后控制系统仍能保持稳定并恢复良好的动态性能。首先，考虑在无传感器故障情况下，系统可以表示为如下形式：

$$\begin{cases}\dot{\boldsymbol{x}}(t)=\sum_{i=1}^{8}h_i(z)[\boldsymbol{A}_i\boldsymbol{x}(t)+\boldsymbol{B}_i\boldsymbol{u}(t)+\boldsymbol{g}_i(x,t)+\boldsymbol{Gd}(t)]\\\boldsymbol{y}(t)=\boldsymbol{Cx}(t)\end{cases}\tag{10.55}$$

为上式描述的标称系统设计如下的模糊控制器：

$$\boldsymbol{u}(t)=-\sum_{i=1}^{8}h_i(z)[\boldsymbol{K}_i\boldsymbol{y}(t)-\boldsymbol{r}(t)] \tag{10.56}$$

式中，$\boldsymbol{K}_i\in\boldsymbol{R}^{m\times n}$为反馈增益矩阵；$\boldsymbol{r}(t)$ 为参考输入。因此，当参考输入为零时，闭环系统可以表示为：

$$\dot{\boldsymbol{x}}(t)=\sum_{i=1}^{8}h_i(z)[(\boldsymbol{A}_i-\boldsymbol{B}_i\boldsymbol{K}_i\boldsymbol{C})\boldsymbol{x}(t)+\boldsymbol{g}_i(x,t)+\boldsymbol{Gd}(t)] \tag{10.57}$$

若要使状态向量 $\boldsymbol{x}(t)$ 对外部干扰 $\boldsymbol{d}(t)$ 具有鲁棒性，设计 $\boldsymbol{x}(t)$ 满足 H_∞性能指标 η_2，即对于任意的 $t>0$，满足如下的不等式条件：

$$\int_0^t \boldsymbol{x}^{\mathrm{T}}\boldsymbol{x}\,\mathrm{d}\tau\leqslant \eta_2{}^2\int_0^t\boldsymbol{d}^{\mathrm{T}}(t)\boldsymbol{d}(t)\mathrm{d}\tau \tag{10.58}$$

值得注意的是，传感器发生故障时，系统状态变量很难测量，因此，状态反馈控制不适用。

定理 10.4：对于闭环系统式(10.57)，如果存在一个正定对称矩阵 $\boldsymbol{R}_3$、适维矩阵 $\boldsymbol{K}_i$ 和一个正的标量ε，使得如下的不等式成立：

$$\begin{bmatrix}\boldsymbol{R}_3(\boldsymbol{A}_i-\boldsymbol{B}_i\boldsymbol{K}_i\boldsymbol{C})+(\boldsymbol{A}_i-\boldsymbol{B}_i\boldsymbol{K}_i\boldsymbol{C})^{\mathrm{T}}\boldsymbol{R}_3+1/\varepsilon\boldsymbol{R}_3^2+(\varepsilon L_{f_i}^2+1)\boldsymbol{I} & \boldsymbol{R}_3\\ \boldsymbol{G}^{\mathrm{T}}\boldsymbol{R}_3 & -\eta_2^2\boldsymbol{I}\end{bmatrix}<0 \tag{10.59}$$

则控制器式(10.56) 可以使闭环系统稳定且满足 H_∞性能指标条件式(10.58)。

证明：考虑如下的李雅普诺夫函数：

$$V_3(t)=\boldsymbol{x}^{\mathrm{T}}(t)\boldsymbol{R}_3\boldsymbol{x}(t) \tag{10.60}$$

计算上式导数可得：

$$\begin{aligned}\dot{V}_3(t)=&\sum_{i=1}^{8}h_i(z)\{\boldsymbol{x}^{\mathrm{T}}[\boldsymbol{R}_3(\boldsymbol{A}_i-\boldsymbol{B}_i\boldsymbol{K}_i\boldsymbol{C})+(\boldsymbol{A}_i-\boldsymbol{B}_i\boldsymbol{K}_i\boldsymbol{C})^{\mathrm{T}}\boldsymbol{R}_3]\boldsymbol{x}\\&+2\boldsymbol{x}^{\mathrm{T}}\boldsymbol{R}_3\boldsymbol{g}_i(x,t)+2\boldsymbol{x}^{\mathrm{T}}\boldsymbol{R}_3\boldsymbol{Gd}(t)\}\\ \leqslant&\sum_{i=1}^{8}h_i(z)\{\boldsymbol{x}^{\mathrm{T}}[\boldsymbol{R}_3(\boldsymbol{A}_i-\boldsymbol{B}_i\boldsymbol{K}_i\boldsymbol{C})+(\boldsymbol{A}_i-\boldsymbol{B}_i\boldsymbol{K}_i\boldsymbol{C})^{\mathrm{T}}\boldsymbol{R}_3]\boldsymbol{x}\\&+1/\varepsilon\boldsymbol{x}^{\mathrm{T}}\boldsymbol{R}_3\boldsymbol{R}_3\boldsymbol{x}+\varepsilon\boldsymbol{g}_i^{\mathrm{T}}(x,t)\boldsymbol{g}_i(x,t)+2\boldsymbol{x}^{\mathrm{T}}\boldsymbol{R}_3\boldsymbol{Gd}(t)\}\\ \leqslant&\sum_{i=1}^{8}h_i(z)\{\boldsymbol{x}^{\mathrm{T}}[\boldsymbol{R}_3(\boldsymbol{A}_i-\boldsymbol{B}_i\boldsymbol{K}_i\boldsymbol{C})+(\boldsymbol{A}_i-\boldsymbol{B}_i\boldsymbol{K}_i\boldsymbol{C})^{\mathrm{T}}\boldsymbol{R}_3\\&+1/\varepsilon\boldsymbol{R}_3\boldsymbol{R}_3+\varepsilon L_{f_i}^2\boldsymbol{I}]\boldsymbol{x}+2\boldsymbol{x}^{\mathrm{T}}\boldsymbol{R}_3\boldsymbol{Gd}(t)\}\end{aligned} \tag{10.61}$$

令：

$$W_2=\sum_{i=1}^{8}h_i(z)[\boldsymbol{x}^{\mathrm{T}}\boldsymbol{x}-\eta_2^2\boldsymbol{d}^{\mathrm{T}}\boldsymbol{d}]+\dot{V}_3 \tag{10.62}$$

将式(10.61) 代入上式可得：

$$W_2\leqslant\sum_{i=1}^{8}h_i(z)\left\{\begin{bmatrix}\boldsymbol{x}\\ \boldsymbol{d}\end{bmatrix}^{\mathrm{T}}\right.$$

$$\times\begin{bmatrix} \boldsymbol{R}_3(\boldsymbol{A}_i-\boldsymbol{B}_i\boldsymbol{K}_i\boldsymbol{C})+(\boldsymbol{A}_i-\boldsymbol{B}_i\boldsymbol{K}_i\boldsymbol{C})^{\mathrm{T}}\boldsymbol{R}_3+1/\varepsilon\boldsymbol{R}_3^2+(\varepsilon L_{f_i}^2+1)\boldsymbol{I} & -\boldsymbol{R}_3\boldsymbol{G} \\ \boldsymbol{G}^{\mathrm{T}}\boldsymbol{R}_3 & -\eta_2^2\boldsymbol{I} \end{bmatrix}$$

$$\times\begin{bmatrix}\boldsymbol{x}\\ \boldsymbol{d}\end{bmatrix}\Bigg\} \tag{10.63}$$

根据不等式(10.58)，易得 $W_2<0$。在零初始条件下，可以进行如下的推导：

$$\begin{aligned}\int_0^t(\boldsymbol{x}^{\mathrm{T}}\boldsymbol{x}-\eta_2^2\boldsymbol{d}^{\mathrm{T}}\boldsymbol{d})\mathrm{d}\tau &\leqslant \int_0^t(\boldsymbol{x}^{\mathrm{T}}\boldsymbol{x}-\eta_2^2\boldsymbol{d}^{\mathrm{T}}\boldsymbol{d})\mathrm{d}\tau+V_3(t)\\ &\leqslant \int_0^t W_2\mathrm{d}\tau\\ &\leqslant 0\end{aligned} \tag{10.64}$$

因此，可得 η_2 满足不等式条件式(10.58)，证明完毕。

当传感器联锁故障发生后，利用上一节故障诊断后所获得的故障大小信息对输出进行补偿，得到补偿后的输出为 $\boldsymbol{y}_c(t)$，并用其替换原有输出信号 $\boldsymbol{y}(t)$，得到如下的容错控制器：

$$\begin{aligned}\boldsymbol{u}_c(t)&=-\sum_{i=1}^{8}h_i(z)[\boldsymbol{K}_i\boldsymbol{y}_c(t)-\boldsymbol{r}(t)]\\ &=-\sum_{i=1}^{8}h_i(z)\{\boldsymbol{K}_i[\boldsymbol{C}\boldsymbol{x}(t)+\boldsymbol{D}\boldsymbol{F}(t)-\boldsymbol{D}\hat{\boldsymbol{F}}(t)]-\boldsymbol{r}(t)\}\\ &=-\sum_{i=1}^{8}h_i(z)\{\boldsymbol{K}_i[\boldsymbol{C}\boldsymbol{x}(t)-\boldsymbol{D}\tilde{\boldsymbol{F}}(t)]-\boldsymbol{r}(t)\}\end{aligned} \tag{10.65}$$

上述容错控制器可以使故障高超声速飞行器纵向系统仍保持稳定。根据定理10.3可得：

$$\lim_{t\to\infty}\boldsymbol{e}(t)=\lim_{t\to\infty}[\hat{\boldsymbol{\zeta}}(t)-\boldsymbol{\zeta}(t)]=0 \tag{10.66}$$

易得如下结论：

$$\lim_{t\to\infty}\tilde{\boldsymbol{F}}(t)=0 \tag{10.67}$$

因此关于上述容错控制器的证明与定理 10.4 的证明相似，在此处省略。

10.5 基于 Matlab/Simulink 的仿真验证及分析

本节通过 Matlab/Simulink 仿真平台来验证所设计传感器联锁故障诊断与容错控制器的有效性。高超声速飞行器纵向 T-S 模糊系统矩阵 $\boldsymbol{A}_i$ 和 $\boldsymbol{B}_i$ 可以参考文献［63］。非线性项 $\boldsymbol{g}_i(x,t)$ 选择为 $\boldsymbol{g}_i(x,t)=0.5\sin(\alpha t)$，外部扰动选择为 $\boldsymbol{d}(t)=[\sin t,\sin t,0.1\sin t,0,0]^{\mathrm{T}}$，观测器与控制器的外部扰动抑制衰减性能指标选择为 $\eta_1=0.5$、$\eta_2=1.5$。通过 Matlab/LMI 工具箱求解定理中的矩阵不等式，可求得如 $\boldsymbol{g}_i(x,t)=0.5\sin(\alpha t)$ 下的正定矩阵 $\boldsymbol{R}_D$、$\boldsymbol{R}_2$、$\boldsymbol{R}_3$，增益矩阵 $\boldsymbol{K}_i$ 和矩阵 $\boldsymbol{X}_{D_i}$、$\boldsymbol{X}_{2_i}$：

$$
\boldsymbol{R}_D=\begin{bmatrix}
7.338879 & 2.854645e-13 & 2.593711e-15 & -3.074923e-13 & -7.867043e-14\\
2.854645e-13 & 7.338879 & -2.318717e-13 & 6.293213e-15 & 1.120957e-15\\
2.593711e-15 & -2.318717e-13 & 7.338879 & 1.489697e-13 & 9.331044e-15\\
-3.0749236e-13 & 6.293213e-15 & 1.489697e-13 & 7.338879 & -2.372371e-13\\
-7.867043e-14 & 1.120957e-15 & 9.331044e-15 & -2.372371e-13 & 7.338879
\end{bmatrix}
$$

$$
\boldsymbol{X}_{D_1}=\begin{bmatrix}
-24.766683 & -279.562580 & -242.145645 & 4868.881332 & -1401.895403\\
510.663870 & -24.768716 & -1833.825302 & -255.405324 & -3.896889e-05\\
242.145645 & -1835.614215 & -24.768716 & -121.072822 & 2.239131e-11\\
-4781.440632 & -255.405323 & -121.072822 & 4756.781998 & -704.705466\\
1401.895398 & 3.896888e-05 & -1.992422e-11 & -704.675588 & 2015.219489
\end{bmatrix}
$$

$$
\boldsymbol{R}_2=\begin{bmatrix}
0.7760184 & -0.000152 & 1.686102e-15 & 0.139247 & 0.000572 & -0.139247 & -0.000572\\
-0.000152 & 0.711114 & -7.703557e-14 & -0.000326 & -1.341525e-06 & 0.000326 & 1.341525e-06\\
1.686102e-15 & -7.703557e-14 & 0.711113 & -1.084889e-14 & 2.786444e-15 & -2.306190e-15 & 2.433266e-15\\
0.139247 & -0.000326 & -1.084889e-14 & 0.663515 & 0.000657 & 0.296383 & -0.000657\\
0.000572 & -1.341525e-0.6 & 2.786444e-15 & 0.000657 & 0.481075 & -0.000657 & 0.478823\\
-0.139247 & 0.000326 & -2.306190e-15 & 0.296383 & -0.000657 & 0.663515 & 0.000657\\
-0.000572 & 1.341525e-06 & 2.433266e-15 & -0.000657 & 0.478823 & 0.000657 & 0.481075
\end{bmatrix}
$$

$$
\boldsymbol{X}_{2_1}=\begin{bmatrix}
0.718284 & -5.784757 & -4.383979 & -72.093489 & -54.446441\\
-6.433887 & 0.670700 & 88.931187 & 68.163270 & 8.087934\\
4.383979 & 88.847274 & 0.668307 & 6.450344 & -0.441873\\
68.896065 & -70.348231 & -6.450344 & 0.006564 & 31.256894\\
54.406914 & -8.096861 & 0.441873 & -31.257308 & -0.005831\\
71.973157 & -65.970538 & -6.450344 & 0.606634 & 31.255300\\
54.446003 & -8.078914 & 0.441873 & -31.254887 & 0.619031
\end{bmatrix}
$$

$$
\boldsymbol{R}_3=\begin{bmatrix}
1.778841e-06 & -2.944273e-06 & 7.401623e-12 & -4.498030e-08 & 1.985061e-08\\
-2.944273e-06 & 0.691311 & 0.000796 & 0.006349 & 0.002541\\
7.401632e-12 & 0.000796 & 1.841080e-06 & 8.840038e-06 & 2.740020e-06\\
-4.498030e-08 & 0.006349 & 8.840038e-06 & 6.984906e-05 & 2.442590e-06\\
-1.985061e-08 & 0.002541 & 2.740020e-06 & 2.442590e-05 & 1.184396e-05
\end{bmatrix}
$$

$$
\boldsymbol{K}_1=\begin{bmatrix}
-2.045652 & -7908.010813 & -17.295832 & -101.949728 & 1389.684287\\
0.156978 & -47.469496 & -0.057477 & -3.023578 & -0.140038
\end{bmatrix}
$$

下面将分别从无故障发生和传感器联锁故障发生两个方面给出仿真结果，并且给出注释 10.2 所描述的多维广义观测器故障估计与普通广义观测器故障估计效果对比，以此来验证本章所提出方法对传感器联锁故障具有更好的效果。为了仿真结果的清楚简洁，本章只给出受到传感器故障影响的输出通道的相应曲线，即攻角

α 与俯仰角速率 q。

(1) 仿真实验一：无故障发生情况

当传感器没有发生故障时，在式(10.56) 标称鲁棒控制器作用下，本章采用的非线性 T-S 模糊系统描述的高超声速飞行器纵向模型输出动态响应如图 10.2 所示，从图中可以发现，攻角与俯仰角速率响应曲线调节时间较短，具有良好的动态响应。另外，图 10.3 展示了无故障发生情况下，通过 10.3.1 节所设计的非线性故障检测观测器生成的检测残差 $\boldsymbol{R}(t)$ 约等于零，明显小于所设计阈值，表示传感器无故障发生。

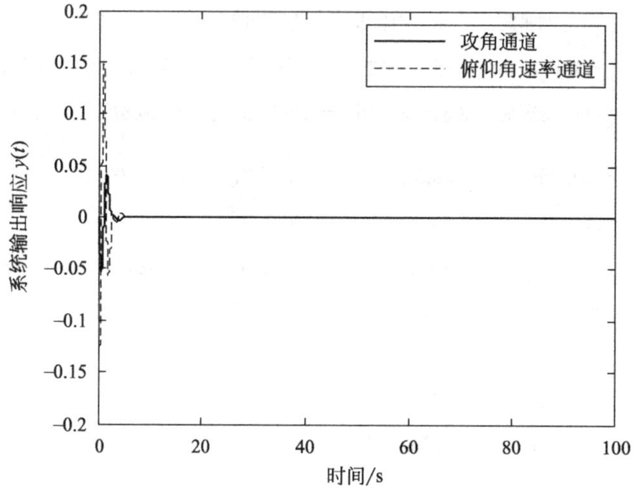

图 10.2 无故障情况下系统输出相应

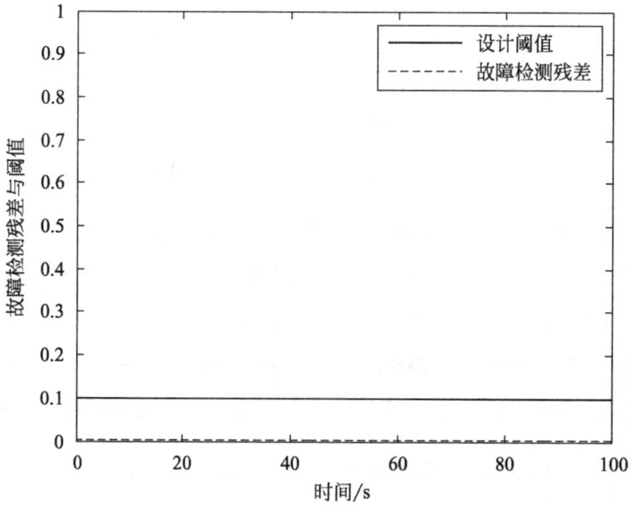

图 10.3 无故障情况下故障检测残差和设计阈值

(2) 仿真实验二：传感器联锁故障发生情况

这一部分仿真主要介绍了发生传感器联锁故障后，本章所设计故障检测观测器检测情况、多维广义非线性观测器故障估计效果与文献 [123] 所设计的普通广义观测器的效果对比，最后给出鲁棒容错控制器补偿故障后的控制效果。考虑在第 14s 时，攻角传感器发生时变故障，并在 1s 以后引发俯仰角速率通道传感器常值故障，两种故障一直保持到仿真结束，可以表示为如下形式：

$$f_\alpha=\begin{cases}0 & ,0<t<14\text{s}\\ 0.06\sin(t-14)\text{rad} & ,t\geqslant 14\text{s}\end{cases}$$

$$f_q=\begin{cases}0 & ,0<t<15\text{s}\\ 0.06\text{rad} & ,t\geqslant 15\text{s}\end{cases}$$

从图 10.4 中可以看出，系统发生传感器故障时，高超声速飞行器攻角与俯仰角速率输出有明显超调，且伴随持续的波动，常规控制器显然无法满足控制需求。另外，从图 10.5故障检测结果可以看出，相较于图 10.3 无故障情况下故障检测结果，

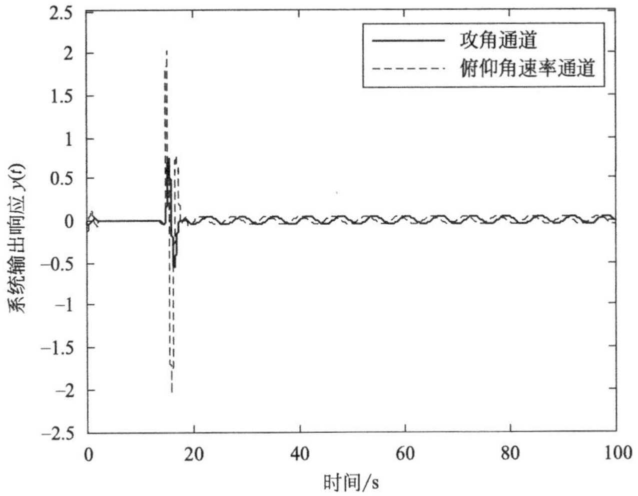

图 10.4　传感器联锁故障情况下系统输出响应曲线

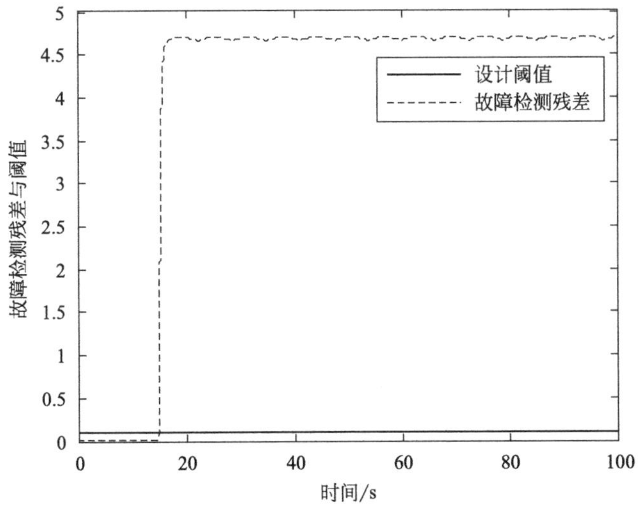

图 10.5　传感器联锁故障情况下故障检测残差与阈值

发生故障的第 14s，故障检测残差立刻增大，远远超过所设计阈值，所设计的非线性故障检测观测器能够立刻检测出故障，提供故障报警功能。

接收到故障检测观测器所提供的故障警报后，利用本章所设计的多维广义非线性观测器对攻角与俯仰角速率通道传感器复合故障进行估计，得到的结果如图 10.6 与图 10.7 所示。作为对比，图 10.8 与图 10.9 给出了用文献［123］相似方法设计的普通广义观测器对本章所讨论传感器联锁故障的估计效果。

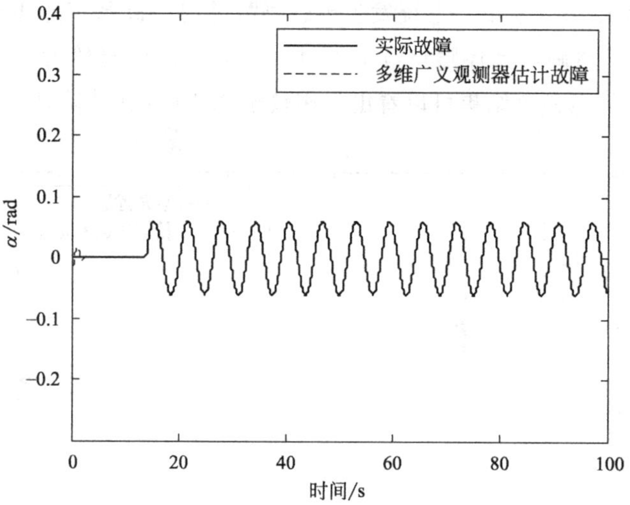

图 10.6　多维广义观测器攻角传感器故障估计

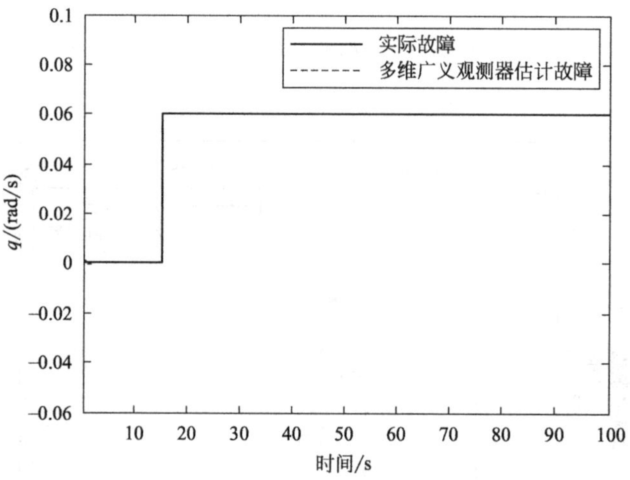

图 10.7　多维广义观测器俯仰角速率通道故障估计

图 10.8 和图 10.9 表明，普通广义观测器在处理传感器联锁故障时，因为多通道之间耦合影响的存在，故障估计结果存在严重的超调，若用此估计结果对原信号进行

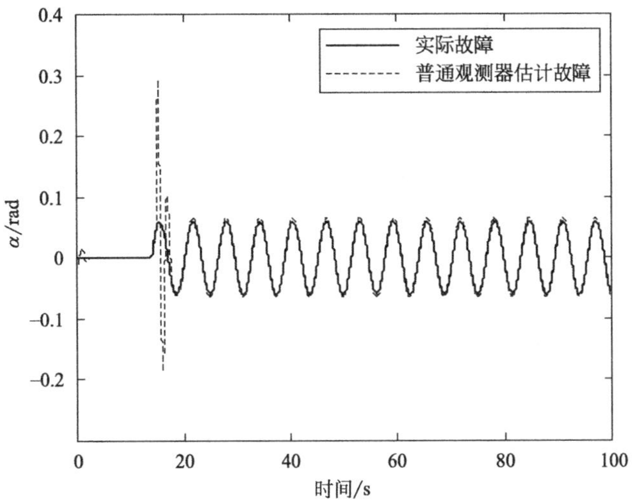

图 10.8　普通广义观测器攻角传感器故障估计

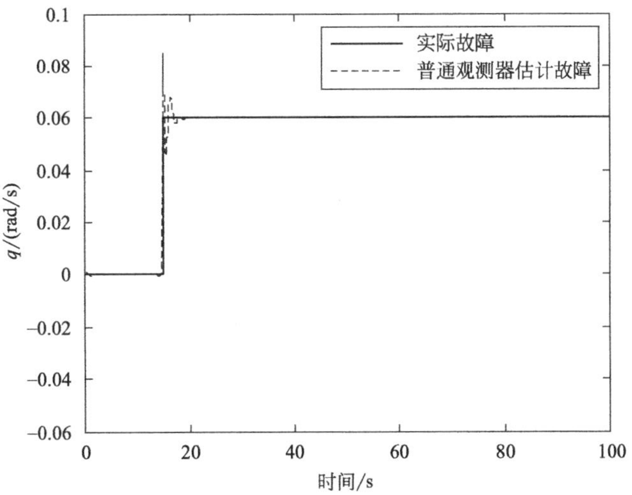

图 10.9　普通广义观测器俯仰角速率通道故障估计

补偿，系统输出在故障后仍会有很大波动。而如图 10.6 和图 10.7 所示，不论是俯仰角速率通道的常值故障，还是攻角传感器的时变故障，本章所设计的多维广义观测器能够快速且精确地估计传感器联锁故障，通过仿真对比验证了本章所设计方法对传感器联锁故障具有更好的估计效果。

如图 10.10 所示，利用包含精确传感器故障估计结果的容错控制器，在传感器故障发生的情况下可以进行有效补偿，大大减少了故障引起的超调与波动，提升了系统的稳定性与飞行品质。同时，整体的故障诊断与容错控制方案满足给定的 H_∞ 性能指标，整个系统对外部干扰具有良好的鲁棒性。综上，两部分仿真及对比实验共同验证

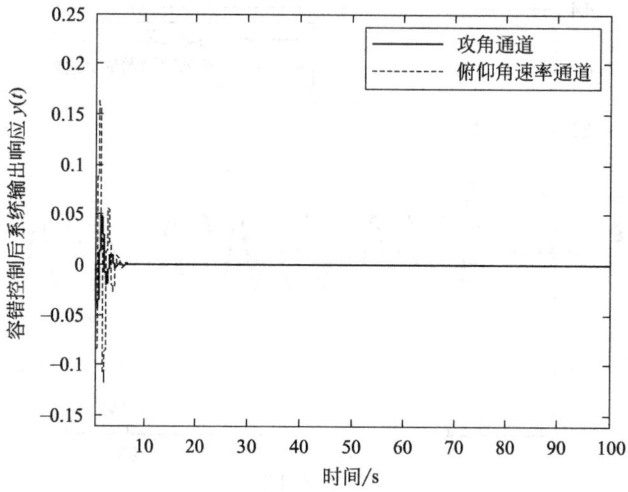

图 10.10　容错控制后系统输出响应曲线

了本章所设计的非线性故障检测观测器、多维广义非线性观测器与容错控制方案对传感器联锁故障具有较好的自愈合能力。

10.6 基于 Links-Box 快速原型仿真器的结果验证

同绝大多数关于高超声速飞行器控制研究的工作相同，前一节及本章其他仿真实验主要依靠 Matlab/Simulink 仿真平台来验证所提方法的有效性。为了增强工程应用性，作者还利用某公司研发的 Links-Box 快速原型仿真平台验证了上节部分结果，也为今后有关高超声速飞行器控制器设计的相关研究提出了一些工程上的探索。

10.6.1 Links-Box 快速原型仿真器介绍

Links-Box 快速原型仿真器是一款小型的半实物仿真设备，支持快速原型设计（rapid control prototyping，RCP），具有多种接口，不仅能满足普通实验室环境下使用，也能应用于现场宽温、振动等恶劣环境。其实物可见图 10.11。

相比于一般 Matlab/Simulink 仿真平台，具有以下两个主要优势：

① Links-Box 的 IO 资源丰富，有包括：DIO、AIO、PWM、CAN 等 IO 板卡资源，可以真实模拟出如控制器与高超声速飞行器系统间的传输信号等。

② Links-Box 能提供与实际飞控环境更为贴近的实时解算环境。不同于 Simulink 仿真的非实时性解算，其对仿真步长具有限制，具有超时报错功能。

另外，Links-Box 配置 Links-RT 仿真软件，包括以下功能模块。

① 主控软件 RT-Sim：将 Simulink 中的模型文件以及生成的代码文件导入，建立对应仿真工程，完成仿真初始化配置。

图 10.11　Links-Box 实物

② IO 模块库 RT-Lib：是 Links-RT 系统集成与 Matlab/Simulink 环境中的功能模块库，提供了系统中所用 IO 硬件的 Simulink 封装模块，可以直接将硬件 IO 功能集成到 Simulink 模型中，设计硬件在回路仿真模型。

③ 实时代码生成组件 RT-Coder：集成在 Simulink 环境中，实现 Simulink 模型自动生成 Vxworks（嵌入式实时操作系统）代码。

④ 目标机实时仿真引擎 RT-Engine：为模型提供实时运行环境，包括仿真机启停控制、数据通信服务、数据存储服务、模型调度服务等。

10.6.2　Links-RT 系统运行流程

Links-RT 通用半实物仿真系统是以 RT-Sim 主控软件为核心，使用 Matlab 软件建模，并结合 Vxworks 仿真运行的一个闭环仿真迭代过程。如图 10.12 所示，从建模到硬件在环仿真共有以下六个步骤。

① Simulink 下的数学仿真。首先，在 Simulink 环境下建立数学模型，通过在 Simulink 下的数学仿真，初步验证模型及算法。

② 加入硬件 I/O 模块，建立快速原型仿真模型。

③ 自动代码生成。完成模型参数设置后，即可调用代码生成工具，将 Simulink 模型转换为 C 代码，最终编译为目标机可执行程序。

④ 建立仿真工程。RT-Sim 主控软件中，根据软件向导，建立仿真工程，设置仿真目标机属性，配置监视及保存变量，准备仿真。

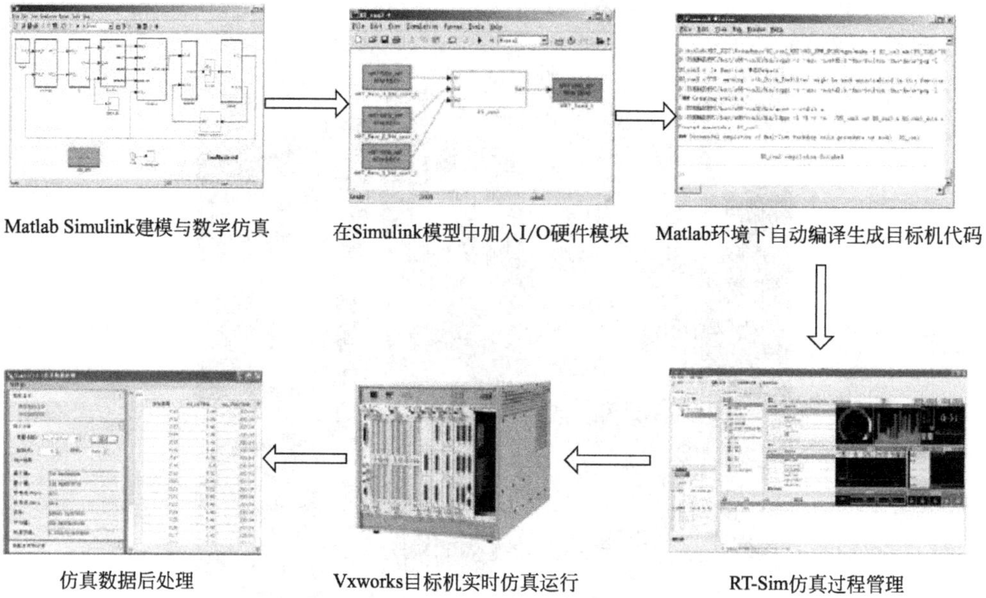

图 10.12　系统运行流程

⑤ 硬件在环实时仿真。在 RT-Sim 环境下，开始仿真，代码自动下载到目标机，并启动实时运行。上位机的 RT-Sim 通过以太网监视目标机状态，并支持在线修改参数、启停控制、实时数据存储等功能。

⑥ 数据后处理。仿真结束后，RT-Sim 进行实时存储数据上传、格式转换、数据回放等。

10.6.3　仿真过程结果展示

完成各项配置、选择需要监视的输出值并成功运行仿真后，图 10.13 展示了 RT-Sim 仿真系统对各项输出值的实时监测效果。

通过挑选合适的展示控件和需要的输出量，图 10.14 给出了 RT-Sim 仿真系统的监控面板。

图 10.14 上半部分分别展示了发生传感器联锁故障情况下高超声速飞行器攻角通道的输出响应曲线（左）和俯仰角速率输出响应曲线（右）。浅色部分为未补偿故障的标称控制器作用下响应曲线，深色部分为容错控制器作用下的响应曲线。下半部分为本章设计多维广义观测器对传感器联锁故障的估计效果图，左边为攻角传感器时变故障估计结果，右边为俯仰角速率常值故障估计结果。可以发现在 Links-Box 快速原型仿真平台下的结果与 Simulink 大致相同，故障估计效果与容错控制后的输出响应都很好地证明所设计方案的有效性。另外，RT-Sim 软件对仿真过程有很好地监控，可以对系统的实时运行状态，包括响应幅值、解算速率进行监视。若有条件的话，Links-Box 提供的 IO 接口还可以与外部实物直接相连，以求更贴合真实高超声速飞

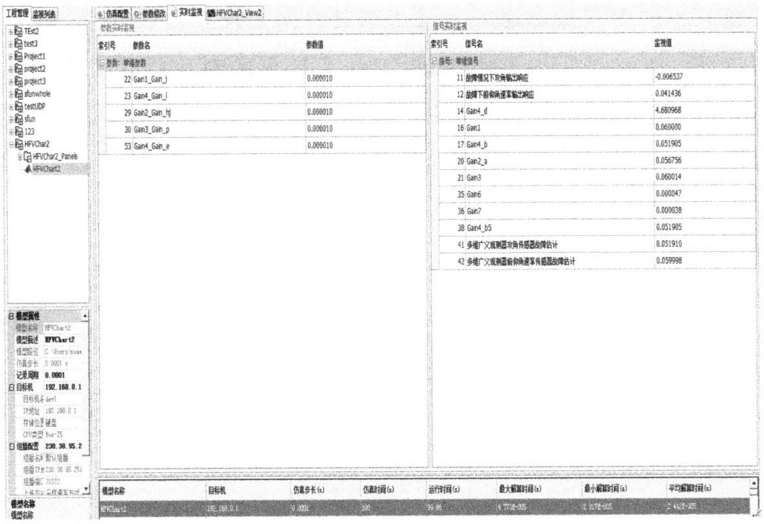

图 10.13　RT-Sim 仿真系统对输出值的实时监测

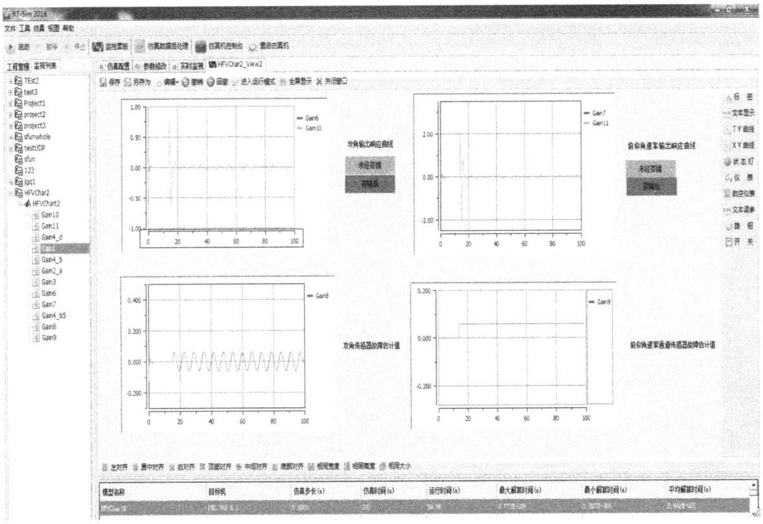

图 10.14　RT-Sim 仿真系统输出值监控面板

行器控制环境。

本章主要为受到传感器联锁故障与外部干扰影响的高超声速飞行器非线性 T-S 模糊系统设计了故障诊断与容错控制方案。首先考虑建模误差的存在，建立了非线性 T-S 模糊模型。通过非线性故障检测观测器获得故障发生信息后，设计的多维广义非线性观测器可以快速且准确地估计出传感器联锁故障，且几乎没有静态误差。相较于普通广义观测器，这种观测器几乎不受传感器联锁故障耦合效应的影响，并且对外部干扰具有良好的鲁棒性，具有更好的故障估计品质。最后，设计的鲁棒容错控制器可以较好地处理系统非线性项、外部干扰与传感器联锁故障，大大减轻攻角和俯仰角速率的剧烈振动影响。基于李雅普诺夫稳定性理论和 Schur 补引理对理论进行了论证，给出基于 Simulink 和 LMI 工具箱的对比性仿真实验。另外，还通过 Links-Box 快速原型仿真平台给出了更贴合实际工程的仿真实验，论证了所述方法的有效性。

第11章

基于间接自适应滑模技术的再入段故障检测与自愈合控制

11.1 引言

第 9 章和 10 章主要针对含有传感器故障的高超声速飞行器巡航阶段纵向模型提出相应故障诊断与自愈合控制方案，除此以外，高超声速飞行再入段姿态控制也是高超声速飞行器控制研究的一个重要方向。这个阶段高超声速飞行器所处的飞行环境复杂，空气密度极低，气动压力小，高温且高热[124]，飞行高度从大于 100km 降至 20km，飞行速度最高可达 30 马赫，相应的姿态角系统也为一个强干扰、强耦合的复杂非线性系统。为了更全面地研究高超声速飞行器传感器故障自愈合问题，本章将针对高超声速飞行器再入段姿态角系统，设计应对其发生姿态角传感器故障时的容错控制器，使其稳定跟踪给定参考指令，从而可以按照既定轨道安全返回地面。

已有一些学者对高超声速飞行器、卫星或其他系统传感器故障设计了基于模型的故障诊断方法，主要方法是针对线性系统设计故障观测器。但是对于非线性系统而言，观测器的设计难度大大增加，尤其是高超声速飞行器再入段姿态角系统这种强耦合的复杂非线性系统。另外，额外的故障估计观测器会增加系统的复杂性和不稳定性，特别是应对复合故障时，故障个数、耦合度的增加往往会需要数量更多、维度更高更复杂的观测器，给系统的稳定性保证和方法设计带来更大的挑战。本章针对带有传感器复合故障的高超声速飞行器再入段姿态非线性系统，设计了基于间接自适应、滑模和动态面方法的容错控制器，给系统提供传感器故障下的自愈合能力。首先在建立好带有传感器故障和干扰的高超声速飞行器再入段非线性系统的基础上，设计了一个非线性故障检测观测器，生成检测残差以检测传感器故障。随后，根据参考文献[58] 提出的滑模方法，结合间接自适应与动态面技术，将原系统分为外环与内环回路，分别设计了间接自适应滑模容错虚拟控制器与动态面控制器，以保证故障情况下系统的稳定性和对给定参考指令的跟踪性能。提出的间接自适应方法，在控制器建立过程中通过加入自适应故障补偿项对传感器故障直接进行补偿，而不需要另外的故障分离、估计观测器，简化了自愈合方案设计。

本章主要内容结构为：11.2 节给出了带有传感器复合故障和干扰的高超声速飞行器再入段姿态模型以及总体自愈合控制目标及框图；11.3 节中给出了非线性故障检测观测器设计方法，以及包含外环间接自适应滑模容错虚拟控制器与内环动态面控制器的整体自愈合方案；11.4 节针对发生传感器复合故障的高超声速飞行器再入段非线性姿态系统，运用标称与容错控制器进行了对比性仿真实验。

11.2 带有传感器复合故障的再入段姿态模型

本节主要介绍了带有角度传感器复合故障与外部干扰的高超声速飞行器再入段姿态模型，本章参考的是文献[125] 中 X-33 和 X-38 六自由度再入段姿态运动学模型，它由三个姿态角方程和三个角速率方程组合而成。在忽略地球自转角速率的情况下，可以简化为如下形式：

$$\begin{cases}\dot{\boldsymbol{\theta}}=\boldsymbol{R\omega}\\ \dot{\boldsymbol{\omega}}=-\boldsymbol{J}^{-1}\boldsymbol{\Omega J\omega}+\boldsymbol{J}^{-1}\boldsymbol{T}+\boldsymbol{d}(t)\\ \boldsymbol{y}=\boldsymbol{\theta}+\boldsymbol{f}_{\theta}(t)\end{cases} \tag{11.1}$$

式中，$\boldsymbol{\omega}=[p,q,r]^{\mathrm{T}}$为角速率向量，分别包括滚转角速率 p、俯仰角速率 q 和偏航角速率 r；$\boldsymbol{\theta}=[\phi,\alpha,\beta]^{\mathrm{T}}$为姿态角度向量，分别包括倾斜角 ϕ、攻角 α 和侧滑角 β；$\boldsymbol{J}\in\boldsymbol{R}^{3\times3}$为表示转动惯量的对称正定矩阵；$\boldsymbol{T}\in\boldsymbol{R}^{3\times1}$为控制输入力矩；$\boldsymbol{d}(t)\in\boldsymbol{R}^{3\times1}$代表考虑的干扰；$\boldsymbol{f}_{\theta}(t)\in\boldsymbol{R}^{3\times1}$代表输出角度通道的传感器复合故障。控制输入力矩 $\boldsymbol{T}$ 可以表示为如下形式：

$$\boldsymbol{T}=\boldsymbol{\Psi u} \tag{11.2}$$

式中，$\boldsymbol{u}=[\delta_e,\delta_a,\delta_r]^{\mathrm{T}}$为控制输入向量，分别包括升降舵偏转角 δ_e、副翼偏转角δ_a 和方向舵偏转角 δ_r；矩阵 $\boldsymbol{\Psi}$ 表示控制分配力矩，具体表达形式可参考文献 [63]。其他系统参数矩阵为：

$$\boldsymbol{R}=\begin{bmatrix}-\cos\alpha\cos\beta & -\sin\beta & -\sin\alpha\cos\beta\\ -\cos\alpha\tan\beta & 1 & -\sin\alpha\tan\beta\\ \sin\alpha & 0 & -\cos\alpha\end{bmatrix},\ \boldsymbol{\Omega}=\begin{bmatrix}0 & -r & q\\ r & 0 & -p\\ -q & p & 0\end{bmatrix} \tag{11.3}$$

具体参数及推导可以参考文献 [126]。

假设 11.1：干扰项是连续且有界的，即存在两个正的常数$\bar{d}_1$与$\bar{d}_2$，使得$\|d\|\leqslant\bar{d}_1$和$\|\dot{d}\|\leqslant\bar{d}_2$成立。

假设 11.2：传感器复合故障也是连续且有界的，即存在两个正的常数 $\bar{f}_1$与 $\bar{f}_2$，使得$\|f_{\theta}\|\leqslant\bar{f}_1$和$\|\dot{f}_{\theta}\|\leqslant\bar{f}_2$成立。

本章的控制目标是针对带有传感器复合故障和干扰的高超声速飞行器再入段姿态模型，建立一种间接自适应滑模自愈合控制方案，使得闭环系统状态量及输出信号有界，并且姿态角向量 $\boldsymbol{\theta}$ 跟踪参考指令 $\boldsymbol{\theta}_d$。高超声速飞行器再入段总体自愈合控制框图如图 11.1 所示。

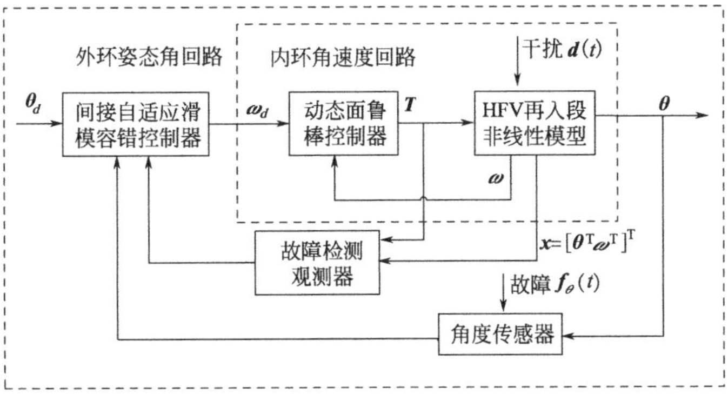

图 11.1　再入段姿态角系统传感器复合故障自愈合控制框图

11.3 再入段传感器复合故障检测与自愈合控制设计

在上一节带有传感器复合故障的高超声速飞行器再入段姿态角非线性系统的基础上，本节首先为其设计一个非线性观测器来检测故障，并以此判断是否需要在控制器中加入故障补偿项。随后，设计了基于间接自适应滑模和动态面控制技术的传感器复合故障自愈合控制器。具体来说，为了得到传输给内环角速度回路所需的虚拟控制量 $\boldsymbol{\omega}_d$，先根据姿态角输出参考指令设计了滑模面。同时采用间接自适应方法在虚拟控制器设计中直接补偿传感器复合故障，从而使三个故障输出姿态角重新跟踪参考指令。这种方法可以直接补偿故障而不需要另外的故障估计观测器。最后将得到的容错虚拟控制量前馈输入内环动态面自适应控制器，最终得到所需的控制输入力矩 $\boldsymbol{T}$。

11.3.1 非线性故障检测观测器设计

在式(11.1) 描述的高超声速飞行器再入段非线性姿态模型的基础上，为了简化检测观测器设计过程，首先考虑无干扰的情况。通过定义状态向量 $\boldsymbol{x}=[\boldsymbol{\theta}^{\mathrm{T}}\ \boldsymbol{\omega}^{\mathrm{T}}]^{\mathrm{T}}$，高超声速飞行器再入段姿态模型可以描述为如下形式：

$$\begin{cases}\dot{\boldsymbol{x}}(t)=\boldsymbol{\phi}(\boldsymbol{x})\boldsymbol{x}(t)+\boldsymbol{BT}\\ \boldsymbol{y}_d(t)=\boldsymbol{Cx}(t)+\boldsymbol{f}(t)\end{cases}\tag{11.4}$$

式中，$\boldsymbol{\phi}(\boldsymbol{x})=\begin{bmatrix}0_3 & \boldsymbol{R}\\ 0_3 & -\boldsymbol{J}^{-1}\boldsymbol{\Omega J}\end{bmatrix}$，$\boldsymbol{B}=\begin{bmatrix}0_3\\ \boldsymbol{J}^{-1}\end{bmatrix}$，$\boldsymbol{C}=\boldsymbol{I}_6$，$\boldsymbol{f}(\mathrm{t})=[\boldsymbol{f}_\theta^{\mathrm{T}}\quad 0]^{\mathrm{T}}$。

为变形后的系统式(11.4) 设计如下的非线性故障检测观测器：

$$\begin{cases}\dot{\hat{\boldsymbol{x}}}(t)=\boldsymbol{\psi}(\hat{\boldsymbol{x}},\boldsymbol{y}_d)+\boldsymbol{\gamma}(\boldsymbol{y}_d,\alpha,\beta)[\boldsymbol{y}_d(t)-\hat{\boldsymbol{y}}_d(t)]+\boldsymbol{BT}\\ \hat{\boldsymbol{y}}_d(t)=\boldsymbol{C}\hat{\boldsymbol{x}}(t)\end{cases}\tag{11.5}$$

式中，$\hat{\boldsymbol{x}}$为状态估计向量；$\hat{\boldsymbol{y}}_d=[\hat{\boldsymbol{\theta}}^{\mathrm{T}}\ \hat{\boldsymbol{\omega}}^{\mathrm{T}}]^{\mathrm{T}}$为估计输出向量；$\boldsymbol{\psi}(\hat{\boldsymbol{x}},\boldsymbol{y}_d)=\begin{bmatrix}\boldsymbol{R}\hat{\boldsymbol{\omega}}\\ -\boldsymbol{J}^{-1}\boldsymbol{\Omega}(\hat{\boldsymbol{\omega}})\boldsymbol{J\omega}\end{bmatrix}$和 $\boldsymbol{\gamma}(y_d,\alpha,\beta)=\begin{bmatrix}\alpha\boldsymbol{I}_3 & 0_3\\ \boldsymbol{J}^{-1}\boldsymbol{R}^{\mathrm{T}} & \beta\boldsymbol{J}^{-1}\end{bmatrix}$为检测观测器增益矩阵且 $\alpha>0$，$\beta>0$。

定义输出误差向量为：

$$\tilde{\boldsymbol{y}}_d(t)=\boldsymbol{y}_d(t)-\hat{\boldsymbol{y}}_d(t)\tag{11.6}$$

$$\tilde{\boldsymbol{y}}_d(t)=[\boldsymbol{\xi}_\theta^{\mathrm{T}}\boldsymbol{\xi}_\omega^{\mathrm{T}}]^{\mathrm{T}}\tag{11.7}$$

式中，$\boldsymbol{\xi}_\theta=\boldsymbol{\theta}-\hat{\boldsymbol{\theta}}$，$\boldsymbol{\xi}_\omega=\boldsymbol{\omega}-\hat{\boldsymbol{\omega}}$。则式(11.5) 描述的非线性故障检测观测器可以表示为：

$$\begin{cases}\dot{\hat{\boldsymbol{\theta}}}=\boldsymbol{R}\hat{\boldsymbol{\omega}}+\alpha\boldsymbol{\xi}_q\\ \dot{\hat{\boldsymbol{\omega}}}=-\boldsymbol{J}^{-1}\boldsymbol{\Omega}(\hat{\boldsymbol{\omega}})\boldsymbol{J\omega}+\boldsymbol{J}^{-1}\beta\boldsymbol{\xi}_\omega+\boldsymbol{J}^{-1}\boldsymbol{R}^{\mathrm{T}}+\boldsymbol{J}^{-1}\boldsymbol{T}\end{cases}\tag{11.8}$$

定理 11.1：当传感器没有发生故障即 $f(t)=0$ 时，通过选择合适的非线性观测器增益标量 $\alpha>0$，$\beta>0$，输出估计误差将渐进收敛。

证明：定义如下的李雅普诺夫函数：

$$V_{\xi}=\frac{1}{2}\tilde{\boldsymbol{y}}_{d}^{\mathrm{T}}\boldsymbol{P}\,\tilde{\boldsymbol{y}}_{d} \tag{11.9}$$

式中，$\boldsymbol{P}=\begin{Bmatrix}\boldsymbol{I}_3 & 0_3\\ 0_3 & \boldsymbol{J}\end{Bmatrix}$。

式(11.9) 关于时间的导数为：

$$\begin{aligned}\dot{V}_{\xi}&=\boldsymbol{\xi}_{\theta}^{\mathrm{T}}\dot{\boldsymbol{\xi}}_{\theta}+\boldsymbol{\xi}_{\omega}^{\mathrm{T}}\boldsymbol{J}\,\dot{\boldsymbol{\xi}}_{\omega}\\&=\boldsymbol{\xi}_{\theta}^{\mathrm{T}}(\dot{\boldsymbol{\theta}}-\dot{\hat{\boldsymbol{\theta}}})+\boldsymbol{\xi}_{\omega}^{\mathrm{T}}\boldsymbol{J}(\dot{\boldsymbol{\omega}}-\dot{\hat{\boldsymbol{\omega}}})\end{aligned} \tag{11.10}$$

考虑到 $\boldsymbol{x}^{\mathrm{T}}\boldsymbol{\Omega}(\boldsymbol{x})=0$，上式可以改写为：

$$\begin{aligned}\dot{V}_{\xi}&=\boldsymbol{\xi}_{\theta}^{\mathrm{T}}(\boldsymbol{R\omega}-\boldsymbol{R}\,\hat{\boldsymbol{\omega}}-\alpha\boldsymbol{\xi}_{\theta})+\boldsymbol{\xi}_{\omega}^{\mathrm{T}}[-\boldsymbol{\Omega}(\boldsymbol{\omega})\boldsymbol{J\omega}+\boldsymbol{T}+\boldsymbol{\Omega}(\hat{\boldsymbol{\omega}})\boldsymbol{J\omega}-\beta\boldsymbol{\zeta}_{\omega}-\boldsymbol{R}^{\mathrm{T}}\boldsymbol{\xi}_{\theta}-\boldsymbol{T}]\\&=-\alpha\|\boldsymbol{\xi}_{\theta}\|^{2}-\beta\|\boldsymbol{\xi}_{\omega}\|^{2}\end{aligned} \tag{11.11}$$

因此，如果选择合适的增益 $\alpha>0$ 和 $\beta>0$，无故障情况下传感器输出估计误差向量将渐进收敛至零。

我们选择范数 $\|\tilde{\boldsymbol{y}}_{d}(t)\|$ 作为故障检测残差，并设计如下的故障检测机制：当 $\boldsymbol{r}=\|\tilde{\boldsymbol{y}}_{d}(t)\|<\boldsymbol{T}_{d}$ 时没有传感器故障发生；当 $\boldsymbol{r}=\|\tilde{\boldsymbol{y}}_{d}(t)\|\geqslant\boldsymbol{T}_{d}$ 时发生传感器故障。其中 $\boldsymbol{T}_{d}$ 为故障检测阈值，可以表示为如下形式：

$$\boldsymbol{T}_{d}=\sigma\boldsymbol{T}_{d0}+\chi \tag{11.12}$$

式中，$\boldsymbol{T}_{d0}$ 是未考虑干扰时预先给定的阈值；σ 和 χ 为取决于干扰大小的两个可调正常数。

在通过故障检测观测器检测出高超声速飞行器再入段姿态模型的传感器故障后，需要设计合适的自愈合控制方案来保证发生传感器故障后高超声速飞行器姿态角输出仍能保持稳定并跟踪给定参考信号。

11.3.2 外环自适应滑模虚拟容错控制器设计

当传感器复合故障发生时，故障系统可以划分为包含传感器复合故障的外环回路［式(11.13)］和包含干扰的内环回路［式(11.14)］，即：

$$\dot{\boldsymbol{\theta}}=\boldsymbol{R\omega}-\dot{\boldsymbol{f}}_{\theta} \tag{11.13}$$

$$\dot{\boldsymbol{\omega}}=-\boldsymbol{J}^{-1}\boldsymbol{\Omega J\omega}+\boldsymbol{J}^{-1}\boldsymbol{T}+\boldsymbol{d}(t) \tag{11.14}$$

首先，针对外环回路，参考文献［58］，设计如下的滑模面：

$$\begin{cases}\boldsymbol{S}=\tilde{\boldsymbol{\theta}}+\int_{0}^{t}[\boldsymbol{K}_1|\tilde{\boldsymbol{\theta}}|^{\eta_1}\mathrm{sgn}(\tilde{\boldsymbol{\theta}})+\boldsymbol{K}_2|\tilde{\boldsymbol{\theta}}|^{\eta_2}\mathrm{sgn}(\tilde{\boldsymbol{\theta}})]\,\mathrm{d}\tau\\ \tilde{\boldsymbol{\theta}}=\boldsymbol{\theta}-\boldsymbol{\theta}_{d}\end{cases} \tag{11.15}$$

式中，参数 $\eta_1\geqslant1$，$0<\eta_2<1$；$\boldsymbol{K}_i=\mathrm{diag}\{k_{i1},k_{i2},k_{i3}\}(i=1,2)$ 为增益对角矩阵；

$\boldsymbol{\theta}_d$ 为姿态角给定参考指令；同时，$|\tilde{\boldsymbol{\theta}}|$ 在式中也为对角矩阵，即 $|\tilde{\boldsymbol{\theta}}| = \text{diag}\{|\tilde{\theta}_1|, |\tilde{\theta}_2|, |\tilde{\theta}_3|\}$。对式(11.15)描述的滑模面求导可得：

$$\begin{aligned}\dot{s} &= \dot{\tilde{\boldsymbol{\theta}}} + \boldsymbol{K}_1 |\tilde{\boldsymbol{\theta}}|^{\eta_1} \text{sgn}(\tilde{\boldsymbol{\theta}}) + \boldsymbol{K}_2 |\tilde{\boldsymbol{\theta}}|^{\eta_2} \text{sgn}(\tilde{\boldsymbol{\theta}}) \\ &= \boldsymbol{R}\boldsymbol{\omega}_c - \dot{\boldsymbol{f}}_\theta - \dot{\boldsymbol{\theta}}_d + \boldsymbol{K}_1 |\tilde{\boldsymbol{\theta}}|^{\eta_1} \text{sgn}(\tilde{\boldsymbol{\theta}}) + \boldsymbol{K}_2 |\tilde{\boldsymbol{\theta}}|^{\eta_2} \text{sgn}(\tilde{\boldsymbol{\theta}})\end{aligned} \tag{11.16}$$

为了使上式描述的滑模系统可以渐进地到达滑模面，设计如下的到达率：

$$\dot{\boldsymbol{S}} = -\varepsilon_1 \boldsymbol{S} - \varepsilon_2 |\boldsymbol{S}|^{\eta_3} \text{sgn}(\boldsymbol{S}) \tag{11.17}$$

式中，参数 $0 < \eta_3 < 1$；ε_1 和 ε_2 为正标量。将式(11.17)代入式(11.16)，得到带有传感器联锁故障的自适应滑模虚拟控制器信号：

$$\boldsymbol{\omega}_c = \boldsymbol{R}^{-1} [\dot{\boldsymbol{\theta}}_d - \boldsymbol{K}_1 |\tilde{\boldsymbol{\theta}}|^{\eta_1} \text{sgn}(\tilde{\boldsymbol{\theta}}) - \varepsilon_1 \boldsymbol{S} - \varepsilon_2 |\boldsymbol{S}|^{\eta_3} \text{sgn}(\boldsymbol{S}) + \dot{\hat{\boldsymbol{f}}}_\theta] \boldsymbol{\omega} \tag{11.18}$$

式中，$\dot{\hat{\boldsymbol{f}}}_\theta$ 为传感器复合故障导数 $\dot{\boldsymbol{f}}_\theta$ 的估计值，这里用来直接在控制器设计中对故障进行补偿。通过上一节所设计的故障检测方案，系统没有发生传感器故障时，则省去这一项，其他项不变，构成无故障时的标称控制器；当检测出故障时即加上容错控制项 $\dot{\hat{\boldsymbol{f}}}_\theta$，以实现对传感器故障的自愈合效果。设计如下的自适应率：

$$\hat{\boldsymbol{f}}_\theta = -\boldsymbol{\varphi}\boldsymbol{S} \tag{11.19}$$

式中，$\hat{\boldsymbol{f}}_\theta$ 为传感器故障 $\boldsymbol{f}_\theta$ 的估计值；$\boldsymbol{\varphi} = \text{diag}\{\gamma_1, \gamma_2, \gamma_3\}$ 为自适应增益矩阵，并定义：

$$\begin{cases}\tilde{\boldsymbol{f}}_\theta = \hat{\boldsymbol{f}}_\theta - \boldsymbol{f}_\theta \\ \dot{\tilde{\boldsymbol{f}}}_\theta = \dot{\hat{\boldsymbol{f}}}_\theta - \dot{\boldsymbol{f}}_\theta\end{cases} \tag{11.20}$$

式中，$\tilde{\boldsymbol{f}}_\theta$ 为传感器故障估计误差；$\dot{\tilde{\boldsymbol{f}}}_\theta$ 为误差的导数。

注释 11.1：前文所提出的自适应滑模控制方案通过在控制器中加入自适应容错项，可以快速处理传感器故障对机体带来的振动影响，而不需要另外设计故障估计观测器，并在最后再对故障信号进行补偿，这有助于简化系统并减少计算负荷。

定理 11.2：对于式(11.13)描述的带有传感器复合故障的外环姿态角回路，式(11.18)所表示的自适应滑模虚拟容错控制器可以使滑模面 $\boldsymbol{S}$ 收敛到平衡位置，且姿态角 $\boldsymbol{\theta}$ 可以重新渐进跟踪给定的参考指令 $\boldsymbol{\theta}_d$。

证明：定义如下包含滑模面 $\boldsymbol{S}$ 与传感器复合故障估计误差 $\tilde{\boldsymbol{f}}_\theta$ 的李雅普诺夫函数：

$$V_S = \frac{1}{2}\boldsymbol{S}^{\mathrm{T}}\boldsymbol{S} + \frac{1}{2}\tilde{\boldsymbol{f}}_\theta^{\mathrm{T}}\boldsymbol{\varphi}^{-1}\tilde{\boldsymbol{f}}_\theta \tag{11.21}$$

对上式求导可得：

$$\begin{aligned}V_S &= \boldsymbol{S}^{\mathrm{T}}\boldsymbol{S} + \tilde{\boldsymbol{f}}_\theta^{\mathrm{T}}\boldsymbol{\varphi}^{-1}\tilde{\boldsymbol{f}}_\theta \\ &= \boldsymbol{S}^{\mathrm{T}}[\dot{\tilde{\boldsymbol{\theta}}} + \boldsymbol{K}_1 |\tilde{\boldsymbol{\theta}}|^{\eta_1} \text{sgn}(\tilde{\boldsymbol{\theta}}) + \boldsymbol{K}_2 |\tilde{\boldsymbol{\theta}}|^{\eta_2} \text{sgn}(\tilde{\boldsymbol{\theta}})] + \tilde{\boldsymbol{f}}_\theta^{\mathrm{T}}\boldsymbol{\varphi}^{-1}\dot{\tilde{\boldsymbol{f}}}_\theta \\ &= \boldsymbol{S}^{\mathrm{T}}[\boldsymbol{R}\boldsymbol{\omega}_c - \dot{\boldsymbol{f}}_\theta - \dot{\boldsymbol{\theta}}_d + \boldsymbol{K}_1 |\tilde{\boldsymbol{\theta}}|^{\eta_1} \text{sgn}(\tilde{\boldsymbol{\theta}}) + \boldsymbol{K}_2 |\tilde{\boldsymbol{\theta}}|^{\eta_2} \text{sgn}(\tilde{\boldsymbol{\theta}})] + \tilde{\boldsymbol{f}}_\theta^{\mathrm{T}}\boldsymbol{\varphi}^{-1}\dot{\tilde{\boldsymbol{f}}}_\theta\end{aligned} \tag{11.22}$$

将式(11.18) 描述的自适应滑模虚拟容错控制器代入上式可得：

$$\begin{aligned}\dot{V}_s&=-\boldsymbol{S}^{\mathrm{T}}[\varepsilon_1\boldsymbol{S}+\varepsilon_2|\boldsymbol{S}|^{\eta_3}\mathrm{sgn}(\boldsymbol{S})-\dot{\hat{\boldsymbol{f}}}_\theta]+\tilde{\boldsymbol{f}}_\theta^{\mathrm{T}}\boldsymbol{\varphi}^{-1}\dot{\hat{\boldsymbol{f}}}_\theta\\&=-\boldsymbol{S}^{\mathrm{T}}[\varepsilon_1\boldsymbol{S}+\varepsilon_2|\boldsymbol{S}|^{\eta_3}\mathrm{sgn}(\boldsymbol{S})-\dot{\hat{\boldsymbol{f}}}_\theta]+(\hat{\boldsymbol{f}}_\theta^{\mathrm{T}}-\boldsymbol{f}_\theta^{\mathrm{T}})\boldsymbol{\varphi}^{-1}\dot{\hat{\boldsymbol{f}}}_\theta\\&=-\varepsilon_1\|\boldsymbol{S}\|^2-\varepsilon_2\|\boldsymbol{S}\|^{\eta_3+1}-\boldsymbol{f}_\theta^{\mathrm{T}}\boldsymbol{\varphi}^{-1}\dot{\hat{\boldsymbol{f}}}_\theta\\&\leqslant-\varepsilon_1\|\boldsymbol{S}\|^2-\varepsilon_2\|\boldsymbol{S}\|^{\eta_3+1}+\frac{1}{\lambda_{\min}(\boldsymbol{\varphi})}\|\boldsymbol{f}_\theta^{\mathrm{T}}\dot{\hat{\boldsymbol{f}}}_\theta\|\\&\leqslant-\varepsilon_1\|\boldsymbol{S}\|^2-\varepsilon_2\|\boldsymbol{S}\|^{\eta_3+1}+\frac{\boldsymbol{\kappa}}{\lambda_{\min}(\boldsymbol{\varphi})}\\&\leqslant-\varepsilon_1\|\boldsymbol{S}\|^2-\varepsilon_2\|\boldsymbol{S}\|^{\eta_3+1}+\frac{\boldsymbol{\kappa}}{\lambda_{\min}(\boldsymbol{\Lambda}_1)}\end{aligned}\tag{11.23}$$

式中，$\boldsymbol{\kappa}=\|\boldsymbol{f}_\theta^{\mathrm{T}}\dot{\hat{\boldsymbol{f}}}_\theta\|$；$\lambda_{\min}(\boldsymbol{\varphi})$ 表示矩阵 $\boldsymbol{\varphi}$ 的最小特征值，因此系统将收敛至如下区域：

$$\|\boldsymbol{S}\|\leqslant\min\left\{\left(\frac{\boldsymbol{\kappa}}{\varepsilon_1\lambda_{\min}(\boldsymbol{\varphi})}\right)^{1/2},\left(\frac{\boldsymbol{\kappa}}{\varepsilon_2\lambda_{\min}(\boldsymbol{\varphi})}\right)^{1/(\eta_3+1)}\right\}\tag{11.24}$$

通过选择适当的参数 ε_1、ε_2 与 $\boldsymbol{\varphi}$，可以使得系统收敛到理想区间，即在所设计自适应滑模容错控制器作用下，姿态角可以渐进跟踪给定指令信号。

注释 11.2：相比于文献［127］处理卫星传感器故障的方法，本章提出的自适应滑模容错控制方法直接在控制器设计时考虑传感器故障，并给出具体的自适应估计率，而不是在最后仅仅通过加上一个大于传感器故障范数的常值来进行粗略补偿。

11.3.3 内环动态面自适应控制器设计

在获得虚拟控制输入 $\boldsymbol{\omega}_c$ 后，通过将信号引入如下一个一阶滤波器，可以得到期望的角速率信号，之后便可以通过动态面控制器计算得到所需的控制输入力矩并使内环角速率回路稳定。相较于继续使用滑模的方法，在内环采用结构简洁的动态面技术在一定程度上能简化整体控制律的设计，且能避免可能发生的滑模抖振叠加问题。上述的一阶滤波器为：

$$\begin{cases}\tau\dot{\boldsymbol{\omega}}_d+\boldsymbol{\omega}_d=\boldsymbol{\omega}_c\\\boldsymbol{\omega}_c(0)=\boldsymbol{\omega}_d(0)\end{cases}\tag{11.25}$$

式中，$\tau>0$ 表示滤波器时间常数。将其代入外环姿态角表达式(11.13) 之后便能够推导出如下的姿态角跟踪误差向量：

$$\begin{aligned}\dot{\tilde{\boldsymbol{\theta}}}&=\dot{\boldsymbol{\theta}}-\dot{\boldsymbol{\theta}}_d\\&=\boldsymbol{R}(\boldsymbol{\omega}-\boldsymbol{\omega}_d+\boldsymbol{\omega}_d-\boldsymbol{\omega}_c+\boldsymbol{\omega}_c)-\dot{\boldsymbol{f}}_\theta-\dot{\boldsymbol{\theta}}_d\\&=\boldsymbol{R}(\tilde{\boldsymbol{\omega}}+\bar{\boldsymbol{\mu}}+\boldsymbol{\omega}_c)-\dot{\boldsymbol{f}}_\theta-\dot{\boldsymbol{\theta}}_d\\&=-\boldsymbol{K}_1|\tilde{\boldsymbol{\theta}}|^{\eta_1}\mathrm{sgn}(\tilde{\boldsymbol{\theta}})-\boldsymbol{K}_2|\tilde{\boldsymbol{\theta}}|^{\eta_2}\mathrm{sgn}(\tilde{\boldsymbol{\theta}})-\varepsilon_1\boldsymbol{S}\end{aligned}$$

$$-\varepsilon_2|\boldsymbol{S}|^{\eta_3}\operatorname{sgn}(\boldsymbol{S})+\dot{\tilde{\boldsymbol{f}}}_\theta+\boldsymbol{R}\tilde{\boldsymbol{\omega}}+\boldsymbol{R}\bar{\boldsymbol{\mu}} \tag{11.26}$$

式中，$\bar{\boldsymbol{\mu}}=\boldsymbol{\omega}_d-\boldsymbol{\omega}_c$ 表示滤波器误差；$\tilde{\boldsymbol{\omega}}=\boldsymbol{\omega}-\boldsymbol{\omega}_d$ 为角速率跟踪误差向量。根据带有干扰的内环角速率回路表达式(11.14)，角速率误差动态方程可以表示为：

$$\begin{aligned}\dot{\tilde{\boldsymbol{\omega}}}&=\dot{\boldsymbol{\omega}}-\dot{\boldsymbol{\omega}}_d\\&=-\boldsymbol{J}^{-1}\boldsymbol{\Omega J\omega}+\boldsymbol{J}^{-1}\boldsymbol{T}+\boldsymbol{d}(t)-\dot{\boldsymbol{\omega}}_d\end{aligned} \tag{11.27}$$

为了处理内环回路中存在的干扰，并使内环回路稳定且整体系统跟踪给定姿态角参考指令，参考文献［128］，结合自适应技术，为其设计如下的动态面控制器：

$$\boldsymbol{T}=-\boldsymbol{J}\,[\boldsymbol{\Lambda}\tilde{\boldsymbol{\omega}}-\boldsymbol{J}^{-1}\boldsymbol{\Omega J\omega}+\boldsymbol{R}^{\mathrm{T}}\tilde{\boldsymbol{\theta}}-\dot{\boldsymbol{\omega}}_d+\hat{\boldsymbol{d}}] \tag{11.28}$$

式中，$\boldsymbol{\Lambda}=\operatorname{diag}\{\lambda_1,\lambda_2,\lambda_3\}(\lambda_i>0,i=1,2,3)$表示待设计的对角增益矩阵；$\hat{\boldsymbol{d}}$为干扰的估计值，其自适应率可以设计为：

$$\dot{\hat{\boldsymbol{d}}}=\boldsymbol{\Gamma}(\tilde{\boldsymbol{\omega}}-\hat{\boldsymbol{d}}) \tag{11.29}$$

式中，$\boldsymbol{\Gamma}=\operatorname{diag}\{\Gamma_1,\Gamma_2,\Gamma_3\}(\Gamma_i>0,i=1,2,3)$为自适应增益矩阵。将动态面控制器表达式(11.28)代入角速率误差动态方程式(11.27)可得：

$$\dot{\tilde{\boldsymbol{\omega}}}=-\boldsymbol{\Lambda}\tilde{\boldsymbol{\omega}}-\boldsymbol{R}^{\mathrm{T}}\tilde{\boldsymbol{\theta}}+\tilde{\boldsymbol{d}} \tag{11.30}$$

式中，$\tilde{\boldsymbol{d}}=\boldsymbol{d}-\hat{\boldsymbol{d}}$为干扰估计误差向量，并定义其导数为$\dot{\tilde{\boldsymbol{d}}}=\dot{\boldsymbol{d}}-\dot{\hat{\boldsymbol{d}}}$。

定理 11.3：对于整个高超声速飞行器再入段姿态角非线性系统，式(11.28)描述的动态面控制器可以使系统稳定，并且整体的输出跟踪误差向量$\tilde{\boldsymbol{y}}_d=[\tilde{\boldsymbol{\theta}}^{\mathrm{T}}\tilde{\boldsymbol{\omega}}^{\mathrm{T}}]^{\mathrm{T}}$一致最终有界。

证明：定义如下形式的李雅普诺夫函数：

$$V=\underbrace{\frac{1}{2}\tilde{\boldsymbol{\theta}}^{\mathrm{T}}\tilde{\boldsymbol{\theta}}+\frac{1}{2}\bar{\boldsymbol{\mu}}^{\mathrm{T}}\bar{\boldsymbol{\mu}}}_{V_1}+\underbrace{\frac{1}{2}\tilde{\boldsymbol{\omega}}^{\mathrm{T}}\tilde{\boldsymbol{\omega}}+\frac{1}{2}\tilde{\boldsymbol{d}}^{\mathrm{T}}\boldsymbol{\Gamma}^{-1}\tilde{\boldsymbol{d}}}_{V_2} \tag{11.31}$$

计算上式第一项的导数为：

$$\begin{aligned}\tilde{\boldsymbol{\theta}}^{\mathrm{T}}\dot{\tilde{\boldsymbol{\theta}}}&=\tilde{\boldsymbol{\theta}}^{\mathrm{T}}[-\boldsymbol{K}_1|\tilde{\boldsymbol{\theta}}|\operatorname{sgn}(\tilde{\boldsymbol{\theta}})-\boldsymbol{K}_2|\tilde{\boldsymbol{\theta}}|^{\eta_2}\operatorname{sgn}(\tilde{\boldsymbol{\theta}})]\\&\quad-\varepsilon_1\boldsymbol{S}-\varepsilon_2|\boldsymbol{S}|^{\eta_3}\operatorname{sgn}(\boldsymbol{S})+\dot{\tilde{\boldsymbol{f}}}_\theta+\boldsymbol{R}\tilde{\boldsymbol{\omega}}+\boldsymbol{R}\bar{\boldsymbol{\mu}}\\&\leqslant-\tilde{\boldsymbol{\theta}}^{\mathrm{T}}\boldsymbol{K}_1\tilde{\boldsymbol{\theta}}-\boldsymbol{K}_2\|\tilde{\boldsymbol{\theta}}\|^{\frac{\eta_2+1}{2}}-\tilde{\boldsymbol{\theta}}^{\mathrm{T}}\varepsilon_1\boldsymbol{S}\\&\quad-\tilde{\boldsymbol{\theta}}^{\mathrm{T}}\varepsilon_2|\boldsymbol{S}|^{\eta_3}\operatorname{sgn}(\boldsymbol{S})+\tilde{\boldsymbol{\theta}}^{\mathrm{T}}\dot{\tilde{\boldsymbol{f}}}_\theta+\tilde{\boldsymbol{\theta}}^{\mathrm{T}}\boldsymbol{R}\tilde{\boldsymbol{\omega}}+\tilde{\boldsymbol{\theta}}^{\mathrm{T}}\boldsymbol{R}\bar{\boldsymbol{\mu}}\end{aligned} \tag{11.32}$$

根据定理 11.2，滑模面 $\boldsymbol{S}$ 收敛至一个有界区间，即：

$$\lim_{t\to\infty}\|\boldsymbol{S}\|^2\leqslant\tilde{\omega} \tag{11.33}$$

式中，$\tilde{\omega}=\max\left\{\left(\dfrac{\boldsymbol{\kappa}}{\varepsilon_1\lambda_{\min}(\boldsymbol{\Lambda})}\right),\left(\dfrac{\boldsymbol{\kappa}}{\varepsilon_2\lambda_{\min}(\boldsymbol{\Lambda})}\right)^{2/(\eta_3+1)}\right\}$。同时式(11.32)中其他项满足如下条件：

$$|\tilde{\boldsymbol{\theta}}^{\mathrm{T}}\varepsilon_1\boldsymbol{S}|\leqslant\frac{1}{2}\tilde{\boldsymbol{\theta}}^{\mathrm{T}}\tilde{\boldsymbol{\theta}}+\frac{1}{2}\varepsilon_1{}^2\|\boldsymbol{S}\|^2\leqslant\frac{1}{2}\tilde{\boldsymbol{\theta}}^{\mathrm{T}}\tilde{\boldsymbol{\theta}}+\frac{1}{2}\varepsilon_1^2\tilde{\omega} \tag{11.34}$$

$$\left|\tilde{\boldsymbol{\theta}}^{\mathrm{T}}\varepsilon_2\left|\boldsymbol{S}\right|^{\eta_3}\operatorname{sgn}(\boldsymbol{S})\right| \leqslant \frac{1}{2}\tilde{\boldsymbol{\theta}}^{\mathrm{T}}\tilde{\boldsymbol{\theta}}+\frac{1}{2}\varepsilon_2^2\|\boldsymbol{S}\|^{2\eta_3}$$

$$\leqslant \frac{1}{2}\tilde{\boldsymbol{\theta}}^{\mathrm{T}}\tilde{\boldsymbol{\theta}}+\frac{1}{2}\varepsilon_2^2\tilde{\omega}^{\eta_3} \tag{11.35}$$

$$\tilde{\boldsymbol{\theta}}^{\mathrm{T}}\dot{\tilde{\boldsymbol{f}}}_\theta \leqslant \frac{1}{2}\tilde{\boldsymbol{\theta}}^{\mathrm{T}}\tilde{\boldsymbol{\theta}}+\frac{1}{2}\dot{\tilde{\boldsymbol{f}}}_\theta^{\mathrm{T}}\dot{\tilde{\boldsymbol{f}}}_\theta \tag{11.36}$$

因此，式(11.32) 变为：

$$\tilde{\boldsymbol{\theta}}^{\mathrm{T}}\dot{\tilde{\boldsymbol{\theta}}} \leqslant -\tilde{\boldsymbol{\theta}}^{\mathrm{T}}\left(\boldsymbol{K}_1-\frac{3}{2}\boldsymbol{I}-\frac{1}{2}\boldsymbol{R}\boldsymbol{R}^{\mathrm{T}}\right)\tilde{\boldsymbol{\theta}}-\boldsymbol{K}_2\|\tilde{\boldsymbol{\theta}}\|^{\frac{\eta_2+1}{2}}+\frac{1}{2}\dot{\tilde{\boldsymbol{f}}}_\theta^{\mathrm{T}}\dot{\tilde{\boldsymbol{f}}}_\theta+\frac{1}{2}\bar{\boldsymbol{\mu}}^{\mathrm{T}}\bar{\boldsymbol{\mu}}+\frac{1}{2}\varepsilon_2{}^2\tilde{\omega}^{\eta_3}+\tilde{\boldsymbol{\theta}}^{\mathrm{T}}\boldsymbol{R}\tilde{\omega} \tag{11.37}$$

滤波器误差项满足如下条件 [129]：

$$\bar{\boldsymbol{\mu}}^{\mathrm{T}}\dot{\bar{\boldsymbol{u}}} \leqslant -\frac{1}{\tau}\bar{\boldsymbol{\mu}}^{\mathrm{T}}\bar{\boldsymbol{\mu}}+\frac{1}{2}\bar{\boldsymbol{\mu}}^{\mathrm{T}}\bar{\boldsymbol{\mu}}+\frac{1}{2}\boldsymbol{v}^{\mathrm{T}}\boldsymbol{v} \tag{11.38}$$

结合上述两式，V_1的导数为：

$$\begin{aligned}\dot{V}_1 \leqslant & -\tilde{\boldsymbol{\theta}}^{\mathrm{T}}\left(\boldsymbol{K}_1-\frac{3}{2}\boldsymbol{I}-\frac{1}{2}\boldsymbol{R}\boldsymbol{R}^{\mathrm{T}}\right)\tilde{\boldsymbol{\theta}}-\boldsymbol{K}_2\|\tilde{\boldsymbol{\theta}}\|^{\frac{\eta_2+1}{2}}+\frac{1}{2}\dot{\tilde{\boldsymbol{f}}}_\theta^{\mathrm{T}}\dot{\tilde{\boldsymbol{f}}}_\theta+\frac{1}{2}\bar{\boldsymbol{\mu}}^{\mathrm{T}}\boldsymbol{\mu}+\frac{1}{2}\varepsilon_1^2\tilde{\omega}\\ & +\frac{1}{2}\varepsilon_2^2\tilde{\omega}^{\eta_3}+\tilde{\boldsymbol{\theta}}^{\mathrm{T}}\boldsymbol{R}\tilde{\omega}-\frac{1}{\tau}\bar{\boldsymbol{\mu}}^{\mathrm{T}}\bar{\boldsymbol{\mu}}+\frac{1}{2}\boldsymbol{v}^{\mathrm{T}}\boldsymbol{v}\\ \leqslant & -\tilde{\boldsymbol{\theta}}^{\mathrm{T}}\left(\boldsymbol{K}_1-\frac{3}{2}\boldsymbol{I}-\frac{1}{2}\boldsymbol{R}\boldsymbol{R}^{\mathrm{T}}\right)\tilde{\boldsymbol{\theta}}-\boldsymbol{K}_2\|\tilde{\boldsymbol{\theta}}\|^{\frac{\eta_2+1}{2}}-\left(\frac{1}{\tau}-1\right)\bar{\boldsymbol{\mu}}^{\mathrm{T}}\boldsymbol{\mu}+\frac{1}{2}\varepsilon_1{}^2\tilde{\omega}\\ & +\frac{1}{2}\varepsilon_2{}^2\tilde{\omega}^{\eta_3}+\tilde{\boldsymbol{\theta}}^{\mathrm{T}}\boldsymbol{R}\tilde{\omega}+\frac{1}{2}\boldsymbol{v}^{\mathrm{T}}\boldsymbol{v}+\frac{1}{2}\dot{\tilde{\boldsymbol{f}}}_\theta^{\mathrm{T}}\dot{\tilde{\boldsymbol{f}}}_\theta\end{aligned} \tag{11.39}$$

计算式(11.31) 中V_2的导数可得：

$$\begin{aligned}\dot{V}_2 &= \tilde{\omega}^{\mathrm{T}}(-\boldsymbol{\Lambda}\tilde{\omega}-\boldsymbol{R}^{\mathrm{T}}\tilde{\boldsymbol{\theta}}+\tilde{\boldsymbol{d}})+\tilde{\boldsymbol{d}}^{\mathrm{T}}\boldsymbol{\Gamma}^{-1}(\dot{\boldsymbol{d}}-\dot{\hat{\boldsymbol{d}}})\\ &= -\tilde{\omega}^{\mathrm{T}}\boldsymbol{\Lambda}\tilde{\omega}-\tilde{\omega}^{\mathrm{T}}\boldsymbol{R}^{\mathrm{T}}\tilde{\boldsymbol{\theta}}+\tilde{\boldsymbol{d}}^{\mathrm{T}}\boldsymbol{\Gamma}^{-1}\dot{\boldsymbol{d}}+\tilde{\boldsymbol{d}}^{\mathrm{T}}\hat{\boldsymbol{d}}\\ &\leqslant -\tilde{\omega}^{\mathrm{T}}\boldsymbol{\Lambda}\tilde{\omega}-\tilde{\omega}^{\mathrm{T}}\boldsymbol{R}^{\mathrm{T}}\tilde{\boldsymbol{\theta}}-\frac{1}{2}\tilde{\boldsymbol{d}}^{\mathrm{T}}(\boldsymbol{I}-\boldsymbol{\Gamma}^{-2})\tilde{\boldsymbol{d}}+\frac{1}{2}\|\dot{\boldsymbol{d}}\|^2+\frac{1}{2}\|\boldsymbol{d}\|^2\end{aligned} \tag{11.40}$$

结合上述两式，V 关于时间的导数为：

$$\begin{aligned}\dot{V} = & \dot{V}_1+\dot{V}_2\\ \leqslant & -\tilde{\boldsymbol{\theta}}_T\left(\boldsymbol{K}_1-\frac{3}{2}\boldsymbol{I}-\frac{1}{2}\boldsymbol{R}\boldsymbol{R}^{\mathrm{T}}\right)\tilde{\boldsymbol{\theta}}-\boldsymbol{K}_2\|\tilde{\boldsymbol{\theta}}\|^{\frac{\eta_2+1}{2}}-\left(\frac{1}{\tau}-1\right)\bar{\boldsymbol{\mu}}^{\mathrm{T}}\bar{\boldsymbol{\mu}}+\frac{1}{2}\varepsilon_1^2+\frac{1}{2}\varepsilon_2^2\tilde{\omega}^{\eta_3}+\tilde{\boldsymbol{\theta}}^{\mathrm{T}}\boldsymbol{R}\tilde{\omega}\\ & +\frac{1}{2}\boldsymbol{v}^{\mathrm{T}}\boldsymbol{v}+\frac{1}{2}\dot{\tilde{\boldsymbol{f}}}_\theta^{\mathrm{T}}\dot{\tilde{\boldsymbol{f}}}_\theta-\tilde{\omega}^{\mathrm{T}}\boldsymbol{\Lambda}\tilde{\omega}-\tilde{\omega}^{\mathrm{T}}\boldsymbol{R}^{\mathrm{T}}\tilde{\boldsymbol{\theta}}-\frac{1}{2}\tilde{\boldsymbol{d}}^{\mathrm{T}}(\boldsymbol{I}-\boldsymbol{\Gamma}^{-2})\tilde{\boldsymbol{d}}+\frac{1}{2}\|\dot{\boldsymbol{d}}\|^2+\frac{1}{2}\|\boldsymbol{d}\|^2\\ \leqslant & -\tilde{\boldsymbol{\theta}}_T\left(\boldsymbol{K}_1-\frac{3}{2}\boldsymbol{I}-\frac{1}{2}\boldsymbol{R}\boldsymbol{R}^{\mathrm{T}}\right)\tilde{\boldsymbol{\theta}}-\boldsymbol{K}_2\|\tilde{\boldsymbol{\theta}}\|^{\frac{\eta_2+1}{2}}-\left(\frac{1}{\tau}-1\right)\bar{\boldsymbol{\mu}}^{\mathrm{T}}\bar{\boldsymbol{\mu}}-\tilde{\omega}^{\mathrm{T}}\boldsymbol{\Lambda}\omega\\ & -\frac{1}{2}\tilde{\boldsymbol{d}}^{\mathrm{T}}(\boldsymbol{I}-\boldsymbol{\Gamma}^{-2})\tilde{\boldsymbol{d}}+C\end{aligned} \tag{11.41}$$

其中：

$$C=\frac{1}{2}\varepsilon_1^2\bar{\omega}+\frac{1}{2}\varepsilon_2^2\bar{\omega}^{\eta_3}+\frac{1}{2}\boldsymbol{v}^{\mathrm{T}}\boldsymbol{v}+\frac{1}{2}\dot{\tilde{\boldsymbol{f}}}_{\theta}^{\mathrm{T}}\dot{\tilde{\boldsymbol{f}}}_{\theta}$$

$$+\frac{1}{2}\|\dot{\boldsymbol{d}}\|^2+\frac{1}{2}\|\boldsymbol{d}\|^2-\boldsymbol{K}_2\|\tilde{\boldsymbol{\theta}}\|^{\frac{\eta_2+1}{2}} \tag{11.42}$$

为一个连续有界的函数，通过选择如下合适的参数：

$$\begin{cases}\lambda_{\min}(\boldsymbol{K}_1)>\dfrac{3}{2}+\dfrac{1}{2}\|\boldsymbol{R}\|+\dfrac{a}{2}\\ 0<\tau<\dfrac{2}{a+2}\\ \boldsymbol{\Gamma}^2-\boldsymbol{I}>a\boldsymbol{\Gamma}\\ \boldsymbol{\Lambda}>\dfrac{a}{2}\boldsymbol{I}\end{cases} \tag{11.43}$$

其中 a 为一个正常数，式(11.41) 可以改写为如下形式：

$$\dot{V}\leqslant -aV+C \tag{11.44}$$

根据上式可以得到：

$$0\leqslant V\leqslant\left[V(0)-\frac{C}{a}\right]\mathrm{e}^{-at}+\frac{C}{a} \tag{11.45}$$

即：

$$\lim_{t\to\infty}\max\{\|\tilde{\boldsymbol{\theta}}\|^2+\|\tilde{\boldsymbol{\omega}}\|^2\}\leqslant 2\lim_{t\to\infty}\max\{V\}\leqslant\frac{2C}{a} \tag{11.46}$$

因此输出跟踪误差 $\tilde{\boldsymbol{y}}_d=[\tilde{\boldsymbol{\theta}}^{\mathrm{T}}\tilde{\boldsymbol{\omega}}^{T}]^{T}$ 满足如下不等式：

$$\lim_{t\to\infty}\sup\|\tilde{\boldsymbol{y}}_d\|\leqslant\sqrt{\frac{2C}{a}} \tag{11.47}$$

同文献[87]，若选择适当的参数 a，输出跟踪误差可以为任意小，即输出误差向量 $\tilde{\boldsymbol{y}}_d$ 为一致最终有界的，证明完毕。

因此，所设计的自适应滑模虚拟容错控制器和动态面控制器可以使高超声速飞行器再入段模型在发生传感器复合故障且带有干扰的情况下，保持稳定并保证三个姿态角可以渐进跟踪给定参考指令 $\boldsymbol{\theta}_d$。

11.4 仿真验证及分析

本节通过 Matlab/Simulink 仿真，在故障发生和未发生两种情况下，给出所设计非线性故障检测观测器残差和阈值曲线，以及输出姿态角、角速率在容错控制器作用下的输出响应曲线，来验证所阐述自愈合控制方案的有效性。首先给出高超声速飞行器再入段姿态角系统的转动惯量矩阵 $\boldsymbol{J}$：

$$\boldsymbol{J}=\begin{bmatrix}554486 & 0 & -23002\\ 0 & 1136949 & 0\\ -23002 & 0 & 1376853\end{bmatrix}\mathrm{kg\cdot m^2} \tag{11.48}$$

系统的初始飞行状态设定为：

$$\begin{cases}\boldsymbol{\theta}_0=[\phi,\alpha,\beta]^{\mathrm{T}}=[0,0,0]^{\mathrm{T}}\mathrm{rad}\\ \boldsymbol{\omega}=[p,q,r]^{\mathrm{T}}=[0,0,0]^{\mathrm{T}}\mathrm{rad/s}\end{cases} \tag{11.49}$$

给定的姿态角参考指令 $\boldsymbol{\theta}_d$ 设置为 $[0.6,1,0]^{\mathrm{T}}\mathrm{rad}$。系统干扰设置为 $\boldsymbol{d}(t)=[0.01\sin t,0.01\cos t,0,01\sin t]^{\mathrm{T}}$，三个姿态角发生的传感器复合故障设置为在第 20s 同时发生不同的时变故障，即：

$$\boldsymbol{f}_\theta(t)=\begin{cases}0 & ,0<t<20\mathrm{s}\\ [\sin(t-20),2\cos(t-20),3\sin(t-20)]^{\mathrm{T}} & ,t\geqslant 20\mathrm{s}\end{cases} \tag{11.50}$$

非线性故障检测观测器的增益标量选择为 $\alpha=5$、$\beta=15$；外环自适应滑模容错控制系统的参数设计为 $\begin{cases}\boldsymbol{K}_1=\mathrm{diag}\{0.003,0.003,0.003\}\\ \boldsymbol{K}_2=\mathrm{diag}\{0.006,0.006,0.006\}\end{cases}$，$\begin{cases}\varepsilon_1=10\\ \varepsilon_2=6\end{cases}$，$\boldsymbol{\varphi}=\mathrm{diag}\{350,350,350\}$；内环回路动态面控制器的参数矩阵设计为 $\begin{cases}\boldsymbol{\Lambda}=\mathrm{diag}\ \{60,\ 60,\ 60\}\\ \boldsymbol{\Gamma}=\mathrm{diag}\ \{900,\ 900,\ 900\}\end{cases}$。

（1）仿真实验一：无故障情况下姿态角与角速率输出响应

当系统没有发生传感器复合故障时，运用所设计非线性故障检测观测器方案进行故障检测，阈值和故障检测残差如图 11.2 所示，故障检测残差虽因干扰的存在具有小幅度波动，但并未超过所设阈值，即没有故障发生。此时，在无故障标称控制器作用下，即省去式(11.18) 所描述的自适应滑模虚拟控制器中传感器故障补偿项 $\dot{\hat{\boldsymbol{f}}}_\theta$，得到的系统输出响应曲线如图 11.3 和图 11.4 所示。从图中可以看出，角速率和姿态角响应曲线调节时间短，具有较好的动态响应，且三个姿态角可以快速稳定跟踪给定信号，所设计标称控制器对干扰也有较好的鲁棒性。

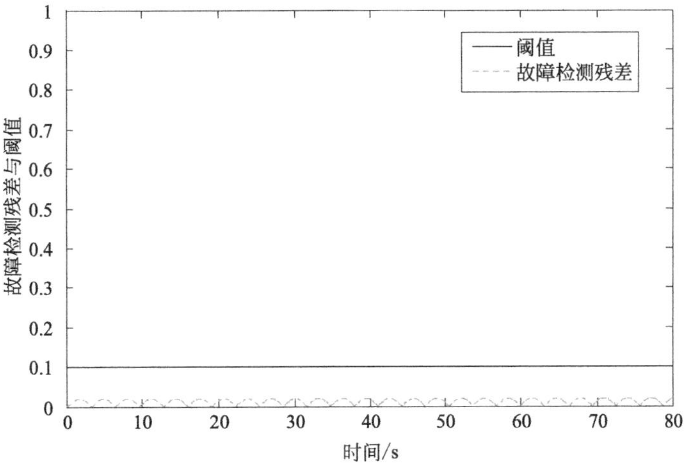

图 11.2　无故障情况下故障检测残差与阈值

（2）仿真实验二：传感器复合故障情况下姿态角与角速率输出响应

从图 11.5 中可以看出，当第 20s 传感器复合故障发生时，非线性故障观测器生

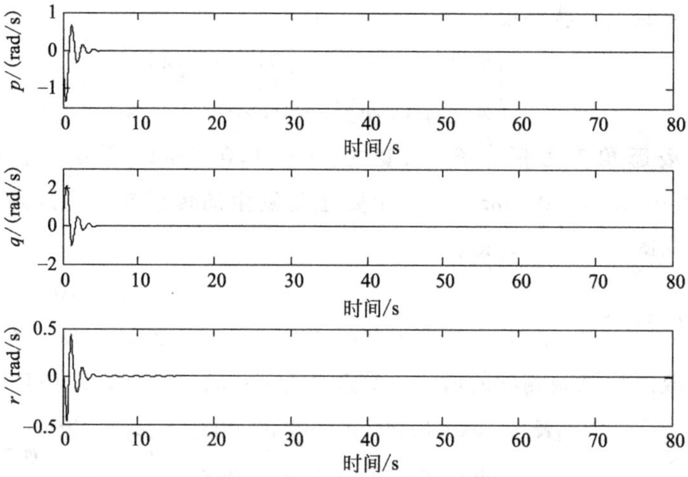

图 11.3　无故障情况下角速率响应曲线

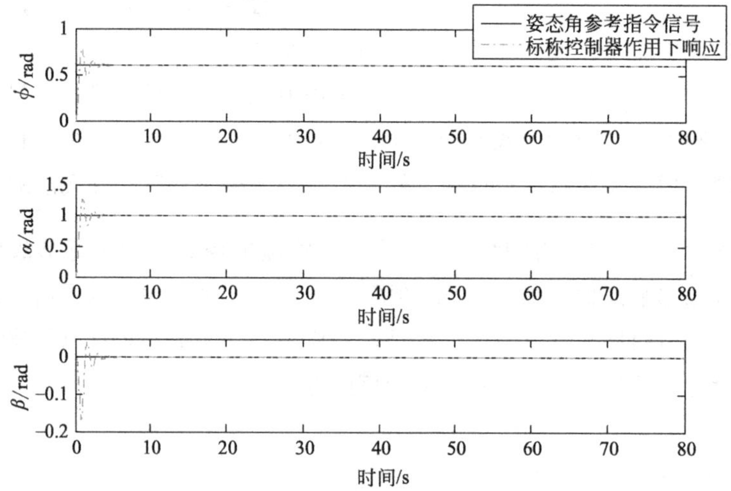

图 11.4　无故障情况下姿态角输出响应曲线

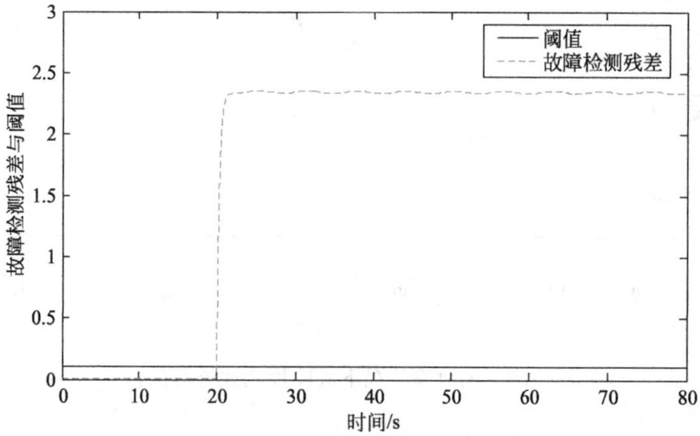

图 11.5　传感器故障情况下故障检测残差与阈值

成的检测残差明显增大，超过所设计阈值，成功检测出故障。故障发生后在标称控制器和容错控制器分别作用下的角速率与姿态角响应曲线可见图 11.6 与图 11.7。

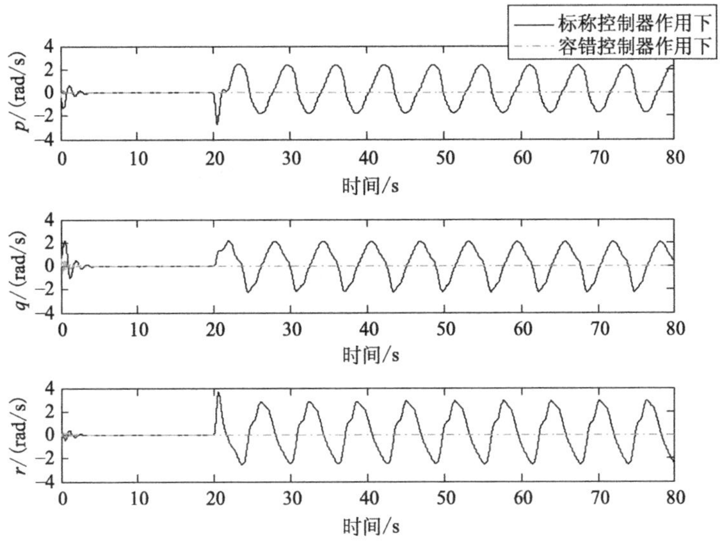

图 11.6 传感器故障情况下角速率响应曲线

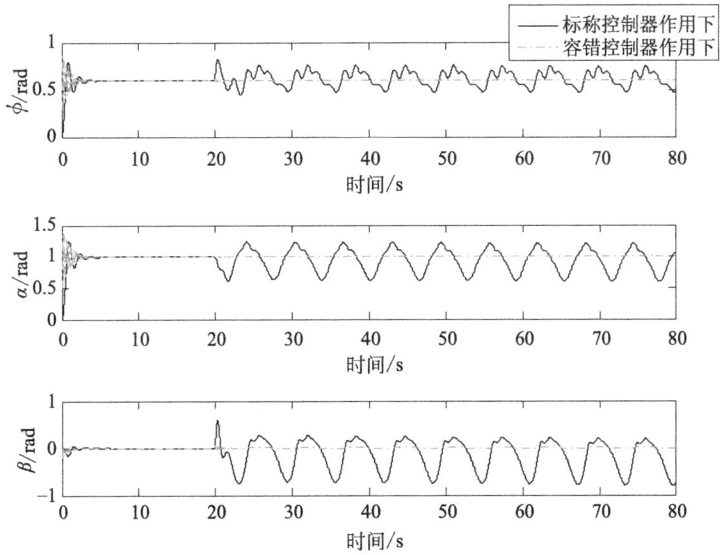

图 11.7 传感器故障情况下姿态角输出响应曲线

从图 11.6 与图 11.7 中曲线对比可以明显发现，传感器故障发生后，若仍用标称控制器，系统不稳定且输出姿态角存在剧烈抖动。通过式(11.18) 自适应滑模容错控制器中传感器故障估计项的补偿作用，并结合式(11.28) 的内环动态面控制器形成的自愈合控制器，可以重新使高超声速飞行器再入段非线性系统恢复稳定，角速率状态量稳定到零，各个姿态角准确跟踪给定参考指令。因此，本章提出的基于间接自适应滑模方法和动态面控制的自愈合方案能够处理传感器复合故障对高超声速飞行器再入段姿态角系统的影响，保证系统良好的动态性能。

本章主要研究了传感器复合故障发生的情况下高超声速飞行器再入段姿态角非线性系统的故障检测与自愈合控制问题。通过设计的非线性故障检测观测器，任意姿态角发生故障时都能通过故障检测残差与阈值检测出故障。利用所设计的外环回路间接自适应滑模容错控制器，可以对传感器故障进行实时补偿，并结合内环的动态面控制器，可以在故障情况下使姿态角输出重新跟踪给定参考信号。将故障补偿项引入控制器的设计中，简化了整体容错方案的设计，减少计算量与系统复杂性。通过 Matlab/Simulink 仿真软件在无故障与传感器发生故障情况分别进行了对比性实验，验证了所设计方案针对发生传感器故障的高超声速飞行器再入段系统提供了良好的自愈合功能。

参考文献

[1] 张可，周东华，柴毅．复合故障诊断技术综述［J］．控制理论与应用，2015，32（9）：1143-1157.

[2] 陈复扬，陶钢，姜斌．自适应控制［M］．北京：科学出版社，2015：11.

[3] Gao Z，Fu J. Robust LPV modeling and control of aircraft flying through wind disturbance［J］. Chinese Journal of Aeronautics，2019，32（7）.

[4] Li P，Yu X，Ma J，et al. Fault-tolerant flight control for an air-breathing hypersonic vehicle using multivariable sliding mode and neural network［C］. 2017 36th Chinese Control Conference（CCC），EI，2017.

[5] An H，Liu J，Wang C，et al. Approximate back-stepping fault-tolerant control of the flexible air-breathing hypersonic vehicle［J］. IEEE/ASME Trans Mechatronics，2016，21（3）：1680-1691.

[6] 顾臣风，江驹，甄子洋，等．近空间飞行器多模态切换控制研究［J］．飞行力学，2015（03）：32-35.

[7] Tao G，Kokotovic P V. Adaptive control of systems with actuator and sensor nonlinearities［M］.［S. I.］：Wiley-Inter science，1996.

[8] Li X J，Yang G H. Robust adaptive fault-tolerant control for uncertain linear systems with actuator failures［J］. IET Control Theory & Applications，2012，6（10）：1544-1551.

[9] Zhang Z，Xu S，Wang B. Adaptive actuator failure compensation with unknown control gain signs［J］. IET Control Theory & Applications，2011，5（16）：1859-1867.

[10] 钱承山．基于局部 T-S 模型的非线性系统多模型切换控制［J］．应用科学学报，2007，25（4）：382.

[11] 刘春生，朱心中．基于控制分配的多操纵面战机故障容错控制［J］．飞行力学，2011，29（06）：18-21.

[12] 宋华，张洪钺，王行仁．非线性系统多故障诊断方法．北京航空航天大学学报，2005（11）.

[13] Tang X，Zhuang L，Cai J，et al. Multi-fault assifcation based on support vector machine trained by chaos particle swarm optimization. Knowledge Based Systems，2010，23（5）：486-490.

[14] 蔡兴国，马平．基于信息融合技术的并发故障诊断的研究．中国电机工程学报，2003，23（5）：112-115.

[15] Abbasiona S，Rafsanjania A，Farshidianfarb A，et al. Rolling multi-fault classification based on the wavelet denoising and support vector machine. Mechanical Systems and Signal Processing，2007，21（7）：2933-2945.

[16] 杨鹏，邱静，刘冠军．多故障诊断策略优化生成技术研究．兵工学报，2008，29（11）：1379-1383.

[17] Shakeri M，Raghavan V，Pattipati K R，et al. Sequential testing algorithms for multiple fault diagnosis［J］. IEEE Transactions on Systems，Man，and Cybernetics - Part A：Systems and Humans，1997，30（1）：1-14.

[18] Yao L，Xiao Y，Gong X，et al. A novel intelligent method for fault diagnosis of electric vehicle battery system based on wavelet neural network［J］. Journal of Power Sources，2020：453.

[19] Li B，Yang T. The design of tunnel lighting intelligent control system［C］// International Conference on Intelligent Transportation. IEEE Computer Society，2018.

[20] 化永朝，李清东，任章，等．连续系统故障可诊断性评价方法综述［J］．控制与决策，2016，31（12）：2113-2121.

[21] Hage J A，Najjar M E B E. Improved Outdoor Localization Based on Weighted Kullback-Leibler Divergence for Measurements Diagnosis［J］. IEEE Intelligent Transportation Systems Magazine，2018：99.

[22] Dong S，Hao P，Tighe S L. A diagnostic method for evaluating the condition index of cement-stabilised base using T-S fuzzy neural network［J］. International Journal of Pavement Engineering，2019.

[23] Pérez J，Cabrera J A，Castillo J J，et al. Bio-inspired spiking neural network for nonlinear systems control［J］. Neural Networks the Official Journal of the International Neural Network Society，2018，104：15.

[24] 蔡世清，周杰．基于支持向量机的多传感器数据融合算法［J］．计算机工程与设计，2016，37（5）：1352-1356.

[25] Li Y，Gong G，Li N. A parallel adaptive quantum genetic algorithm for the controllability of arbitrary networks［J］. Plos One，2018，13（3）：e0193827.

[26] 岑健．基于人工免疫系统的机组复合故障诊断技术研究［D］．广州：华南理工大学，2010.

[27] Zhou Z，Zhuang M，Lu X，et al. Design of a real-time fault diagnosis expert system for the EAST cryoplant. Fusion Engineering and Design，2012，87（12）：2002-2006.

[28] Bae Y H，Lee S H，Kim H C，et al. A real-time intelligent multiple fault diagnostic system. The International Journal of Advanced Manufacturing Technology，2006，29（5）：590-597.

[29] Tayarani-Bathaie S S，Vanini Z N S，Khorasani K. Dynamic neural network-based fault diagnosis of gas turbine engines［J］. Neurocomputing，2014，125（3）：153-165.

[30] He X，Tong X，Sun M. Distributed power system fault diagnosis based on Bayesian network and Dempster-Shafer Evidence Theory. Dianli Xitong Zidonghua（Automation of Electric Power Systems），2011，35（10）：42-47.

[31] Jiang M，Wu T，Blanchard J W. Experimental Benchmarking of Quantum Control in Zero-Field Nuclear Magnetic Resonance［J］. Science Advances，2017，4（6）：eaar6327.

[32] Golter D A，Oo T，Amezcua M，et al. Optomechanical Quantum Control of a Nitrogen-Vacancy Center in Diamond［C］. Physical Review Letters，2016，116（14）.

[33] Palittapongarnpim P，Wittek P，Zahedinejad E. Learning in Quantum Control：High-Dimensional Global Optimization for Noisy Quantum Dynamics［J］. Neurocomputing，2016：268.

[34] 唐川，房俊民，王立娜，等．量子信息技术发展态势与规划分析［J］．世界科技研究与发

展，2017，39（05）：448-456.
［35］ 许文琪．国外量子信息技术发展分析［J］．国防科技工业，2019（05）：46-48.
［36］ 张媛媛，丛爽．基于李雅普诺夫稳定性理论的最优量子控制［J］．中国科学技术大学学报，2008，38（3）：331-336.
［37］ 李云飞，李广飞，杨勇，等．基于量子遗传算法的 RBF 神经网络智能滤波组合导航算法［J］．云南大学学报（自然科学版），2019，41（S1）：21-26.
［38］ Ji Y H，Ke Q，Hu J J. State transfer of a two-qubit open quantum system via improved bang-bang control［J］. Optik，2018：157.
［39］ Barkemeyer K，Finsterhölzl R，Knorr A，et al. Revisiting Quantum Feedback Control：Disentangling the Feedback-Induced Phase from the Corresponding Amplitude［J］. Advanced Quantum Technologies，2020，3（2）.
［40］ Chen F Y，Jiang B，Jiang C G. Self-repairing control for UAVs via quantitative feedback theory and quantum control techniques［J］. Procedia Engineering，2011，15（1）：1160-1165.
［41］ Chen F Y，Wu Q B，Jiang B. A reconfiguration scheme for quadrotor helicopter via simple adaptive control and quantum logic［J］. IEEE Transactions on Industrial Electronics，2015，62（7）：4328-4335.
［42］ Chen F Y，Jiang R Q，Zhang K K，et al. Robust Backstepping Sliding Mode Control and Observer-based Fault Estimation for a Quadrotor UAV. IEEE Transactions on Industrial Electronics，2016，Vol. 63，No. 8，5044-5056.
［43］ Hu L Z，Chen F Y，Jiang B. Control strategy for a quadrotor helicopter with state delay via improved guaranteed cost control and quantum adaptive control. Journal of Aerospace Engineering，2017，30（4）.
［44］ Chen F Y，Jiang B，Chen C L. Self-repairing control for UAVs via fuzzy feedforward and quantum control techniques. Okayama：International Conference on Modelling，Identification and Control，2010：489-493.
［45］ Chen F Y，Lu F F，Jiang B，et al. Adaptive compensation control of the quadrotor helicopter using quantum information technology and disturbance observer. Journal of the Franklin Institute，2014，351（1）：442-455.
［46］ Chen F Y，Cai L，Jiang B，et al. Direct self-repairing control for a helicopter via quantum multi-model and disturbance observer. International Journal of Systems Science，2016，47（3）：533-543.
［47］ Chen F Y，Zhang S J，Jiang B，et al. Multiple-model based fault detection and diagnosis for helicopter with actuator faults via quantum information technique. Journal of Systems and Control Engineering，2014，228（3）：182-190.
［48］ Chen F Y，Hou R，Jiang B，et al. Study on fast terminal sliding mode control for a helicopter via quantum information technique and nonlinear fault observer. International Journal of Innovative Computing，Information and Control，2013，9（8）：3437-3447.
［49］ Chen F Y，Hou R，Tao G. Adaptive controller design for faulty UAVs via quantum information technology. International Journal of Advanced Robotic Systems，2012，9：256.
［50］ Chen F Y，Jiang B，Tao G. Fault self-repairing flight control of a small helicopter via fuzzy feedforward and quantum control techniques. Cognitive Computation，2012，4（4）：543-548.
［51］ Chen F Y，Wang Z，Jiang B，et al. Robust adaptive fault-tolerant control for hypersonic

flight vehicles with multiple faults [J]. Journal of Aerospace Engineering, 2015, 28 (4): 04014111.

[52] Chen F Y, Wang Z, Jiang B, et al. An improved nonlinear model for a helicopter and its self-repairing control with multiple faults via quantum information technique. International Journal of Control, Automation and Systems, 2015, 13 (3): 557-566.

[53] Chen F Y, Zhang K K, Wang Z, et al. Trajectory tracking of a quadrotor with unknown parameters and its fault-tolerant control via sliding mode fault observer. Journal of Systems and Control Engineering, 2015, 229 (4): 279-292.

[54] Wang Z, Chen F Y, Jiang B. An improved nonlinear model and adaptive fault-tolerant control for a twin rotor helicopter. Nanjing: Proceedings of the 33rd Chinese Control Conference, 2014: 3208-3212.

[55] Chen F Y, Niu J, Jiang G Q. Nonlinear fault-tolerant control for hypersonic flight vehicle with multi-sensor faults. IEEE Access, 2018, 6: 25427-25436.

[56] Chen F Y, Wen C Y, Jiang F. Signal control with the consideration of both pedestrians and vehicles at isolated intersection via ant colony algorithm. Journal of Mechatronics, 2014, 2 (1).

[57] Xu B, Shi Z K. An overview on flight dynamics and control approaches for hypersonic vehicles [J]. Science China, 2015, 58 (7): 1-19.

[58] 孙长银，穆朝絮，张瑞民．高超声速飞行器终端滑模控制技术 [M]．北京：科学出版社，2014.

[59] 李公军．吸气式高超声速飞行器巡航段控制研究现状及展望．中国控制与决策会议，2014.

[60] 高道祥，孙增圻，罗熊，等．基于 Backstepping 的高超声速飞行器模糊自适应控制 [J]．控制理论与应用，2008，25 (5)：805-810.

[61] Zhi Y F, Yang Y Y. Discrete control of longitudinal dynamics for hypersonic flight vehicle using neural networks [J]. Science China, 2015, 58 (7): 70204.

[62] Shen Q, Jiang B, Cocquempot V. Fault-Tolerant Control for T-S Fuzzy Systems With Application to Near-Space Hypersonic Vehicle With Actuator Faults [J]. IEEE Transactions on Fuzzy Systems, 2012, 20 (4): 652-665.

[63] 许域菲．近空间飞行器非线性容错控制技术研究 [D]．南京：南京航空航天大学，2011.

[64] Olivas F, Valdez F, Castillo O, et al. Dynamic parameter adaptation in particle swarm optimization using interval type-2fuzzy logic [J]. Soft Computing, 2016, 20 (3): 1057-1070.

[65] Shen Q, Jiang B, Shi P. Active fault-tolerant control against actuator fault and performance analysis of the effect of time delay due to fault diagnosis [J]. International Journal of Control Automation & Systems, 2017: 1-10.

[66] Yu G R, Hsiao J Y. T-S fuzzy control of a model car using interval type-2 fuzzy logic system [C]. International Conference on Advanced Robotics and Intelligent Systems. IEEE, 2013: 44-48.

[67] 王玉惠，吴庆宪，姜长生，等．基于模糊前馈的空天飞行器再入姿态的模糊鲁棒跟踪控制．宇航学报，2008，29 (1)：156-161.

[68] Zhang K, Jiang B, Shi P. Observer-Based Fault Estimation and Accomodation for Dynamic Systems [J]. Lecture Notes in Control & Information Sciences, 2013, 436: 1-191.

[69] Huang S J, Yang G H. Fault Tolerant Controller Design for T-S Fuzzy Systems With Time-Varying Delay and Actuator Faults: A K-Step Fault-Estimation Approach [J]. IEEE Trans-

actions on Fuzzy Systems，2014，22（6）：1526-1540.

［70］ Zhang K，Jiang B，Staroswiecki M. Dynamic output feedback-fault tolerant controller design for Takagi-Sugeno fuzzy systems with actuator faults. IEEE Trans Fuzzy Syst，2010，18（1）：194-201.

［71］ 宁国栋，张曙光，方振平．跨大气层飞行器再入段 RCS 控制特性．飞行力学，2005，23（3）：16-20.

［72］ Zhai R，Qi R，Jiang B. Adaptive sliding mode fault-tolerant control for hypersonic aircraft using RBF neural networks［C］. Control and Decision Conference. IEEE，2016：1879-1884.

［73］ Gao Z，Jiang B，Shi P，et al. Active fault tolerant control design for reusable launch vehicle using adaptive sliding mode technique［J］. Journal of the Franklin Institute，2012，349（4）：1543-1560.

［74］ Qian M S，Jiang B，Liu H T. Dynamic surface active fault tolerant control design for the attitude control systems of UAV with actuator fault［J］. International Journal of Control Automation & Systems，2016，14（3）：723-732.

［75］ Burken J，Lu P，Wu Z. Reconfigurable flight control designs with application to the X-33 Vehicle. Prpceedings of AIAA Guidance，Navigation and Control Conference and Exibit，1999：951-965.

［76］ He J，Qi R，Jiang B，et al. Fault-tolerant control with mixed aerodynamic surfaces and RCS jets for hypersonic reentry vehicles［J］. 中国航空学报（英文版），2017，30（2）：780-795.

［77］ 梁津津，王青，董朝阳．基于自适应模糊估计器的卫星容错控制系统［J］. 宇航学报，2010，31（8）：1970-1975.

［78］ 张永韡，汪镭，吴启迪．动态适应布谷鸟搜索算法［J］. 控制与决策，2014（4）：617-622.

［79］ Yao L U，Dong C Y，Wang Q. Control allocation for aircraft with input constraints based on improved cuckoo search algorithm［J］. 防务技术，2017，13（1）.

［80］ 李荣雨，戴睿闻．自适应步长布谷鸟搜索算法［J］. 计算机科学，2017，44（5）：235-240.

［81］ Rahmani S，Shahriari-Kahkeshi M. Adaptive dynamic surface control design for a class of uncertain nonlinear systems using interval type-2 fuzzy systems［C］//Electrical Engineering. IEEE，2017：817-822.

［82］ 马建军，李文强，李鹏，等．飞行器控制分配技术研究现状与展望［J］. 飞行力学，2009，27（3）：1-5.

［83］ 江未来，董朝阳，王通，等. 基于控制分配的一类变体飞行器容错控制［J］. 北京航空航天大学学报，2014，40（3）：355-359.

［84］ 王晓霞，刘春生，姚烯. 基于粒子群优化的多操纵面飞行器的重构控制［J］. 电光与控制，2014，21（5）：68-72.

［85］ Yang X S，Deb S. Cuckoo Search via Lévy flights［C］. IEEE，2010：210-214.

［86］ Yang X S，Deb S. Engineering Optimisation by Cuckoo Search［J］. International Journal of Mathematical Modelling & Numerical Optimisation，2010，1（4）：330-343.

［87］ Zhu X，Hao X，Xia S. Feature selection algorithm based on Levy flight［J］. Journal of Zhejiang University，2013，47（4）：638-643.

［88］ Zhang Y W，Lei W，Qi-Di W U. Dynamic adaptation cuckoo search algorithm［J］. Kongzhi Yu Juece/control & Decision，2014，29（4）：617-622.

［89］ 董朝阳，路遥，江未来，等．基于布谷鸟搜索算法的一类变体飞行器容错控制［J］. 航空学

报，2015，36（6）：2047-2054.
[90] 周东华，孙优贤．控制系统的故障检测与诊断技术［M］．北京：清华大学出版社，1994.
[91] 姜斌．控制系统的故障诊断与故障调节［M］．北京：国防工业出版社，2009.
[92] Yu X，Liu Z，Zhang Y. Fault-tolerant flight control design with finite-time adaptation under actuator stuck failures［J］. IEEE Transactions on Control Systems Technology，2017，25（4）：1431-1440.
[93] Laghrouche S，Liu J，Ahmed F S，et al. Adaptive second-order sliding mode observer-based fault reconstruction for pem fuel cell air-feed system［J］. IEEE Transactions on Control Systems Technology，2015，23（3）：1098-1109.
[94] Wang J S，Yang G H. Data-driven output-feedback fault-tolerant compensation control for digital pid control systems with unknown dynamics［J］. IEEE Transactions on Industrial Electronics，2016，63（11）：7029-7039.
[95] Tanaka K，Wang H O. Fuzzy control systems design and analysis：A linear matrix inequality approach［M］.［S. l.］：John Wiley & Sons，Inc.，2001：2011-2013.
[96] Tong S C，Li Y M，Feng G，et al. Observer-based adaptive fuzzy backstepping dynamic surface control for a class of mimo nonlinear systems［J］. IEEE Transactions on Systems Man & Cybernetics Part B，2011，41（4）：1124-1135.
[97] 陈复扬，陶钢，姜斌．自适应控制与应用［M］．北京：科学出版社，2015.
[98] Wen L，Tao G，Yang H，et al. An adaptive disturbance rejection control scheme for multivariable nonlinear systems［J］. International Journal of Control，2016，89（3）：1-26.
[99] Yan R，He X，Wang Z，et al. Detection，isolation and diagnosability analysis of intermittent faults in stochastic systems［J］. International Journal of Control，2018，91（2）：480-494.
[100] Shtessel Y，Mcduffie J. Sliding mode control of the x-33 vehicle in launch and re-entry modes［C］.［S. l.］：Guidance，Navigation and Control Conference and Exhibit（AIAA），1998.
[101] Youssef T，Chadli M，Karimi H R，et al. Actuator and sensor faults estimation based on proportional integral observer for ts fuzzy model［J］. Journal of the Franklin Institute，2017，354（6）：2524-2542.
[102] Chen M，Xu G，Yan R，et al. Detecting scalar intermittent faults in linear stochastic dynamic systems［J］. International Journal of Systems Science，2015，46（8）：1337-1348.
[103] Yan R，He X，Zhou D. Detection of intermittent faults for linear stochastic systems subject to time-varying parametric perturbations［J］. Iet Control Theory & Applications，2016，10（8）：903-910.
[104] Ishii C，Shen T，Gavino R H. Design method for an adaptive robust controller with l2-gain disturbance attenuation for nonlinear systems with uncertainty［J］. Iee Proceedings Control Theory & Applications，2004，151（2）：152-157.
[105] 侯彦东，程前帅，胡振涛，等．一种异类系统中多种故障检测与隔离的空间几何方法研究［J］．自动化学报，2015，41（6）：1113-1122.
[106] 周萌，王振华，沈毅，等．基于未知输入滤波器的过驱动系统故障诊断方法［J］．系统工程与电子技术，2016，38（12）：2842-2848.
[107] Doman D B，Gamble B J，Nao A D. Quantized control allocation of reaction control jets and aerodynamic control surfaces［J］. Journal of Guidance Control & Dynamics，2009，32（1）：13-24.
[108] Chen B S，Tseng C S，Uang H J. Mixed h2/h fuzzy output feedback control design for non-

linear dynamic systems: an lmi approach [J] . Fuzzy Systems IEEE Transactions on, 2000, 8 (3) : 249-265.

[109] Oppenheimer M W, Doman D B. Methods for compensating for control allocator and actuator interactions [J] . Journal of Guidance Control & Dynamics, 2004, 27 (5) : 922-927.

[110] Wang S, Zhang Y, Jin Y, et al. Neural control of hypersonic flight dynamics with actuator fault and constraint. Science China Information Science, 2015, 58 (7) : 1-10.

[111] Gao G, Wang J. Observer-based fault-tolerant control for an air-breathing hypersonic vehicle model [J] . Nonlinear Dynamics, 2014, 76 (1) : 409-430.

[112] An H, Liu J, Wang C, et al. Approximate Back-Stepping Fault-Tolerant Control of the Flexible Air-Breathing Hypersonic Vehicle [J] . IEEE/ASME Transactions on Mechatronics, 2016, 21 (3) : 1680-1691.

[113] Li H, Si Y, Wu L, et al. Fault-tolerant output tracking control for a flexible air-breathing hypersonic vehicle [C] . International Symposium on Systems and Control in Aeronautics and Astronautics. IEEE, 2010: 1059-1064.

[114] Gao Z, Lin J, Cao T. Robust fault tolerant tracking control design for a linearized hypersonic vehicle with sensor fault [J] . International Journal of Control Automation & Systems, 2015, 13 (3) : 672-679.

[115] Lei Z, Yang J, Zhao Y. Sensor fault-tolerance control of a flexible air-breathing hypersonic flight vehicle [C] . Control Conference. IEEE, 2012: 2577-2582.

[116] Marrison C I, Stengel R F. Design of Robust Control System for a Hypersonic Aircraft. Journal of Guidance, Control, and Dynamics, 1998, 21 (1) : 58-62.

[117] Wang J, Wu Y. Dontinuous Recursive terminal sliding mode control for hypersonic flight vehicle with sliding mode disturbance observer [J] . Nonlinear Dynamics, 2015, 81 (3) : 1489-1510.

[118] Zhang J, Swain A K, Nguang S K. Robust sensor fault estimation scheme for satellite attitude control systems [J] . Journal of the Franklin Institute, 2013, 350 (9) : 2581-2604.

[119] Xu Y, Jiang B, Tao G, et al. Fault accommodation for near space hypersonic vehicle with actuator fault [J] . International Journal of Innovative Computing Information & Control Ijicic, 2011, 7 (5) : 2187-2200.

[120] Shen Q, Jiang B, Cocquempot V. Fault-Tolerant Control for T-S Fuzzy Systems With Application to Near-Space Hypersonic Vehicle With Actuator Faults [J] . IEEE Transactions on Fuzzy Systems, 2012, 20 (4) : 652-665.

[121] Jmal A, Naifar O, Makhlouf A B, et al. Robust sensor fault estimation for fractional-order systems with monotone nonlinearities. Nonlinear Dynamics, 2017, 90 (4) : 2673-2685.

[122] 赵磊．嵌入式大气数据传感系统故障检测与处理算法研究 [D] ．南京：南京航空航天大学，2010.

[123] 高志峰．复杂系统的容错控制技术及其在近空间飞行器中的应用研究 [D] ．南京：南京航空航天大学，2011.

[124] 宁国栋，张曙光，方振平．跨大气层飞行器再入段 RCS 控制特性．飞行力学，2005，23 (3) : 16-20.

[125] Shtessel Y, Jackson M, Hall C, et al. Sliding mode control of the X33 vehicle in launch mode [C] // American Control Conference. 2013.

[126] Guo Z, Chang J, Guo J, et al. Adaptive twisting sliding mode algorithm for hypersonic reentry vehicle attitude control based on finite-time observer. Isa Transactions, 2018, 77: 19-20.

[127] Nasrolah S S, Abdollahi F. Sensor fault detection and recovery in satellite attitude control. Acta Astronautica, 2018, 145: 275-283.

[128] Gao Z, Jiang B, Shi P, et al. Active fault tolerant control design for reusable launch vehicle using adaptive sliding mode technique [J]. Journal of the Franklin Institute, 2012, 349 (4): 1543-1560.

[129] Qian M S, Jiang B, Liu H T. Dynamic surface active fault tolerant control design for the attitude control systems of UAV with actuator fault [J]. International Journal of Control Automation & Systems, 2016, 14 (3): 723-732.